物联网开发与应用丛书

物联网开放平台

平台架构、关键技术与典型应用

丁飞 编著

电子工业出版社·

Publishing House of Electronics Industry

北京·BEIJING

内 容 简 介

物联网被称为世界信息产业的第三次浪潮，它将引发人类社会运行与生活方式的深刻变革。未来物联网产业的发展将由信息网络向全面感知和智能应用两个方向扩展、延伸和突破，形成"云、管、端"的开放网络架构。

本书主要介绍物联网开发平台的体系结构、关键技术和典型应用，主要内容涉及物联网的概念和基础、物联网体系的基础技术、从物联网产业生态看开放平台价值、物联网开放平台架构设计与实现、物联网开放平台的开源软件、物联网开放平台的安全、物联网典型应用。

本书适合从事物联网开放平台研究，以及基于物联网开放平台应用的人员阅读。

本书配有教学课件，读者可登录华信教育资源网（www.hxedu.com.cn）免费注册后下载。

图书在版编目（CIP）数据

物联网开放平台：平台架构、关键技术与典型应用/丁飞编著. —北京：电子工业出版社，2018.1
（物联网开发与应用丛书）

ISBN 978-7-121-33061-2

Ⅰ. ①物…　Ⅱ. ①丁…　Ⅲ. ①互联网络—应用②智能技术—应用　Ⅳ. ①TP393.4②TP18

中国版本图书馆 CIP 数据核字（2017）第 284314 号

责任编辑：田宏峰
印　　刷：北京捷迅佳彩印刷有限公司
装　　订：北京捷迅佳彩印刷有限公司
出版发行：电子工业出版社
　　　　　北京市海淀区万寿路 173 信箱　邮编　100036
开　　本：787×1 092　1/16　印张：17.75　字数：450 千字
版　　次：2018 年 1 月第 1 版
印　　次：2021 年 3 月第 10 次印刷
定　　价：68.00 元

凡所购买电子工业出版社图书有缺损问题，请向购买书店调换。若书店售缺，请与本社发行部联系，联系及邮购电话：（010）88254888，88258888。

质量投诉请发邮件至 zlts@phei.com.cn，盗版侵权举报请发邮件至 dbqq@phei.com.cn。

本书咨询联系方式：tianhf@phei.com.cn。

近年来，物联网在国内乃至全球都形成了热潮，被称为继计算机、互联网之后，世界信息产业的第三次浪潮，它将引发人类社会运行与生活方式的深刻变革。与此同时，未来随着业务的发展，物联网应用产品的同质化将越来越严重，汇聚业务、统一入口、快速迭代将成为决定应用成败的关键。同时，随着应用复杂度的上升与产业链的变长，产品定制与实现的难度将越来越大。在这种趋势下已经形成了比较清楚的发展方向，就是未来物联网产业的发展将由信息网络向全面感知和智能应用两个方向扩展、延伸和突破，形成"云、管、端"的开放网络架构。

开放网络体系的主要特征是业务云化，其发展有三个趋势：第一个趋势是基础设施的云化，是以 IaaS 的方式提供服务的；第二个趋势是业务的能力化，是以 PaaS 的方式提供服务的；第三个趋势是管理的平台化，将管理作为一种能力开放，实现自有业务孵化或开放给合作伙伴，实际上提高了新业务的生成效率，降低了第三方业务落地孵化的门槛。比如，未来家庭产业领域的发展、交通产业市场的发展等，都将是以开放平台架构来进行业务孵化和规模市场发展的。

物联网架构对促进物联网健康、规模发展具有重要的意义，是研究和关注的焦点，在全球有多个研究项目，并且已经形成了很多的研究成果。

欧洲 IOT-A 项目专注于物联网架构研究并引起了业界的较大关注，该项目为期 3 年，于 2013 年结束，IoT-A 的一个主要成果就是物联网架构参考模型。欧盟第七框架计划（FP7）下的许多项目在各自的研究主题下也都涉及一些物联网架构研究。IoT-A 并不研究智慧城市、智慧农业、智慧电网、智慧医疗等具体应用领域架构，而是从跨应用领域的角度出发，研究物联网架构的参考模型。

我国有很多企业、研究机构、大学都在针对物联网架构积极开展研究，如工业和信息化部电信研究院（CATR）、中国电子科技集团公司（CETC）、无锡物联网产业研究所（CWSN），等等。我国也设立了国家专项项目来推进物联网架构研究，如新一代宽带无线移动通信网络（简称重大专项三）设立有"泛在网（UN）架构研究和整体设计"（2009ZX03004-001）和"物联网总体架构及关键技术研究"（2011ZX03005-005）两个课题，并取得了一系列成果；同时，针对 M2M、WoT、车联网、智慧医疗等特定领域架构也开展了很多研究。物联网架构参考模型可以为具体应用领域物联网架构研究提供重要的参考。

本书正是基于此出发，兼顾理论与实践，向读者展示物联网开放平台的架构和设计方法，希望能够为从业者、学生等进行具体物联网架构设计提供参考和指导。

本书共分为 8 章，分别是：

第 1 章介绍物联网的概念和基础，内容包括：物联网的概念与应用场景；物联网与互联网、传感网、泛在网、M2M 和 CPS 的关系；全球物联网主要政策和战略导向。

第 2 章介绍物联网体系基础技术，内容包括：物联网体系结构、传统物联网参考体系架构，以及四层体系架构；物联网感知层、网络层和应用层涉及的基础技术。

第 3 章从物联网产业生态看开放平台价值，内容包括：物联网产业发展阶段、发展驱动和问题分析；物联网平台型生态体系价值；物联网开放平台用户体系、应用产品分类；物联网开放平台服务管理模式；物联网平台生态发展策略；业界主流开放平台架构方式。

第 4 章介绍物联网开放平台架构设计与实现，内容包括：物联网开放平台总体架构和框架，涉及设备管理平台 DMP、连接管理平台（CMP）、应用使能平台（AEP）、资源管理平台（RMP）、应用中心平台（ACP）、业务分析平台（BAP）；针对物联网开放平台的核心功能规划和设计方法。

第 5 章介绍物联网开放平台的开源软件研究，内容包括：开源软件概述，含开源的概念、开源许可证、开源软件与商业软件对比；企业服务总线软件研究，涉及 ESB 概述、WSO2 ESB，以及其他典型的 ESB，并给出了 ESB 的对比和总结，ESB 软件对平台建设的意义；复杂事件处理（CEP）软件研究，涉及 CEP 概述、典型 CEP 软件的对比；Storm、CEP 软件对平台建设的意义；业务流程管理（BPM）软件研究，涉及 BPM 概述、jBPM、Activiti BPM、Fixflow、典型 BPM 软件的对比及小结，以及 BPM 软件对平台建设的意义；消息队列（MQ）软件研究，涉及 MQ 概述、RabbitMQ、MetaQ、ZeroMQ，典型 MQ 软件的对比和总结，以及 MQ 软件对平台建设的意义。

第 6 章介绍物联网开放平台高效通信协议，内容包括：MQTT，涉及 MQTT 消息格式、消息列表、协议流程、MQTT 开源实现——Mosquitto、MQTT 小结；IETF:CoAP，涉及 CoAP 协议介绍、协议栈结构、消息格式、请求与应答、URI 方案、业务发现、组播机制、安全机制、交叉代理、CoAP 小结；LightweightM2M，涉及 LWM2M 协议架构、接口设计、资源组织、CoAP 承载、LWM2M 小结；MQTT、CoAP、LWM2M 三种 M2M 通信协议比较。

第 7 章为物联网开放平台安全研究，内容包括：业界典型开放平台对比；物联网开放平台安全威胁，涉及物联网业务及平台发展趋势、物联网开放平台安全威胁、物联网业务安全威胁；物联网开放平台安全方案，涉及业务平台安全方案、终端安全方案、能力开放安全保障方案；物联网开放平台安全能力开放及安全服务前景展望，涉及安全能力开放和安全服务前景展望、物联网开放平台安全需求、构建安全能力开放平台、构建安全服务平台。

第 8 章介绍物联网典型应用，内容包括：健康医疗，涉及项目背景、技术方案、远程慢性病管理服务、家庭远程管理服务、紧急求助业务；平安家庭，涉及项目背景、系统架构、业务功能；公车管理，含项目背景、项目需求、方案架构；智慧交通，涉及项目背景、技术架构、典型业务；国外物联网业务发展，涉及物联网的应用分类、信息家电的建设及分类、信息家电产品、公共设施的物联网建设、娱乐类物联网应用。

自从笔者打算编写本书之后，国内外许多同行都给予了热烈的鼓励和支持，并在写作的过程中也提供了很大的帮助，如中国移动的童恩、刘玮、刘越、牛亚文、杨宏杰等多位专家在本书编写过程中提出了很多好的建议并提供了一些实际技术与应用案例，在此一并表示感谢。另外，电子工业出版社的田宏峰编辑在本书的写作过程中提供了很多出版方面的建议，非常感谢。

本书部分内容获得了国家科技重大专项"新一代宽带无线移动通信网"（No. 2009ZX03006-007、2010ZX03006-006）"、教育部–中国移动科研基金（No. MCM20170205）、工业和信息化部通信软科学研究项目（No. 2017-R-34）、智慧江苏建设重点示范工程、江苏省智能家居物联网示范工程、江苏省信息化试点工程、江苏省高校自然科学研究（No. 17KJB510043）和南京邮电大学重点教材建设基金（No. JCGH201710）等科研和产业化项目的支持，在此表示感谢。

物联网所涉及的内容跨越多个学科，而我们的研究和实践只限于部分方面，因此，本书实际上凝练了很多物联网领域从业者的智慧和见解，在此对这些专家表示衷心的感谢。

本书在写作过程中，参考了大量的文献并尽可能地标注了文献的出处，但仍会挂一漏万，在此向那些我们引用过却未能或者无法明确标明文献出处的作者深表歉意、谢意和敬意。

在编写过程中，作者尽可能地把物联网技术发展的最新方向和进展传递给读者，力争使信息最新和最准确，但由于编者水平有限，书中难免存在错误或不足之处，敬请读者批评指正，反馈邮箱：NJUPT_IOT02@163.com。

编著者
2017 年 11 月

CONTENTS 目录

第 1 章　物联网概念基础 ·· 1

1.1　引言 ··· 1

1.2　物联网是什么 ··· 1

1.3　物联网应用场景 ·· 3

　　1.3.1　物联网场景模型 ·· 3

　　1.3.2　物联网的技术特征 ··· 5

1.4　与物联网相关的概念 ··· 7

　　1.4.1　物联网与互联网 ·· 7

　　1.4.2　物联网与传感器网络、泛在网 ··· 8

　　1.4.3　物联网与 M2M 和 CPS 的关系 ··· 10

1.5　物联网政策战略导向 ·· 11

　　1.5.1　美国的"智慧地球" ·· 11

　　1.5.2　欧洲"物联网行动"计划 ·· 12

　　1.5.3　日本的"U-Japan"计划 ··· 16

　　1.5.4　韩国的"U-Korea"战略 ··· 17

　　1.5.5　新加坡的"下一代 I-Hub"计划 ·· 17

　　1.5.6　中国的"感知中国" ··· 17

第 2 章　物联网体系基础技术 ·· 19

2.1　引言 ·· 19

2.2　物联网体系结构 ··· 19

2.3　感知层 ··· 21

　　2.3.1　RFID 技术 ·· 21

　　2.3.2　WSN ··· 23

　　2.3.3　ZigBee 技术 ·· 25

　　2.3.4　视频监控 ··· 31

　　2.3.5　MEMS 技术 ·· 34

　　2.3.6　嵌入式技术 ·· 36

2.4　网络层 ··· 37

　　2.4.1　LoRa ··· 37

2.4.2　NB-IoT ·· 40

2.4.3　IPv6 技术 ·· 42

2.4.4　TD-LTE 网络 ··· 46

2.5　应用层 ··· 47

2.5.1　M2M 技术 ·· 47

2.5.2　通信协议 ·· 50

2.5.3　中间件技术 ·· 53

2.5.4　云计算技术 ·· 57

2.5.5　数据挖掘技术 ··· 60

第 3 章　从物联网产业生态看开放平台价值 ······························· 63

3.1　引言 ·· 63

3.2　物联网产业现状分析 ··· 63

3.2.1　物联网产业发展阶段 ·· 63

3.2.2　物联网发展驱动与问题分析 ·· 65

3.3　物联网平台型生态体系价值 ·· 66

3.3.1　Apple 与 Google 带来的启示 ··· 66

3.3.2　开放平台商业服务与价值 ·· 67

3.4　物联网平台用户体系 ··· 69

3.5　物联网开放平台应用产品分类 ·· 70

3.6　物联网开放平台服务管理模式 ·· 71

3.6.1　物联网生态业务模型 ·· 71

3.6.2　业务模式 ·· 72

3.7　物联网平台生态发展策略 ·· 74

3.7.1　产品开发原理 ··· 74

3.7.2　产品合作流程 ··· 74

3.7.3　业务集群化 ·· 75

3.8　业界其他开放平台架构方式 ·· 76

3.8.1　Jasper Wireless ··· 76

3.8.2　Verizon nPhase ··· 77

3.8.3　Baidu Inside ·· 79

第 4 章　物联网开放平台架构设计与实现 ································· 82

4.1　引言 ·· 82

4.2　物联网开放平台总体架构 ·· 82

4.3　设备管理平台 ·· 87

4.3.1　感知外设远程管理 ·· 87

4.3.2　传感网管理 ·· 90

4.4　连接管理平台 ·· 92

    4.4.1　终端通信状态查询 ·· 92

    4.4.2　终端用户支撑系统信息查询 ·· 93

    4.4.3　通信管理使用鉴权 ··· 93

    4.4.4　限制终端使用通信业务 ·· 94

    4.4.5　模拟位置更新 ·· 94

    4.4.6　向终端发送测试短信 ·· 94

    4.4.7　终端通信故障快速诊断 ·· 95

    4.4.8　终端自动监控规则 ··· 95

  4.5　应用使能平台 ··· 95

    4.5.1　开发社区 ··· 96

    4.5.2　开发环境 ··· 98

    4.5.3　测试环境 ··· 99

  4.6　应用中心平台 ·· 101

    4.6.1　商品管理 ·· 101

    4.6.2　店铺管理 ·· 103

    4.6.3　营销服务 ·· 104

    4.6.4　交易管理 ·· 104

    4.6.5　积分管理 ·· 106

    4.6.6　代金券管理 ··· 107

    4.6.7　客服服务 ·· 108

    4.6.8　计费结算 ·· 108

    4.6.9　统计分析 ·· 108

  4.7　资源管理平台 ·· 109

    4.7.1　执行环境 ·· 109

    4.7.2　接口适配层 ··· 110

    4.7.3　运行控制台 ··· 110

    4.7.4　服务模式 ·· 111

  4.8　业务分析平台 ·· 112

    4.8.1　数据管理 ·· 112

    4.8.2　数据处理 ·· 113

    4.8.3　数据分析 ·· 114

    4.8.4　任务引擎 ·· 115

第 5 章　物联网开放平台开源软件研究 ································· 116

  5.1　引言 ··· 116

  5.2　开源软件概述 ·· 117

    5.2.1　开源的概念 ··· 117

    5.2.2　开源许可证 ··· 117

    5.2.3　开源软件与商业软件的对比 ·· 118

5.3 企业服务总线（ESB）软件研究 ⋯⋯⋯⋯⋯⋯⋯⋯⋯⋯⋯⋯⋯⋯⋯⋯⋯⋯⋯ 119

    5.3.1 ESB 概述 ⋯⋯⋯⋯⋯⋯⋯⋯⋯⋯⋯⋯⋯⋯⋯⋯⋯⋯⋯⋯⋯⋯⋯⋯⋯⋯⋯ 119

    5.3.2 WSO2 ESB ⋯⋯⋯⋯⋯⋯⋯⋯⋯⋯⋯⋯⋯⋯⋯⋯⋯⋯⋯⋯⋯⋯⋯⋯⋯⋯ 123

    5.3.3 其他的典型 ESB ⋯⋯⋯⋯⋯⋯⋯⋯⋯⋯⋯⋯⋯⋯⋯⋯⋯⋯⋯⋯⋯⋯⋯⋯ 128

    5.3.4 典型的 ESB 软件对比及小结 ⋯⋯⋯⋯⋯⋯⋯⋯⋯⋯⋯⋯⋯⋯⋯⋯⋯⋯ 133

    5.3.5 ESB 软件对平台建设的意义 ⋯⋯⋯⋯⋯⋯⋯⋯⋯⋯⋯⋯⋯⋯⋯⋯⋯⋯ 135

5.4 复杂事件处理（CEP）软件研究 ⋯⋯⋯⋯⋯⋯⋯⋯⋯⋯⋯⋯⋯⋯⋯⋯⋯⋯⋯ 136

    5.4.1 CEP 概述 ⋯⋯⋯⋯⋯⋯⋯⋯⋯⋯⋯⋯⋯⋯⋯⋯⋯⋯⋯⋯⋯⋯⋯⋯⋯⋯⋯ 136

    5.4.2 典型 CEP 软件的对比 ⋯⋯⋯⋯⋯⋯⋯⋯⋯⋯⋯⋯⋯⋯⋯⋯⋯⋯⋯⋯⋯ 137

    5.4.3 Storm ⋯⋯⋯⋯⋯⋯⋯⋯⋯⋯⋯⋯⋯⋯⋯⋯⋯⋯⋯⋯⋯⋯⋯⋯⋯⋯⋯⋯⋯ 138

    5.4.4 CEP 软件对平台建设的意义 ⋯⋯⋯⋯⋯⋯⋯⋯⋯⋯⋯⋯⋯⋯⋯⋯⋯⋯ 142

5.5 业务流程管理（BPM）软件研究 ⋯⋯⋯⋯⋯⋯⋯⋯⋯⋯⋯⋯⋯⋯⋯⋯⋯⋯⋯ 142

    5.5.1 BPM 概述 ⋯⋯⋯⋯⋯⋯⋯⋯⋯⋯⋯⋯⋯⋯⋯⋯⋯⋯⋯⋯⋯⋯⋯⋯⋯⋯⋯ 142

    5.5.2 jBPM ⋯⋯⋯⋯⋯⋯⋯⋯⋯⋯⋯⋯⋯⋯⋯⋯⋯⋯⋯⋯⋯⋯⋯⋯⋯⋯⋯⋯⋯ 145

    5.5.3 Activiti BPM ⋯⋯⋯⋯⋯⋯⋯⋯⋯⋯⋯⋯⋯⋯⋯⋯⋯⋯⋯⋯⋯⋯⋯⋯⋯ 148

    5.5.4 Fixflow ⋯⋯⋯⋯⋯⋯⋯⋯⋯⋯⋯⋯⋯⋯⋯⋯⋯⋯⋯⋯⋯⋯⋯⋯⋯⋯⋯⋯ 151

    5.5.5 典型 BPM 软件的对比及小结 ⋯⋯⋯⋯⋯⋯⋯⋯⋯⋯⋯⋯⋯⋯⋯⋯⋯ 153

    5.5.6 BPM 软件对平台建设的意义 ⋯⋯⋯⋯⋯⋯⋯⋯⋯⋯⋯⋯⋯⋯⋯⋯⋯ 155

5.6 消息队列（MQ）软件研究 ⋯⋯⋯⋯⋯⋯⋯⋯⋯⋯⋯⋯⋯⋯⋯⋯⋯⋯⋯⋯⋯⋯ 155

    5.6.1 MQ 概述 ⋯⋯⋯⋯⋯⋯⋯⋯⋯⋯⋯⋯⋯⋯⋯⋯⋯⋯⋯⋯⋯⋯⋯⋯⋯⋯⋯ 155

    5.6.2 RabbitMQ ⋯⋯⋯⋯⋯⋯⋯⋯⋯⋯⋯⋯⋯⋯⋯⋯⋯⋯⋯⋯⋯⋯⋯⋯⋯⋯ 157

    5.6.3 MetaQ ⋯⋯⋯⋯⋯⋯⋯⋯⋯⋯⋯⋯⋯⋯⋯⋯⋯⋯⋯⋯⋯⋯⋯⋯⋯⋯⋯⋯ 160

    5.6.4 ZeroMQ ⋯⋯⋯⋯⋯⋯⋯⋯⋯⋯⋯⋯⋯⋯⋯⋯⋯⋯⋯⋯⋯⋯⋯⋯⋯⋯⋯ 164

    5.6.5 典型 MQ 软件的对比及小结 ⋯⋯⋯⋯⋯⋯⋯⋯⋯⋯⋯⋯⋯⋯⋯⋯⋯ 167

    5.6.6 MQ 软件对平台建设的意义 ⋯⋯⋯⋯⋯⋯⋯⋯⋯⋯⋯⋯⋯⋯⋯⋯⋯⋯ 168

5.7 本章小结 ⋯⋯⋯⋯⋯⋯⋯⋯⋯⋯⋯⋯⋯⋯⋯⋯⋯⋯⋯⋯⋯⋯⋯⋯⋯⋯⋯⋯⋯⋯ 169

第 6 章　物联网开放平台高效通信协议研究 ⋯⋯⋯⋯⋯⋯⋯⋯⋯⋯⋯⋯⋯⋯⋯ 170

6.1 引言 ⋯⋯⋯⋯⋯⋯⋯⋯⋯⋯⋯⋯⋯⋯⋯⋯⋯⋯⋯⋯⋯⋯⋯⋯⋯⋯⋯⋯⋯⋯⋯⋯ 170

6.2 IBM MQTT ⋯⋯⋯⋯⋯⋯⋯⋯⋯⋯⋯⋯⋯⋯⋯⋯⋯⋯⋯⋯⋯⋯⋯⋯⋯⋯⋯⋯ 170

    6.2.1 概要 ⋯⋯⋯⋯⋯⋯⋯⋯⋯⋯⋯⋯⋯⋯⋯⋯⋯⋯⋯⋯⋯⋯⋯⋯⋯⋯⋯⋯ 170

    6.2.2 消息格式 ⋯⋯⋯⋯⋯⋯⋯⋯⋯⋯⋯⋯⋯⋯⋯⋯⋯⋯⋯⋯⋯⋯⋯⋯⋯⋯ 171

    6.2.3 消息列表 ⋯⋯⋯⋯⋯⋯⋯⋯⋯⋯⋯⋯⋯⋯⋯⋯⋯⋯⋯⋯⋯⋯⋯⋯⋯⋯ 177

    6.2.4 协议流程 ⋯⋯⋯⋯⋯⋯⋯⋯⋯⋯⋯⋯⋯⋯⋯⋯⋯⋯⋯⋯⋯⋯⋯⋯⋯⋯ 187

    6.2.5 MQTT 开源实现——Mosquitto ⋯⋯⋯⋯⋯⋯⋯⋯⋯⋯⋯⋯⋯⋯⋯⋯ 189

    6.2.6 MQTT 小结 ⋯⋯⋯⋯⋯⋯⋯⋯⋯⋯⋯⋯⋯⋯⋯⋯⋯⋯⋯⋯⋯⋯⋯⋯ 193

6.3 IETF：CoAP ⋯⋯⋯⋯⋯⋯⋯⋯⋯⋯⋯⋯⋯⋯⋯⋯⋯⋯⋯⋯⋯⋯⋯⋯⋯⋯⋯ 193

    6.3.1 协议介绍 ⋯⋯⋯⋯⋯⋯⋯⋯⋯⋯⋯⋯⋯⋯⋯⋯⋯⋯⋯⋯⋯⋯⋯⋯⋯⋯ 193

    6.3.2 协议栈结构 ⋯⋯⋯⋯⋯⋯⋯⋯⋯⋯⋯⋯⋯⋯⋯⋯⋯⋯⋯⋯⋯⋯⋯⋯⋯ 194

　　　　6.3.3　消息格式 ··· 194

　　　　6.3.4　请求与应答 ·· 196

　　　　6.3.5　URI 方案 ·· 198

　　　　6.3.6　业务发现 ·· 199

　　　　6.3.7　组播机制 ·· 199

　　　　6.3.8　安全机制 ·· 200

　　　　6.3.9　交叉代理 ·· 201

　　　　6.3.10　CoAP 小结 ··· 201

　　6.4　OMA-LightweightM2M ··· 201

　　　　6.4.1　协议架构 ·· 202

　　　　6.4.2　接口设计 ·· 202

　　　　6.4.3　资源组织 ·· 207

　　　　6.4.4　CoAP 承载 ·· 208

　　　　6.4.5　LWM2M 小结 ·· 210

　　6.5　协议比较 ··· 210

　　6.6　本章小结 ··· 211

第 7 章　物联网开放平台安全研究 ··· 212

　　7.1　引言 ··· 212

　　7.2　物联网开放平台安全威胁 ·· 213

　　　　7.2.1　物联网业务及平台发展趋势 ······································· 213

　　　　7.2.2　物联网开放平台安全威胁 ·· 214

　　　　7.2.3　物联网业务安全威胁 ·· 220

　　7.3　物联网开放平台安全方案 ·· 230

　　　　7.3.1　业务平台安全方案 ··· 230

　　　　7.3.2　终端安全方案 ··· 236

　　　　7.3.3　能力开放安全保障方案 ·· 239

　　7.4　物联网开放平台安全能力开放及安全服务前景展望 ·················· 241

第 8 章　物联网典型应用 ·· 245

　　8.1　引言 ··· 245

　　8.2　健康医疗 ··· 245

　　　　8.2.1　项目背景 ·· 245

　　　　8.2.2　技术方案 ·· 245

　　　　8.2.3　远程慢性病管理服务 ·· 247

　　　　8.2.4　家庭远程管理服务 ··· 247

　　　　8.2.5　紧急救助业务 ··· 248

　　8.3　平安家庭 ··· 249

　　　　8.3.1　项目背景 ·· 249

8.3.2 系统架构 ·· 249

8.3.3 业务功能 ·· 250

8.4 公车管理 ·· 251

8.4.1 项目背景 ·· 251

8.4.2 项目需求 ·· 252

8.4.3 方案架构 ·· 253

8.5 智慧交通 ·· 255

8.5.1 项目背景 ·· 255

8.5.2 技术架构 ·· 256

8.5.3 典型业务 ·· 257

8.6 国外物联网业务发展 ···································· 259

8.6.1 物联网的应用分类 ·································· 259

8.6.2 信息家电的建设及分类 ······························ 260

8.6.3 信息家电产品 ······································ 260

8.6.4 公共设施的物联网建设 ······························ 262

8.6.5 娱乐类物联网应用 ·································· 263

参考文献 ··· 266

第1章
物联网概念基础

1.1　引言

随着通信技术、计算机技术和电子技术的不断发展，移动通信正在从人与人（Human to Human，H2H）向人与物（Human to Machine，H2M），以及物与物（Machine to Machine，M2M）通信的方向发展，万物互联成为移动通信发展的必然趋势。物联网（Internet of Things，IoT）正是在此背景下应运而生的，其被认为是继计算机、互联网之后，世界信息产业的第三次浪潮。物联网采用信息化技术手段，促进人类生活和生产服务的全面升级，其应用开发的前景广阔，产业带动能力强。欧美国家已纷纷将发展物联网纳入整体信息化战略，我国也已将物联网明确纳入国家中长期科学技术发展规划（2006—2020 年）和 2050年国家产业路线图。

究竟什么是物联网？其应用场景是什么样的？各主要国家或地区对物联网有什么样的战略导向？这些都是我们首先要关注并了解的问题。

1.2　物联网是什么

物联网的理念最早出现于比尔·盖茨 1995 年《The Road Ahead》（未来之路）一书，书中对信息技术如何改变人类社会的进步进行了各种预测，1996 年该书进行了再版，其中更强调了互联网的核心地位。1999 年，美国 MIT（麻省理工学院）的自动识别中心（Auto-ID Labs）首先提出了"物联网"的概念，是指把所有物品通过射频识别（Radio Frequency Identification，RFID）等信息传感设备与互联网连接起来，实现智能化识别和可管理的网络。

2005 年 11 月，国际电信联盟（International Telecommunication Union，ITU）发布了《ITU 互联网报告 2005：物联网》，其中介绍了物联网的特征、相关的技术、面临的挑战和未来的市场机遇；同时指出，无所不在的物联网通信时代即将来临，世界上所有的物体，从轮胎到牙刷、从房屋到纸巾都可以通过互联网络主动地进行数据交换，射频识别技术、传感器技术、纳米技术、智能嵌入技术将得到更加广泛的应用。

2009 年 9 月 15 日，欧盟第七框架下 RFID 和物联网研究项目簇（European Research Cluster on the Internet of Things）发布了《物联网战略研究路线图》研究报告，提出物联网是未来 Internet 的一个组成部分，可以被定义为基于标准的和可互操作的通信协议，且具有自配置能力的动态的全球网络基础架构。物联网中的"物"都具有标识、物理属性和实质上的个性，使用智能接口，实现与信息网络的无缝整合。

2010 年 3 月 5 日，温家宝总理在政府工作报告中提出，物联网是指通过信息传感设备，按照约定的协议，把任何物品与互联网连接起来，进行信息交换和通信，以实现智能化识别、定位、跟踪、监控和管理的一种网络，它是在互联网基础上延伸和扩展的网络。

2012 年 6 月，ITU 对物联网、设备、物都分别做了进一步标准化定义和描述，具体如下。

物联网（IoT）：信息社会全球基础设施（通过物理和虚拟手段）将基于现有和正在出现的、信息互操作和通信技术的物质相互连接，以提供先进的服务。

注：通过使用标识、数据捕获、处理和通信能力，物联网充分利用物体向各项应用提供服务，同时确保满足安全和隐私要求。

注：从广义而言，物联网可被视为技术和社会影响方面的愿景。

设备：在物联网中，具有强制性通信能力和选择性传感、激励、数据捕获、数据存储与数据处理能力的设备。

物：在物联网中，物指物理世界（物理装置）或信息世界（虚拟事物）中的对象，可以被标识并整合入通信网。

目前，随着技术和应用的发展，国内物联网的通用定义是：通过射频识别装置、红外感应器、全球定位系统（Global Positioning System，GPS）、激光扫描器、环境传感器、图像感知器、电机、继电器、机器人等信息传感与执行设备，按约定的协议，把任何物品与互联网相连接，进行信息交换和通信，以实现智能化识别、定位、跟踪、监控和管理的一种网络。

从上述国际和国内对物联网的定义可见，物联网就是"将所有物品接入信息网络，实现物体之间的无限互连"。这有如下三层含义：

第一，物品连入信息网络，是以传感器或执行器等方式来体现的，传感器和执行器都有各自唯一 ID，接入协议需提前约定，不限于有线或无线的接入信息网络的方式。

第二，信息网络是物联网系统的承载通道，正是有了信息网络的成熟发展，才有了物联网的发展兴起。

第三，物品通过信息网络接入云端，在云端实现业务封装和自我体系的建立，从而根据用户的需要实现任何物品相互之间的信息交换、协同控制和智能管理。

1.3 物联网应用场景

1.3.1 物联网场景模型

物联网是信息网络从虚拟世界向物理世界的延伸。从上面的描述来看，物联网的概念还相对抽象，无法让人清晰感知物联网的应用场景。ITU 在 2012 年 6 月发布了物联网的场景模型，从时空层面对物联网技术的应用场景进行了形象的描述。

如图 1.1 所示，物联网在"随时"和"随地"通信的基础上，为信息通信技术（Information Communications Technology，ICT）提供了"所有物间通信"功能。

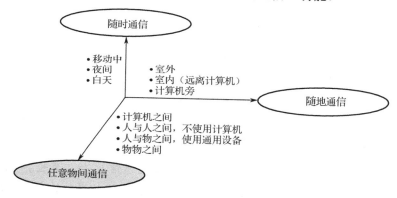

图 1.1 物联网时空模型

在物联网中，物指物理世界（物理装置）或信息世界（虚拟事物）中的对象，可以被标识并整合入通信网。物存在静态信息和动态信息。

物理装置存在于物理世界中，能够被感测、激励和连接，物理装置的实例包括周边环境、工业机器人、端口和电器设备。

虚拟事物存在于信息世界，能够被存储、处理和访问，虚拟事物的实例包括多媒体内容和应用软件。

物联网典型应用模型如图 1.2 所示。

一个物理装置可通过一个或多个虚拟事物（映射）在信息世界中表达，但虚拟事物的存在也可与物理装置不相关。

装置是一种设备，其强制性的通信能力及可选能力包括感测、激励、数据捕获、数据存储和数据处理。装置负责收集各类信息，并将其提供给信息通信网络做进一步处理。有些装置能够在信息通信网提供的信息基础上进行操作。

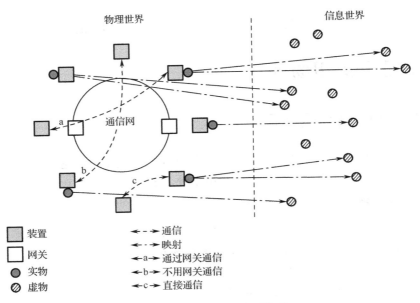

图 1.2　物联网典型应用模型

　　这些装置与其他装置间的通信：它们可通过设有网关的通信网（图中 a）、无网关的通信网（图中 b）或直接，即不使用通信网（图中 c）交流。此外，图中 a、b、c 的结合使用也可行。例如，这些装置可通过局域网与直接通信的其他装置沟通（即为装置间以及装置与网关间提供本地连接的网络，如特设网络，图中 c），随后通过局域网网关通信网进行通信（图中 a）。

　　注：尽管图 1.2 仅显示了物理世界间的互动（装置间通信），但信息世界（虚拟事物间的交换）间也存在互动，物理世界与信息世界间（物理装置与虚拟事物的交换）也有互动。

　　物联网应用包括各种应用，如智能传送系统、智能电网、电子卫生或智能家庭。这些应用可基于专用应用平台，但也可在公共业务/应用平台的基础上提供一般支撑能力，如认证、装置管理、计费和结算。

　　通信网将装置捕获的数据传送给应用和其他装置，并将应用的指令传送给装置。通信网提供可靠、高效的数据传输能力。物联网基础设施可通过现有网络实现，例如传统的 TCP/IP 网和/或不断演进的网络，如下一代网络（Next Generation Network，NGN）。

　　图 1.3 展示了不同类型的装置及其与物理装置间的关系。

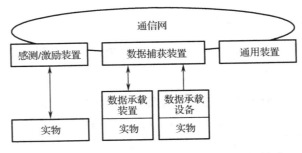

图 1.3　不同类型的装置及其与物理装置间的关系

注："通用装置"也称为一种（套）物理装置。

物联网中对装置的最低要求是具备支持通信的能力，这些装置可划分为数据承载装置、数据捕获装置、感测和激励装置及通用装置。

● 数据承载装置：数据承载装置附着于物理装置，间接连接物理装置与通信网。
● 数据捕获装置：数据捕获装置是指阅读器/书写装置，这些设备具有与物理装置互动的能力。互动可间接通过数据承载装置来实现，也可直接通过附着于物理装置的数据承载组件来实现。第一种情况下，数据捕获装置读取数据承载装置上的信息，并可选择将通信网给出的信息写于数据承载装置之上。

注：数据捕获装置与数据承载装置或数据承载组件间的互动技术包括无线电频率、红外、光和电驱动。

● 感测和激励装置：感测和激励装置可检测或衡量与周边环境有关的信息，并将其转化为数字信号，它也可将信息网络的数字信号转化为操作。一般而言，局域网的感测和激励装置使用有线或无线通信技术相互通信，并使用网关与通信网连接。
● 通用装置：通用装置内置处理和通信能力，可使用有线或无线方式与通信网络通信。通用装置包括不同物联网应用域的设备和应用装置，如工业设备、家用电子设备和智能电话。

1.3.2 物联网的技术特征

从通信对象和过程来看，物联网的核心是物与物，以及人与物之间的信息交互，物联网的发展将引发新的"聚合服务"，如图 1.4 所示。

图 1.4 物联网的发展将引发新的"聚合服务"

物联网的基本特征可概括为全面感知、可靠传送和智能处理。

全面感知：利用 RFID、二维码、传感器等感知、捕获、测量技术，随时随地对物体进行信息采集和获取。

可靠传送：通过各种通信网络与互联网的融合，将物体（Things）接入信息网络，随时随地进行可靠的信息交互和共享。

智能处理：利用云计算、模糊识别等各种智能计算技术，对海量的跨地域、跨行业、跨部门的数据和信息进行分析处理，提升对物理世界、经济社会各种活动和变化的洞察力，实现智能化的决策和控制。

表 1.1 清晰反映了物联网应用场景的基本特征，主要包括互连互通、与物相关的服务、差异性、动态变化和规模大。

表 1.1　物联网应用场景的基本特征

基 本 特 征	具 体 描 述
互连互通	在 IoT 方面，一切事物都可与全球信息通信基础设施互连
与物相关的服务	IoT 可在物的限制范围内提供与物相关的服务，如隐私保护、物理装置间的句法一致性，以及与之相关的虚拟事物。为在物的限制范围内提供与物相关的服务，物理世界和信息世界的技术都会变化
差异性	IoT 的装置具有差异性，是基于不同的硬件平台和网络，它们通过不同网络与其他装置或业务平台互动
动态变化	装置的状态会动态变化，如睡眠与唤醒，连接和/或断开，以及包括位置与速度在内的装置背景状态。此外，装置的数量也会发生动态变化
规模大	需要管理且需要相互通信的装置数量要远大于当前与互联网连接的装置的数量。装置引发的通信与人类发出的通信相比，向装置触发通信转移是大势所趋。更关键的是生成数据的管理，以及针对应用对其做出的解释，这与数据的句法和有效数据处理相关

近年来，物联网技术和应用的发展促使物联网的内涵和外延有了很大的拓展，其已经表现为信息技术、通信技术及智能化技术的发展融合，这也是信息社会发展的趋势。根据物联网应用需求和发展趋势，表 1.2 对物联网应用场景的高层要求进行了概括说明。

表 1.2　物联网应用场景的高层要求

高 层 要 求	具 体 描 述
基于识别的连接	必须支持物的连接，且连接的建立基于物的识别。此外，还包括不同物可能的异化识别，应以统一的方法处理
互操作性	需要确保差异和分布系统间的互操作性，用以提供和使用不同的信息和服务
自动网络化	自动网络化（包括自我管理、自我配置、自愈、自优化和自我保护技术和/或机制）须在物联网的网络控制功能中得到支持，从而适应不同的应用领域、不同的通信环境和大量不同类型的装置
自动业务配置	业务须能根据运营商配置的或用户定制的规则，以捕获、通信和自动处理数据的方式提供。自动业务可能取决于自动数据融合与数据挖掘技术
基于位置的能力	基于位置的能力应在物联网中得到支持。与通信和业务相关的一些事物将取决于物和/或用户的位置信息，必须能自动感测和跟踪位置信息。基于位置的通信和业务可能受到法律法规的限制，应遵守安全性要求
安全性	在物联网中，所有"物"均相互连接，因此会产生巨大的安全隐患，例如，对数据和业务保密性、真实性和完整性的威胁。安全性的一个重要示例为，必须将与物联网内装置和用户网络相关的不同安全政策和技术集成起来

续表

高层要求	具体描述
隐私保护	物联网须支持隐私保护。许多"物"都有自己的所有者和用户，感测到的物数据可能包含所有者和用户的专用信息。在数据传输、集总、存储、挖掘和处理过程中，物联网需要支持隐私保护。隐私保护不应为数据源认证设置障碍
人体相关业务	物联网须支持高质量和高度安全的人体相关业务，不同国家在这些业务方面有不同的法律法规
即插即用	物联网须支持即插即用功能，以支持即时生成、构成或获取基于句法的配置，将物与应用无缝集成，通过操作对应用要求做出响应
可控性	物联网须支持可控性，从而确保正常的网络操作。物联网应用通常无须人为参与便可自动工作，但整个操作流程应由相关方管理

注：人体相关业务是指存在或不存在人为干预的情况下，捕获、交流和处理与人体静态功能和动态行为相关的业务。

1.4 与物联网相关的概念

物联网是一个复杂的新事物，在界定其内涵与外延之前，需要深入分析物联网与互联网、传感器网络、泛在网络（Ubiquitous Network）、机器与机器（Machine to Machine，M2M）、信息物理系统（Cyber-Physical Systems，CPS）等相关概念的内在联系和区别，这不仅有利于揭示物联网的本质，而且能够为进一步学习和研究物联网奠定基础。

1.4.1 物联网与互联网

目前，大多数人对互联网都不陌生。互联网是指将两台或者两台以上的计算机终端、客户端、服务端通过计算机信息技术的手段互相联系起来，人们可以与远在千里之外的朋友相互发送邮件、共同完成一项工作或共同娱乐等。互联网连接人，而物联网不仅连接人也可连接物；互联网连接的是虚拟世界，物联网连接的是物理世界。物联网是互联网的自然延伸，因为物联网的信息传输基础仍然是互联网，只不过其用户端延伸到了物品与物品之间、人与物之间，而不再是单纯的人与人的相连。从某种意义上说，物联网是互联网更广泛的应用。从计算机、互联网到物联网的进化路线如图 1.5 所示。

图 1.5 计算机、互联网、物联网的进化路线

物联网和互联网的最大区别在于，前者把互联网的触角延伸到了物理世界。互联网以人为本，是人在操作互联网，信息的制造、传递和编辑都是由人完成的；而物联网则可以物为核心，让物来完成信息的制造、传递和编辑。物联网更突出行业、个人和家庭市场，而互联网更主要的应用领域在个人和家庭市场。

从连接方式来看，物联网中的物品或者人，将拥有唯一的网络通信协议地址，这个地址类似于现在互联网的访问地址。物联网中的物品可以通过传感设备获取环境信息，接收甚至执行来自网络的信息和指令，与网络中的其他物或人进行信息交流。物联网产品一般需要上门安装，而互联网是即插即用的。物联网与互联网的技术特性对比如表 1.3 所示。

表 1.3 物联网与互联网的技术特性对比

技术特性	物 联 网	互联网（移动互联网）
发展	协同与创新	协同与创新
市场	行业、企业市场，个人、家庭市场	个人、家庭市场
终端	传感终端、控制终端、互联网终端（智能手机/平板/PC/服务器）	互联网终端（智能手机/平板/PC/服务器）
研发	不仅包括规模化市场，更重要的是终端和应用开发的多样性和碎片化市场	以终端和应用的规模市场为主
安装	一般需要上门安装	无须安装，一般即插即用
维护	终端需要被实时监控和管理	终端无须被实时监控和管理

1.4.2 物联网与传感器网络、泛在网

传感器网络、泛在网与物联网紧密相关，但其内涵与外延也有差异。

1. 传感器网络

传感器网络是指包含互联的传感器节点的网络，这些节点通过有线或无线通信技术交换传感数据。传感器节点是由传感器和可选的能检测处理数据及联网的执行元件组成的设备，传感器是感知物理条件或化学成分，并且传递与被观察的特性成比例的电信号的电子设备。

传感器网络与其他传统网络相比具有显著特点，如资源受限、自组织结构、动态性强、与应用相关、以数据为中心等。以无线传感器网络（Wireless Sensor Networks，WSN）为例，一般由多个具有无线通信与计算能力的低功耗、小体积的传感器节点构成；传感器节点具有数据采集、处理、无线通信和自组织的能力，协作完成大规模复杂的监测任务；网络中通常只有少量的汇聚（Sink）节点，负责发布命令和收集数据，实现与互联网的通信；传感器节点仅仅感知到信号，并不强调对物体的标识，仅提供局部或小范围内的信号采集和数据传递，并没有被赋予物品到物品的连接能力。

2. 泛在网络

泛在网络指在服务预订的情况下，个人和/或设备无论何时、何地、何种方式都能以最少的技术限制接入服务和通信。泛在网络是指基于个人和社会的需要，实现人与人、人与物、物与物之间的信息获取、传递、存储、认知、决策、使用等服务的网络。

简单地说，泛在网络指无所不在的网络，可实现随时随地与任何人或物之间的通信，涵盖了各种应用。泛在网络是物联网应用的高级阶段，也可以说是物联网追求的最高境界，

泛在网代表着未来网络的发展趋势，是一种较理想状态。

泛在网络可以支持人到人、人到对象（如设备和/或机器），以及对象到对象的通信。图 1.6 描述了泛在网络下的通信场景模型，人与物、物与物之间的通信是泛在网络的突出特点。

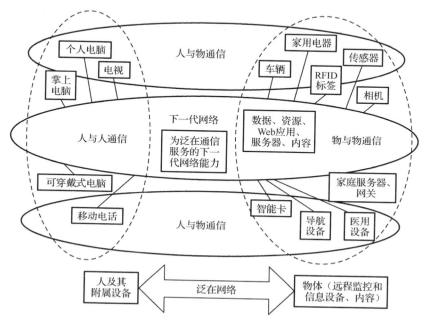

图 1.6 泛在网络的应用场景

3．三者之间的区别与联系

基于前述对物联网、传感器网络和泛在网络的定义及各自特征的分析，物联网与传感器网络、泛在网络的关系可以概括为：泛在网络包含物联网，物联网包含传感器网络，如图 1.7 所示。

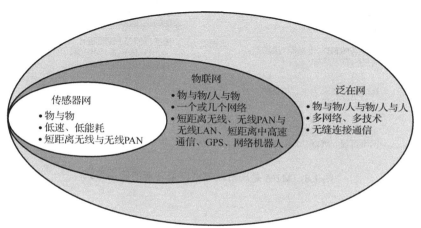

图 1.7 传感器网络、物联网和泛在网络之间的关系

传感器网络、物联网和泛在网络的通信对象及技术覆盖范围如表 1.4 所示，物联网现阶段主要面向人与物、物与物的通信；泛在网络在通信对象上不仅包括物与物、物与人的通信，还包括人与人通信，而且泛在网络涉及多个异构网的互联。当然，物联网发展的最终目标就是泛在网络。

表 1.4　传感器网络、物联网和泛在网络的通信对象及技术覆盖范围

	传感器网络（传感网）	物联网	泛在网
终端	传感器+短距离无线通信，强调区域监测、低功耗	通过有线/无线方式接入信息网络的终端	强调泛在性，指所有能接入的对象
基础网络	不涉及	一个或几个网络。初期：传输；后期：融合、协同	一切支持连接的方式
通信对象	物-物	物-物、人-物	物-物、人-物、人-人

1.4.3　物联网与 M2M 和 CPS 的关系

在学习和讨论物联网时，常常涉及 M2M 通信和 CPS 的概念，下面对三者之间的关系进行简要的说明。

1．M2M

从狭义上说，M2M 仅代表机器与机器之间的通信，广义来讲也包括人与机器（Human to Machine，H2M）之间的通信，以机器智能交互为核心并形成网络化的应用与服务。目前，业界提到 M2M 时，更多是指传统不支持信息技术（IT）的机器设备通过移动通信网络与其他设备或 IT 系统的通信。概括地说，M2M 是现阶段物联网最普遍的应用形式，如图 1.8 所示。

图 1.8　M2M 是现阶段物联网最普遍的应用形式

2．CPS

CPS 是一个综合计算、网络和物理环境的多维复杂系统，通过 3C（Computer、

Communication、Control）技术的有机融合与深度协作，实现大型系统的实时感知和动态控制。CPS 的基本特征是构成了一个能与物理世界交互的感知反馈环，通过计算进程和物理进程相互影响的反馈循环，实现与实物过程的密切互动，从而为实物系统增加或扩展新的能力。

3. M2M、CPS 与物联网的关系

通过前面的分析，可以认为 M2M 和 CPS 都是物联网的表现形式。从概念内涵角度来看，物联网包含了万事万物的信息感知和信息传送，M2M 则主要强调机器与机器之间的通信，而 **CPS 更强调反馈与控制过程，突出对物的实时、动态的信息控制与信息服务**。M2M 偏重于实际应用，得到了工业界的重点关注，是现阶段物联网最普遍的应用形式；CPS 更偏重于研究，吸引了学术界的更多目光，是将来物联网应用的重要技术形态。

1.5　物联网政策战略导向

在经济全球化的背景下，生产的国际化加快了商品生产在全球的布局，传统产业的升级改造和转型要求工业与信息的快速融合。为寻找新的产业和新的发展机会，全球主要国家和地区都提出了以物联网为核心的发展战略。图 1.9 展示了主要国家和地区政府支持物联网发展的重要路标。

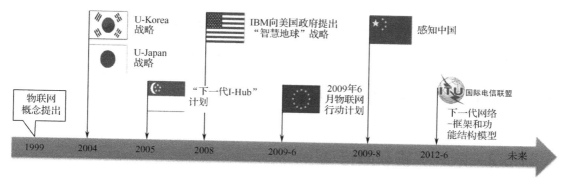

图 1.9　物联网发展的重要路标

在当前趋势下，全球一致认为：加快发展物联网产业，不仅是国家和地区提升信息产业综合竞争力、培育经济新增长点的重要途径，也是促进产业结构优化调整、提升城市管理水平的重要举措。

1.5.1　美国的"智慧地球"

美国非常重视物联网的战略地位，美国国防高级研究计划局（Defense Advanced Research Projects Agency，DARPA）早在 2001 年就设立了可面向军事应用的传感网技术研究项目。加州大学伯克利分校 2001 年完成研究后，首次提出了智能微尘（Smart Dust）的概念。

2005 年 8 月，美国国家科学基金会（National Science Foundation，NSF）提出针对全球网络环境研究（Global Environment for Network Investigations，GENI）研究项目，致力建立一个分布式的网络创新环境，扩展新一代网络研究，实现普适计算，具备可操作性、易用性和安全性，以及支持新型服务及应用。

2008 年，美国国家情报委员会（National Intelligence Council，NIC）发表的《2025 对美国利益潜在影响的关键技术》报告中，将物联网列为六种关键技术之一。

2008 年 11 月，IBM 公司总裁彭明盛在纽约对外关系理事会上发表了题为"智慧地球：下一代领导人议程"的讲话，正式提出"智慧地球（Smart Planet）"设想，建议政府投资新一代的智慧型基础设施，阐明了其短期和长期效益。

2009 年 1 月，美国智库机构信息技术与创新基金会和 IBM 公司一起向政府提交了"The Digital Road to Recover：A Stimulus Plan to Create Jobs，Boost Productivity and Revitalize America"，该提议得到政府的积极回应。政府把"宽带网络等新兴技术"定位为振兴经济和确立美国全球竞争优势地位的关键性战略，其中物联网的发展主要集中在智能电网、智能医疗和宽带网络三大领域。美国将物联网发展的重心落在了物联网技术研发和产业的应用上。

2009 年 2 月 17 日，奥巴马总统签署生效的《2009 年美国恢复与再投资法案》中提出在智能电网、卫生医疗信息技术应用和教育信息技术进行大量投资，这些投资建设与物联网技术直接相关。物联网与新能源一道成为美国摆脱金融危机振兴经济的两大核心武器。

2014 年，由 GE、AT&T、Intel、Cisco、IBM 五家公司发起成立工业互联网联盟（Industrial Internet Consortium，IIC），以集合整个工业互联网的生态链，合力推动物联网产业发展，2015 年宣布投入 1.6 亿美元推动智慧城市计划，将物联网应用试验平台的建设作为首要任务。

1.5.2　欧洲"物联网行动"计划

欧盟早在 2006 年成立了"欧洲 RFID 研究项目组（Cluster of European RFID Projects）"，专门进行 RFID 技术研究。2008 年 10 月，欧盟将该研究项目组更新为欧洲物联网研究项目组（CERP-IoT），主要为促进 RFID 和物联网的研究项目之间进行沟通、协调和合作等，目标是推广、共享、宣传有关 RFID 和物联网的研究项目的相关研究成果，促进 RFID 和物联网相关产业及应用在欧洲范围内的发展。在此基础上，发布了《2020 年的物联网——未来路线》。

2009 年，欧洲 RFID 项目组物联网小组（CERP-IoT）在欧盟委员会资助下制订了《物联网战略研究路线图》《RFID 与物联网模型》等意见书。2009 年 6 月，欧盟已经制订了《物联网：欧洲行动计划》（Internet of Things-An action plan for Europe），该计划涵盖了行政管理、安全保护、隐私控制、基础设施建设、标准制定、技术研发、产业合作、项目落实、通报制度、国际合作等重要内容。该计划已被视为重振欧洲的战略组成部分，同时也是欧洲视为世界范围内第一个系统提出物联网发展和管理计划的机构，其目标旨在确保欧洲在构建物联网的过程中起主导作用。

2011 年汉诺威工业博览会上，德国提出工业 4.0（Industrie 4.0）。2012 年由德国政府出面，联合主要企业，成立工业 4.0 工作组，将工业 4.0 上升为德国 2020 战略项目，德国政府投资 2 亿欧元支持工业 4.0。2015 年成立了横跨欧盟及产业界的物联网创新联盟（AIOTI），并投入 5000 万欧元，通过咨询委员会和推进委员会统领新的"四横七纵"体系架构，包括 4 个横向工作组（IERC、Innovation Ecosystems、IoT Standisation、Policy Issues）和 7 个垂直行业工作组（Living、Farming、Wearables、Cities、Mobility、Environment、Manufacturing）。2016 年欧盟计划投入超过 1 亿欧元支持物联网重点领域。

以下是该《行动计划》的主要内容。

1．物联网：一个新的范例伞

互联网的增长是一个持续的过程，在其发展进程中的重要一步，就是要从连接到互联网上的计算机改成连接到互联网上的物品，从书本到汽车、电器、食品等，从而建立物联网。这些物品有的会拥有自己的 IP 地址，当置于复杂环境时，它们就可以使用传感器获得环境的情况（比如食物在供应链全过程的温度记录）并与环境进行互动（比如空调可以根据是否有人在场进行反应）。

物联网有三方面特性：第一，不能简单地将物联网看成互联网的延伸，物联网是建立在特有的基础设施基础上的一系列新的独立系统，当然，部分基础设施还是要依靠已有的互联网；第二，物联网将与新的业务共生；第三，物联网包括物与人通信、物与物通信的不同通信模式。

物联网的发展取决于信息和通信发展中的几个重要因素。"规模"就是其中之一，意思是所连接设备的数量正在增加，而它们的大小超出了人眼的可视程度；"移动"是另一因素，表示对象更多地通过无线连接；"异质性和复杂性"是第三个因素，因为现在的信息和通信应用数量众多，从而产生了大量的互操作性问题，而物联网将在这种环境下发展。

2．已有的物联网应用

物联网不应该被视为一个乌托邦的概念，事实上，一些物联网的雏形应用已经部署。

现在，消费者越来越多地使用能上网的手机，比如有的手机配置了照相功能，有的配置了短距离通信模块，这些手机可以让用户获得更多的信息。

成员国家越来越多地使用（由条形码支持）药品唯一的序列号，使每个产品验证后才让病人使用，这将减少假冒、欺诈和配药错误。对消费类产品进行物品跟踪，将使欧洲更有能力对付假冒和不安全的产品。

能源行业也已开始部署智能电力系统，它能向消费者实时提供消费数据，并让电力供应商远程监控电力设备。

在传统行业，如物流、制造和零售等，"智能物品"将促进信息交换，加快生产周期的循环。

上述例子采用的 RFID、NFC 技术、二维条码、无线传感器/执行器、IPv6 协议、超高频或 3G/4G 等技术，都将在未来的大规模应用中发挥重要的作用。

3．对物联网的管理

这部分提到了公共管理部门的责任问题，对于政府在信息化过程中的职责，在部分中得到了很好的描述，并提出了一些关键问题，而这些问题都是需要站在政府管理的角度上必须管理的。

为什么需要一个公共当局的角色呢？

虽然物联网将有助于解决某些问题，但是它仍然将面临挑战，它将直接影响到个人。例如，某些应用可能有密切关联的重要基础设施，如电力供应，而某些应用将涉及个人隐私。

因为物联网会带来巨大的社会变革，所以，简单地把发展物联网的任务交给私人行业或某些地区的做法是不可取的。欧洲政策制定者和政府当局必须应对物联网带来的这些社会变化，才可以确保物联网技术和应用将刺激经济增长、提高个人福祉和解决当今社会的一些问题。

信息社会世界峰会也承认政府的公共管理责任，公共部门不能推卸其对公民的责任。特别是，在物联网的管理中必须设计与所有有关互联网公共政策管理相一致的方式。

那么，公共管理部门需要管理什么呢？

通常情况下，物品需要分配标识符和名字去连接其他对象或者网络，物品上的信息通常是有限的，信息的其余部分在网络中的其他地方存放。换句话说，访问与一个对象有关的信息，意味着建立一个网络通信。现在出现的问题是：

- 这是如何识别构成的？（对象命名）
- 谁分配的标识符？（权利的分配）
- 如何以及在哪里可以对其他事情的其他信息进行检索，包括它的历史？（寻址机制和信息库）
- 如何确保信息安全？
- 哪些利益相关者为上述每个问题负责？问责机制是什么？
- 哪些伦理和法律框架适用于不同的利益相关者？

一般情况下，如果物联网没有妥善处理这些问题，就可能会产生严重的负面影响，比如：

- 信息处理不当，可能会显示一个人的个人资料或保密的业务数据。
- 不当分配的权利和私营部门的职责可能会扼杀创新。

● 问责制的缺乏可能危及系统本身的物联网运作。

4．消除障碍　发展物联网

除了管理需要解决的问题，实现互连互通还有很多问题有待解决，其中每一部分都潜在影响我们接纳物联网。本节将介绍委员会解决这些问题的主要的和详细的行动。这些行动主要包括几个方面：一是隐私和个人数据保护；二是信托、验收和安全；三是标准化问题；四是研究与发展问题；五是开放性创新问题。

信息安全是必需的，是物联网主要利益相关者最关注的。

在私人领域，信息安全和上述的隐私是密切相关的信任问题。信息通信技术发展的历史经验表明，在设计阶段，它们有时会被忽视，而在之后进行整合时，则将产生巨大的困难，而且代价高昂，往往会大大降低系统的质量。因此，在设计阶段就应全面考虑用户的要求，而隐私权和安全设计是至关重要的物联网组件。

在商业领域，信息安全转化成可用性、可靠性和业务数据的保密性。对于一个公司，问题是谁有权访问它们的数据或向第三者提供这些数据。这些问题看似简单，但正在深刻地影响着当今商业的流程复杂性。

标准化在物联网发展过程中将发挥以下重要作用：降低业务的进入壁垒和用户使用成本；是物联网互操作性和规模经济的前提；使得整个行业可在国际水平上进行竞争和发展；物联网标准化可以合理利用已有的标准或制定新标准。

物联网也可以大大受益于 IPv6 的快速部署，IPv6 可以解决通过互联网连接对象的数量问题。

欧盟物联网委员会雄心勃勃地在信息通信领域发展，以加强欧洲的竞争力，并制订了一揽子计划。物联网是这些计划中重要的部分，因为它涉及广泛的社会问题，而且欧盟和各会员国已经取得不错的成绩。当然，物联网的最终实现还有赖于更深入的研究。

在开放性创新方面，物联网系统设计和管理过程将涉及多方利益相关者、种类繁多的业务模式和各方不同利益。要成为经济增长和创新的催化剂，物联网系统应当在新的应用中建立现有系统（或新系统），以避免市场的进入障碍或增加运营成本，如过多的授权/费用，或者不适当的知识产权；同时应当有充分的互操作性，以便开发有竞争力的跨领域的系统和应用。

5．欧盟的 14 项物联网行动计划

欧盟的 14 项物联网行动计划如下。

（1）管理：定义一系列物联网管理原则，并设计具有足够级别的无中心管理的架构。

（2）隐私及数据保护：严格执行对物联网数据保护的法规。

（3）"芯片沉默"的权利：开展是否允许个人在任何时候从网络分离的辩论。个人应该

能够读取基本的 RFID（射频识别设备）标签，并且可以销毁它们以保护自己的隐私。当 RFID 及其他无线通信技术使设备小到不易觉察时，这些权利将变得更加重要。

（4）潜在危险：采取有效措施使物联网能够应对信用、承诺及安全方面的问题。

（5）关键资源：为了保护关键的信息基础设施，把物联网发展成为欧洲的关键资源。

（6）标准化：在必要的情况下，发布专门的物联网标准化强制条例。

（7）研究：通过第七研究框架继续资助在物联网领域的研究合作项目。

（8）公私合作：在正在筹备的四个公私研发合作项目中整合物联网。

（9）创新：启动试点项目，以促进欧盟有效地部署市场化的、互操作性的、安全的、具有隐私意识的物联网应用。

（10）管理机制：定期向欧洲议会和理事会汇报物联网的进展情况。

（11）国际对话：加强国际合作，共享信息和成功经验，并在相关的联合行动中达成一致。

（12）环境问题：评估回收 RFID 标签的难度，以及这些标签对回收物品带来的好处。

（13）统计数据：欧盟统计局在 2009 年 12 月开始发布了 RFID 技术统计数据。

（14）进展监督：组建欧洲利益相关者代表团，监督物联网的最新进展。

1.5.3　日本的"U-Japan"计划

2000 年，日本政府首先提出了"IT 基本法"，其后由隶属于日本首相官邸的 IT 战略本部提出了"e-Japan 战略"，希望能推进日本整体 ICT 的基础建设。2004 年 5 月，日本总务省向日本经济财政咨询会议正式提出了以发展泛在网络社会为目标的 U-Japan 构想，此构想于 2004 年 6 月 4 日被日本内阁通过。

日本的"U-Japan"计划首先提出了"泛在"（简称 U 网络，指无所不在的网络）理念，以人为本，实现人与人、物与物、人与物之间的连接，即所谓的 4U（Ubiquitous：无处不在；Universal：普及；User-oriented：用户导向；Unique：独特）。日本所提的计划将以基础设施建设和信息技术应用为核心，重点在以下两个方面展开。

一是泛在网络社会的基础建设，希望实现从有线到无线、从网络到终端，包括认证、数据交换在内的无缝连接泛在网络环境，国民可以利用高速或超高速网络。

二是 ICT 的广泛应用。希望通过 ICT 的有效应用，促进社会系统的改革，解决老年化社会的医疗福利、环境能源、防灾治安、教育人才、劳动就业等一系列社会问题。

物联网包含在泛在网的概念之中，并服务于 U-Japan 及后续的信息化战略。2009 年 8

月，日本又将"U-Japan"升级为"I-Japan"战略，提出"智慧泛在"构想，将传感器网络列为国家重点战略之一，致力构建一个个性化的物联网智能服务体系，充分调动日本电子信息企业积极性，确保在信息时代国家竞争力始终位于全球第一阵营。同时，日本政府希望通过物联网技术的产业化应用，减轻由于人口老龄化所带来的医疗、养老等社会负担，并由此实现积极自主的创新，催生出新的活力，改革整个经济社会。

1.5.4 韩国的"U-Korea"战略

2004 年，韩国提出为期十年的 U-Korea 战略，设立了以总统为首的国家信息化指挥、决策和监督机构——信息化战略会议，以及由总理负责的信息化促进委员会，目标是在全球最优的泛在基础设施上，将韩国建设成全球第一个泛在社会。

2009 年 10 月 13 日，韩国通信委员会（Korea Communications Commission，KCC）通过了基于 IP 的泛在传感器网基础设施构建基本规划，将物联网市场确定为新增长动力，确定了"通过构建世界最先进的物联网基础设施，打造未来广播通信融合领域超一流 ICT 强国"的发展目标。为实现这一目标，确定了构建基础设施、应用、技术研发、营造可扩散环境四大领域共 12 项课题。其中较为典型的物联网应用是配合"U-Korea"推出的"U-Home"项目，作为韩国信息通信发展计划的八大创新服务之一，这种智能家庭的最终目的是让韩国民众能通过有线或无线的方式控制家电设备，并能在家享受高品质的双向、互动的多媒体服务，如远程教学、健康医疗、视频点播、居家购物、家庭银行等。现在，韩国新建的民宅基本都具有"U-Home"功能。

1.5.5 新加坡的"下一代 I-Hub"计划

1992 年，新加坡提出了 IT2000 计划，即"智能岛"计划。此后，该国先后确定了"21 世纪资讯通信技术蓝图""ConnectedCity（连城）"等国家信息化发展项目，希望进一步加大信息通信技术的普及力度。综合看来，之前的数次信息化战略都可以说是处在"e"阶段，即通过提高信息通信技术的利用率促进社会方方面面的发展。2005 年 2 月，新加坡资讯通信发展局发布名为"下一代 I-Hub"的新计划，标志着该国正式将"U"型网络构建纳入国家战略，该计划旨在通过一个安全、高速、无所不在的网络实现下一代的连接。

1.5.6 中国的"感知中国"

2009 年 8 月我国国家领导人在考察无锡高新微纳传感网工程技术研发中心时提出：

（1）把传感系统和中国 3G 中的 TD 技术结合起来。

（2）在国家重大科技专项中，加快推进传感网发展。

（3）要积极创造条件，在无锡建立中国的传感网中心（即"感知中国"中心），发展物联网。

2009 年 11 月，我国国家领导人在人民大会堂向科技界发表了题为"让科技引领中国可持续发展"的讲话，其中提到要着力突破传感网、物联网的关键技术，及早部署后 IP 时代相关技术的研发，使信息网络产业成为推动产业升级、迈向信息社会的"发动机"。

2010 年 3 月，"加快物联网的研发应用"第一次写入中国政府工作报告。为了进一步促进物联网健康发展，加强对物联网发展方向和发展重点的引导，"国家中长期科学与技术发展规划（2006—2020 年）"和"新一代宽带移动无线通信网"重大专项中均将传感网列入重点研究领域。工业和信息化部开展物联网的调研，计划从技术研发、标准制定、推进市场应用、加强产业协作四个方面支持物联网发展。我国政府发布了一系列政策不断优化物联网发展环境。

2011 年，国家发展和改革委员会联合相关部委，推进 10 个首批物联网示范工程。2012 年又批复在智能电网、海铁联运等 7 个领域开展国家物联网重大应用示范工程。

2012 年，工业和信息化部物联网"十二五"发展规划指出，要在工业、农业、物流、家居等 9 个重点领域开展应用示范工程。

住房和城乡建设部下发"关于开展国家智慧城市试点工作的通知"，计划在"十二五"期间，国家开发银行投资 800 亿元扶持全国智慧城市建设，总投资规模将达到 5000 亿元。

地方政府也根据当地产业状况制定了具体的物联网应用发展计划，我国初步形成了环渤海、长三角、珠三角，以及中西部地区四大区域集聚发展的总体产业空间格局，重点区域物联网产业集群初具规模。

第2章

物联网体系基础技术

2.1　引言

　　物联网综合通信技术、计算机技术和电子技术等，是一种融合异构网络系统，其体系架构对物联网发展具有极其重要的影响，因此有必要对物联网体系基础技术进行深入研究。同时，随着技术的不断创新，以及应用需求的不断提出，各种新技术和应用都在逐渐融入物联网体系中。本章将带领大家一起对当前物联网体系涉及的主要基础技术进行学习，希望通过基础理论的学习，让大家对物联网系统有一个较为全面、客观的了解，这对于后续对物联网应用开发与设计、体系建立、关键技术研究，以及演进发展具有较好的指导意义。

2.2　物联网体系结构

　　从技术领域来看，物联网涉及移动通信技术、物联网技术、分布式数据存储与处理技术、IP 网络应用技术、嵌入式应用技术、协议分析及算法设计等多个技术领域；从网络组成来看，涉及传感网、互联网、通信网、广电网等多种网络，是由各种通信网络和互联网融合而成的；从物联网建设和使用的参与者组成来看，包括了物联网应用提供商、传感器件提供商、物联网基础设施提供商、数据服务提供商、政府、个人用户等。对于如此复杂的物联网，首先必须梳理清楚体系架构，才能有效地识别出不同网络、技术及主体在该系统中的角色及联系，通过调整产业结构，促进物联网技术和应用快速、规模化发展。

　　目前被广泛认可的物联网参考体系架构分为三层，分别是感知层、网络层和应用层，如图 2.1 所示。感知层包括二维码标签和识读器、RFID 标签和读写器、摄像头、GPS、传感器、M2M 终端、传感器网络和传感器网关等，主要功能是识别物体、采集信息。网络层首先包括各种通信网络与互联网形成的融合网络，除此之外还包括物联网管理中心、信息中心、云计算平台、专家系统等对海量信息进行智能处理的部分。应用层是将物联网技术与行业专业技术相结合，实现广泛智能化应用的解决方案集。物联网通过应用层最终实现信息技术与行业的深度融合，实现行业智能化。

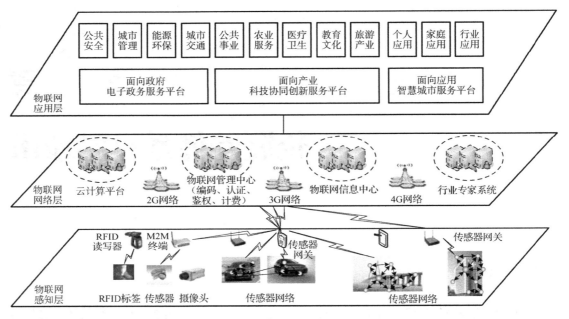

图 2.1 传统物联网参考体系架构

尽管上述物联网体系架构系统地描述了物联网的核心组成部分及其相互关系，然而就目前国内外物联网的发展来看，并未能够有效地指导整个物联网产业，使之进入快速发展的通道。部分原因在于，该架构对于网络层的描述过于概括，并且网络层本身从语义上也容易让人与互联网协议中的网络层产生混淆，因此一定程度上阻碍了人们对上述物联网体系架构的认识。从现状来看，目前业界对上述体系中的网络层认识还处于相对粗浅的层次，物联网产业界还没有充分发展网络层中对物联网业务发展起到重大推动作用的物联网支撑平台，大多数应用仍只是把网络层当作物联网数据的传输通道，尚未利用网络层所提供的物联网运营支撑能力和业务支撑能力。

对于物联网体系架构的理解不能仅从网络的视角出发，而应该把物联网当作一个完整的系统来看待，从全局的角度出发，系统地考虑物联网建设与发展过程中，需要涉及的各个环节、所在的层次及它们之间的联系。结合信息流的流向，以及产业关联对象来梳理物联网架构中各个层次，可以将物联网架构分为四个层次，分别是感知及控制层、网络层、平台服务层和应用服务层，如图 2.2 所示。物联网平台是物联网产业链的枢纽，向下接入分散的物联网传感层，汇集传感数据，向上面向应用服务提供商提供应用开发的基础性平台和面向底层网络的统一数据接口，支持具体的基于传感数据的物联网应用。

感知与控制层：通过从传感器、计量器等器件获取环境、资产或者运营状态信息，在进行适当的处理之后，通过传感器传输网关将数据传递出去；同时通过传感器接收网关接收控制指令信息，在本地传递给控制器件达到控制资产、设备及运营的目的。在此层次中，感知及控制器件的管理、传输与接收网关、本地数据及信号处理是重要的技术。

网络层：通过公网或者专网以无线或者有线的通信方式将信息、数据与指令在感知与控制层、平台服务层、应用层服务之间传递，主要由运营商提供的各种广域 IP 通信网络组成，包括 ATM、xDSL、光纤等有线网络，以及 GPRS、3G、4G、NB-IoT 等移动通信网络。

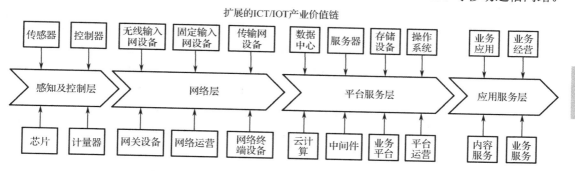

图 2.2 物联网四层体系架构

平台服务层：物联网平台是物联网网络架构和产业链条中的关键环节，通过它不仅实现对终端设备和资产的"管、控、营"一体化，向下连接感知层，向上面向应用服务提供商提供应用开发能力和统一接口，并为各行各业提供通用的服务能力，如数据路由、数据处理与挖掘、仿真与优化、业务流程和应用整合、通信管理、应用开发、设备维护服务等。

应用服务层：丰富的应用是物联网的最终目标，未来基于政府、企业、消费者三类群体将衍生出多样化的物联网应用，创造巨大的社会价值。根据企业业务需要，在平台服务层之上建立相关的物联网应用，例如，城市交通情况的分析与预测，城市资产状态监控与分析，环境状态监控、分析与预警（如风力、雨量、滑坡），健康状况监测与医疗方案建议等。

上述物联网体系架构的设计是从物联网建设和发展的实际情况出发的，考虑了物联网所涉及各技术的层次，也兼顾了物联网产业链中的各个环节，对于物联网规模化、产业化发展具有一定的参考价值。该架构中的各个层次的物联网平台的建设与部属都将会非常有助于激发物联网应用的活力，而且还十分有利于促进物联网在各行业、各领域的渗透与深化。

2.3 感知层

2.3.1 RFID 技术

RFID 即无线射频识别，俗称电子标签（E-Tag），是一种利用射频通信实现的非接触式自动识别技术，它通过射频信号自动识别目标对象并对其信息进行标志、登记、存储和管理，识别工作无须人工干预，可工作于各种恶劣环境。目前 RFID 技术已被广泛应用于零售、物流、生产、交通等各个行业，如全球最大的跨国零售商沃尔玛公司已要求其供应商在消费品包装盒物流方面必须采用 RFID 技术。

1. RFID 系统组成

一般来说，射频识别系统由射频标签、读写器和应用系统三部分组成，其组成结构如图 2.3 所示。其中射频标签由天线和芯片组成，每个芯片都含有唯一的识别码，一般保存约定的电子数据。在实际的应用中，射频标签粘贴在待识别物体的表面，其分类及技术特性见表 2.1 所示。读写器是根据需要并使用相应协议进行读取和写入标签的信息的设备，它通过网络系统进行通信，从而完成对射频标签信息的获取、解码、识别和数据管理，通常有手持的或者固定的两种。应用系统主要完成对数据信息的存储和管理，并可以对标签进行读写控制。

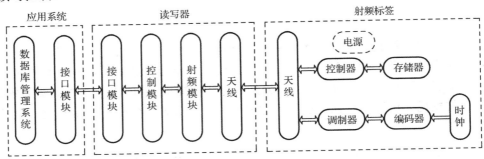

图 2.3　射频识别系统的组成结构

表 2.1　射频标签分类及技术特性

参　　数	低频率	高频率	超高频率	微波
	125～134 kHz	13.56 MHz	868～915 MHz	2.4～5.8 GHz
最大读取距离/m	1.2	1.2	4	15
速度	慢	中等	快	非常快
环境影响	无影响	无影响	影响较大	影响较大
全球接收频率	是	是	部分（欧美）	部分（非欧盟）
主要应用	畜牧业和动物管理	智能卡、门禁、产品标识	物流和供应管理	不停车收费、货盘标识的管理

2. RFID 工作原理

RFID 技术是一项利用射频信号通过空间耦合（交变磁场或电磁场）实现的无接触式信息传递，并通过所传递的信息达到自动识别的技术，其工作原理和过程概述如下。

（1）工作原理。利用射频信号和空间耦合传输特性实现对被识别物体的自动识别，射频标签与读写器之间通过耦合元件实现射频信号的空间（非接触）耦合。在耦合通道内，根据时序关系，实现能量的传递和数据的交换。以 RFID 卡片阅读器和电子标签之间的通信及能量感应方式来看，大致可以分成电感耦合及电磁反向散射耦合两种，如图 2.4 所示。一般低频的 RFID 大都采用电感耦合，通过空间高频交变磁场实现耦合，依据的是电磁感应定律。而高频大多采用电磁反向散射耦合（如雷达原理模型），发射出去的电磁波，碰到目标后反射，同时携带回目标信息，依据的是电磁波的空间传播规律。

（2）工作过程。当带有射频标签的物品在读写器的可读范围内时，读写器发出磁场，查询信号将会激活标签，标签根据接收到的查询信号要求反射信号，读写器接收到标签反射回的信号后，通过内部电路无接触地读取并识别射频标签中所保存的电子数据，从而达到自动识别物体的目的，然后进一步通过计算机及计算机网络实现对物体识别信息的采集、处理及远程传输等管理功能。

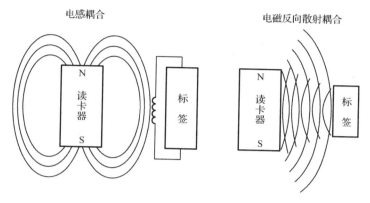

图 2.4　射频标签工作原理

2.3.2　WSN

无线传感器网络（Wireless Sensor Networks，WSN）是一种新兴的网络，最早的研究来源于美国军方。无线传感器网络由部署在监测区域内大量的廉价微型传感器节点组成，通过无线通信方式形成一个多跳自组织的网络系统，节点之间可以相互传递信息，并协作完成监测任务。最早的传感器网络出现在 20 世纪 70 年代，将传统传感器采用点对点传输、连接传感控制器而构成传感器网络，我们称之为第一代传感器网络。随着传感器技术和计算机技术的发展，传感器网络具有了获取多种信号的综合处理能力，并通过与传感控制器的相连，组成具有信息处理能力的传感器网络，这是第二代传感器网络。而从 20 世纪末开始，现场总线技术开始应用于传感器网络，人们用其组建智能化传感器网络，大量多功能传感器得以运用，并使用无线技术连接，无线传感器网络逐渐形成。

最早的代表性论述出现在 1999 年，题为"传感器走向无线时代"，著名杂志《Business Weekly》将无线传感器网络列为 21 世纪最具影响的 21 项技术之一。随后在美国召开的移动计算和网络国际会议上，提出了无线传感器网络将是 21 世纪面临的发展机遇。2003 年，美国 MIT《技术评论》杂志论述未来新兴十大技术时，无线传感器网络被列为第一项未来新兴技术。美国《今日防务》杂志更是认为无线传感器网络的应用和发展，将引起一场划时代的军事技术革命和未来战争的变革。2004 年杂志《IEEE Spectrum》发表一期专集《传感器的国度》，论述了无线传感器网络的发展和可能的广泛应用。可以预计，无线传感器网络的发展和广泛应用，将对人们的社会生活和产业变革带来极大的影响并产生巨大的推动。

提到无线传感器网络，不可避免地需要将其与另一种 Ad hoc 无线自组网技术进行对比。无线传感器网络虽然与 Ad hoc 网络有许多相似之处，如不需要有线基础设施支持、通信方式都支持多跳，但两者之间存在明显的区别。典型的 Ad hoc 网络支持任意节点间的路由，而传感器网络有更专用的路由协议。在节点资源受限的层面上，无线传感器网络的节点更受限制且其能量限制的情况最严重，在成功部署后，许多传感器网络被设计成无人值守，电池不可更换。在传感器网络中经常呈现的节点间的信任关系超出了在 Ad hoc 网络中发现的类似关系，无线传感器网络中的邻居节点常常感测到同样的或相关环境的事件，因此路由协议必须考虑能量和带宽问题以消除冗余的信息，这常常需要节点间的信任关系，但 Ad hoc 网络中没有这些假设。

在无线传感器网络中，节点相互协作，感知、采集和处理网络覆盖区域内的各种环境或监测对象的信息，并发送给观察者，传感器、感知对象和观察者构成了传感器网络的三个要素。从体系结构上来讲，无线传感器网络一般由普通传感器节点、Sink 节点或基站（Base Station，BS）、互联网或通信卫星、用户管理节点构成。在无线传感器网络中，节点以自组织形式构成网络，实时进行数据采集，对感知采集到的数据信息进行融合处理，通过多跳中继方式将监测数据传送到 Sink 节点，最终借助互联网或卫星将区域内的数据传送到远程中心的管理节点进行集中处理。Sink 节点也可以用同样的方式将信息发送给各节点。用户可通过管理节点对传感器网络进行配置和管理。无线传感器网络的体系结构如图 2.5 所示。

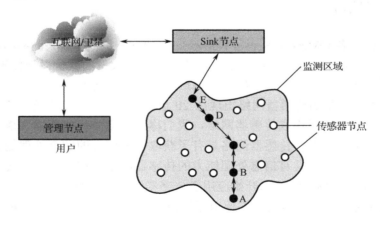

图 2.5　无线传感器网络的体系结构

在图 2.5 中，传感器节点任意散布在指定的监测区域中，散布节点的过程一般是通过飞行器撒播、机器人或人工布置和炮弹弹射等方式完成的。其中，传感器网络节点的组成在不同应用中不尽相同，但一般都由数据采集模块、处理模块、无线通信模块、定位系统、移动管理器和能量供应模块等组成，如图 2.6 所示。每个节点都是一个微型的嵌入式系统，同时具有网络节点的终端和路由器双重功能，除了进行本地信息收集和数据处理，还要对其他节点转发来的数据进行存储、管理和融合等处理。

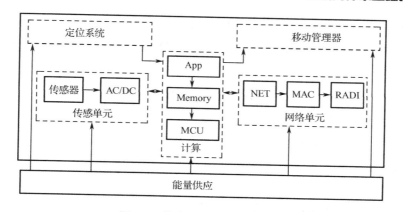

图 2.6 传感器网络节点的组成

2.3.3 ZigBee 技术

近年来，无线网络技术的发展日新月异，新技术层出不穷。ZigBee 技术作为一种新兴的短距离无线通信技术，正有力地推动着低速无线个人区域网络（Low-Rate Wireless Personal Area Network，LR-WPAN）的发展。ZigBee 是基于 IEEE 802.15.4 标准的、应用于无线监测与控制应用的全球性无线通信标准，强调简单易用、短距离、低速率、低功耗（长电池寿命）且极廉价的市场定位，可以广泛应用于工业控制、家庭自动化、医疗护理、智能农业、消费类电子设备和远程控制等领域。基于 ZigBee 技术的网络特征与无线传感器网络存在很多相似之处，故很多研究机构已经把它作为无线传感器网络的无线通信平台。目前在蓝牙技术复杂，应用系统费用高、功耗高、供电电池寿命短，并且还无法突破价格瓶颈的情况下，ZigBee 技术无疑将拥有广阔的应用前景。

1．ZigBee 的结构体系

相对于其他无线通信标准而言，ZigBee 协议栈显得更为紧凑和简单。ZigBee 协议栈的体系结构如图 2.7 所示。它是由底层硬件模块、中间协议层和高端应用层三大部分组成的。

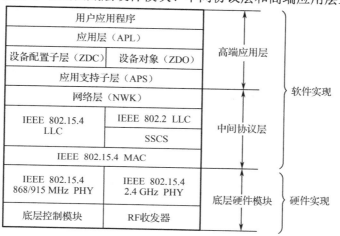

图 2.7 ZigBee 协议栈体系结构

（1）底层硬件模块。底层硬件模块是 ZigBee 技术的核心模块，所有嵌入 ZigBee 技术的设备都必须包括底层硬件模块，它主要由射频（Radio-Frequency，RF）、ZigBee 无线收发器和底层控制模块组成。

ZigBee 标准协议定义了两个物理层（PHY）标准，分别是 2.4 GHz 物理层和 868/915 MHz 物理层。两个物理层都基于直接序列扩频（Direct Sequence Spread Spectrum，DSSS）技术，使用相同的物理层数据包格式，区别在于工作频率、调制方式、信号处理过程和传输速率。

底层控制模块定义了物理无线信道和 MAC 子层之间的接口，提供物理层数据服务和物理层管理服务。物理层数据服务从无线物理信道上收发数据，物理层管理服务维护一个由物理层相关数据组成的数据库。数据服务主要包括：激活和休眠射频收发器、收发数据、信道能量检测（Energy Detect，ED）、链路质量指示（Link Quality Indication，LQI）和空闲信道评估（Clear Channel Assessment，CCA）。

① 信道能量检测为网络层提供信道选择依据，它主要测量目标信道中接收信号的功率强度，由于这个检测本身不需要进行解码操作，所以检测结果是有效信号功率和噪声信号功率之和。

② 链路质量指示为 MAC 层或者应用层提供接收数据帧时无线信号的强度和质量信息，与信道能量检测不同的是，它要对信号进行解码，生成的是一个信噪比指标，这个信噪比指标和物理层数据单元一起提交给上层处理。

③ 空闲信道评估用于判断信道是否空闲。ZigBee 协议标准定义了三种空闲信道评估模式：第一种是判断信道的信号能量，当信号能量低于某一个门限量就认为信道空闲；第二种是判断无线信道的特征，这个特征主要包括两方面，即扩频信号特征和载波频率；第三种模式是前两种模式的综合，同时检测信号强度和信号特征，判断信道是否空闲。

（2）中间协议层。中间协议层由 IEEE 802.15.4 MAC 子层、IEEE 802.15.4 链路控制子（Logical Link Control，LLC）层、网络（NWK）层，以及通过业务相关聚合子层（Service Specific Convergence Sublayer，SSCS）协议承载的 IEEE 802.2 LLC 子层（选用协议层）组成。

MAC 子层使用物理层提供的服务实现设备之间的数据帧传输，而 LLC 子层在 MAC 子层的基础上，在设备间提供面向连接和非连接的服务。MAC 子层提供两种服务：MAC 层数据服务和 MAC 层管理服务，前者保证 MAC 协议数据单元在物理层数据服务中的正确收发，后者维护一个存储 MAC 子层协议状态相关信息的数据库。MAC 子层主要功能包括：

- 作为协调器产生并发送信标帧，普通设备根据协调器的信标帧与协调器同步；
- 支持无线信道通信安全；
- 使用载波侦听多址/冲突避免（CSMA/CA）机制访问信道；
- 支持时隙预留机制（Guaranteed Time Slot，GTS）；
- 支持不同设备的 MAC 层间可靠传输。

NWK 层负责建立和维护网络连接，它独立处理传入数据请求、关联（Association）、解除关联（Disassociation）和孤立通知请求。

SSCS 和 IEEE 802.2 LLC 只是 ZigBee 标准协议中可能的上层协议，并不在 IEEE 802.15.4 标准的定义范围之内。SSCS 为 IEEE 802.15.4 的 MAC 层接入 IEEE 802.2 标准中定义的 LLC 子层提供聚合服务。LLC 子层可以使用 SSCS 的服务接口访问 IEEE 802.15.4 网络，为应用层提供链路层服务。

（3）高端应用层。高端应用层位于 ZigBee 协议栈的最上面，主要包括以下五个部分：应用支持（APS）子层、ZigBee 设备对象（ZDO）、ZigBee 设备配置（ZDC）层、应用层（APL）和用户应用程序。

① APS 子层主要提供 ZigBee 端点接口。应用程序将使用该层打开或关闭一个或多个端点，并且获取或发送数据。

② ZDO 负责接收和处理远程设备的不同请求。ZDO 打开和处理目标端点接口，和其他的端点接口不同，目标端点接口总是在启动时就被打开并假设绑定到任何发往该端口的输入数据帧。

③ ZigBee 设备配置层提供标准的 ZigBee 配置服务，它定义和处理描述符请求。远程设备可以通过 ZDO 请求任何标准的描述符信息，当接收到这些请求时，ZDO 会调用配置对象以获取相应的描述符值。

④ APL 提供高级协议栈管理功能。用户应用程序使用此模块来实现管理协议栈功能。

⑤ 用户应用程序主要包括厂家预置的应用软件，同时，为了给用户提供更广泛的应用，还提供了面向仪器控制、信息电器、通信设备的嵌入式应用编程接口库，从而可以更广泛地实现设备与用户的应用软件间的交互。

2. ZigBee 硬件的实现

目前的 RF-IC 均采用具有高度集成的射频结构，采用 CMOS 工艺生产，具有最优的系统划分（硬件、软件）和用于低功耗的经过优化的内嵌软件，这些都是达到 IEEE 802.15.4/ZigBee RF-IC 和系统低成本、低功耗要求的关键因素。图 2.8 所示为 ZigBee 单芯片硬件模块结构，它由微处理器、射频收发器、存储器、天线和各种应用电路组成，下面分别叙述各部分的组成及功能。

（1）微处理器。微处理器一般采用与 8051 兼容的处理器，用于处理射频信号，控制和协调各部分器件的工作，具体地说，就是负责 Z-Wave 比特流调制和解调后的所有比特级处理，控制收发器等。

（2）射频收发器。射频收发器是 ZigBee 设备的核心，任何 ZigBee 设备都有射频收发器，它与用于广播的普通无线收发器的不同之处在于体积小、功耗小、支持电池供电。射频收发器主要包括压控振荡器（VCO）、环路滤波器（Loop Filter）和射频滤波器（RF Filter）

等，主要功能包括信号的调制与解调、收发数据和帧定时恢复。发送操作包括载波的产生、载波调制、功率控制、自动增益控制（AGC）和最终信道选择等，接收操作包括将频率调谐至正确的载波频率及信号强度控制等。

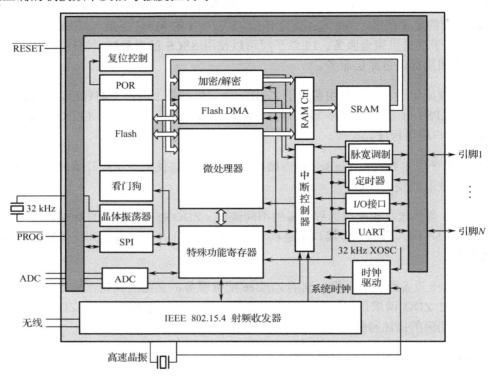

图 2.8　ZigBee 单芯片硬件模块结构

（3）闪存和 SRAM。ZigBee 协议栈的低层协议都以固件的形式存放在 Flash（闪存）中，闪存中还保存一些 API。SRAM 作为微处理器的运行空间，在运行时需要首先把闪存中的软件调入 SRAM 中。需要注意的是，闪存并不是必须集成到 ZigBee 单芯片中的，它可以以外接存储器的形式和 ZigBee 单芯片连接。

（4）天线。近程通信中最常用的天线有单极天线、螺旋状天线和环状天线。对于低功耗应用，建议使用简单的 1/4 波长单极天线。1/4 波长单极天线的长度为

$$L=7125/f$$

式中，f 的单位是 MHz；L 的单位是 cm。2.4 GHz 天线的长度为 3.0 cm，868 MHz 天线的长度为 8.2 cm，915 MHz 天线长度为 7.8 cm。天线必须尽可能地靠近集成电路。如果天线位置远离输入引脚，就必须与提供的传输线匹配（50 Ω）。

3. CC2420 单芯片介绍

CC2420 是一款兼容 2.4 GHz IEEE 802.15.4 的无线收发芯片，可快速应用到 ZigBee 产品中。CC2420 基于 SmartRF 03 技术，使用 0.18 μm 的 CMOS 工艺生产，采用 QLP-48 封

装，具有很高的集成度。

（1）内部结构与工作原理。CC2420 的内部结构如图 2.9 所示。

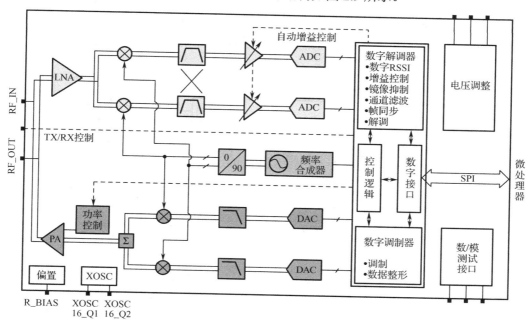

图 2.9　CC2420 内部结构

　　CC2420 是一个低中频的接收器，接收到的射频信号首先经过低噪声放大器（Low Noise Amplifier，LNA），然后正交下变频到 2 MHz 的中频上，形成中频信号的同相分量和正交分量。两路信号经过滤波和放大后，直接通过 A/D 转换器转换成数字信号。后续的处理，如自动增益控制、最终信道选择、解扩以及帧同步等，都是以数字信号的形式进行的。

　　CC2420 发送数据时，使用直接正交上变频。基带信号的同相分量和正交分量直接被 D/A 转换器转换成模拟信号，通过低通滤波器后，直接变频到设定的信道上。

　　CC2420 射频信号的收发采用差分方式进行，如果使用单端天线则需要使用平衡/非平衡阻抗转换电路（巴伦电路，BALUN），以达到最佳的收发效果。

　　CC2420 需要 16 MHz 的参考时钟用于 250 kbps 数据的收发，这个参考时钟可以来自外部时钟源，也可以使用内部晶体振荡器产生。如果使用外部时钟，直接从 XOSC16_Q1 引脚引入，XOSC16_Q2 引脚保持悬空；如果使用内部晶体振荡器，晶体接在 XOSC16_Q1 和 XOSC16_Q2 引脚之间，CC2420 要求时钟源的精度应该在±40×10^{-6} 以内。图 2.10 给出了 CC2420 应用电路的一个实例。

　　（2）基本功能及应用。CC2420 工作于全球统一开放的 2.4 GHz 的 ISM 频带，具有工作电压低（1.8 V）、体积小（7 mm×7 mm）、功耗低（TX 为 24 mA 和 RX 为 17 mA），以及灵敏度高（–119 dB）等优点，最高工作速率可达 250 kb/s；采用了直接序列扩频方式，抗噪声干扰能力强；用硬件实现了 IEEE 802.15.4 的 MAC 子层基于 128 位的 AES 数据加密和鉴别操作，安全性较高；具有完全集成的压控振荡器，只需要天线、16 MHz 晶体和几个阻容、电感元件等非常少的外围电路就能在 2.4 GHz 频带上工作，基本无须调试；MAC 子层支持信息包处理、数据缓存、突发传输、地址识别、信道能量检测、链路质量指示和空闲信道评估等功能，从而可降低主控制器负担并可与低成本的控制器配合使用。

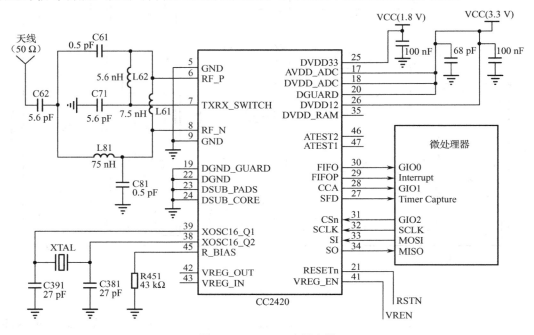

图 2.10　CC2420 应用电路

CC2420 单芯片的主要应用有：家庭自动化领域的灯光控制、仪表（水/电/气）读取、家用电器功能控制、能量管理系统、门禁和窗禁防盗、（水/电/气）泄漏监测报警、预警火灾等；计算机方面的键盘、鼠标、控制杆、扫描仪、监视器、打印机和笔记本电脑等；消费类的数字机顶盒、PDA、耳机、游戏控制器、数码相机和具有 ZigBee 功能的手机等。

4．与其他短距离无线技术的对比

ZigBee 与 Z-Wave、Bluetooth 都属于短距离无线通信技术，下面主要根据现有的知识针对它们的技术特性方面分别进行比较，结果如表 2.2 所示。

表 2.2　三种短距离无线通信技术的简要比较

技术特性	ZigBee	Z-Wave	Bluetooth
工作频带	2.4 GHz（全球流行）、915 MHz（US）、868 MHz（EU）	868.42 MHz（EU）、908.42 MHz（US）	2.4 GHz
典型覆盖范围/m	10～75	30～100	10
最高传输速率	250 kbps	9.6 kbps	1 Mbps
设备激活时间	15 ms	5 ms	3 s

续表

技术特性	ZigBee	Z-Wave	Bluetooth
接收机灵敏度/dBm	−94	−98	−70
优势	结构简单、成本低廉、支持电池供电设备	最简单、最低成本、支持电池供电设备	合作伙伴多、即插即用
不足	需解决好不同频带间产品的互操作性问题	芯片供应商单一、协议过于简单，有出现崩溃的隐患	系统复杂、传输距离短、功耗大
应用领域	大量设备，不频繁使用，小数据量	中等数量设备，不频繁使用，小数据量	Ad hoc 网络、音频、视频、图像、大量数据

2.3.4　视频监控

随着人们生活水平的提高和宽带网络的普及，视频监控将成为物联网的重要应用领域，尤其是近些年来信息技术的发展和人们居住环境的改善，使人们的家庭安全防范意识得到空前强化。家庭网络视频监控，凭借技术上与 IP 网络的无缝兼容，以及所提供的远程实时视频处理能力和其他网络应用，正以每年约 30%的增长速度迅速成安防行业的新热点。同时，由于社会治安状况日趋复杂，公共安全问题不断凸显，城市犯罪突出，手段不断更新、升级，这些都迫切要求加快发展以主动预防为主的视频监控系统。

1. 视频应用分类

视频监控作为安防系统重要组成部分，以其直观、方便、信息内容丰富而广泛应用于许多场合。视频监控行业共经历了三个阶段，分别是模拟视频监控阶段、数字视频监控阶段、网络视频监控阶段。数字视频监控具有传统模拟监控无法比拟的优点，而且符合当前信息社会中数字化、网络化和智能化的发展趋势，所以数字视频监控正在逐步取代模拟监控，广泛应用于各行各业。

- 智能安防：应用于家庭、商铺等，提供智能监控功能（如图 2.11 所示）。
- 邮电系统：交换机房、无线机房和动力机房的无人值守。
- 金融系统：银行联网监控，银行柜台、自动取款机的监控。
- 交通系统：高速公路、隧道、桥梁、铁道路口、机场及海关港口的监控。
- 军事系统：边防哨所、军械库、危险品生产场所及保密场所的监控。
- 公安系统：监狱、看守所等场所的监控。
- 煤炭系统：矿井地面、地下等的监控。
- 石化系统：对人体有害的、危险环境的监控等。
- 医疗系统：手术室、危重病房、药房等的监控。
- 文教系统：文物馆、档案馆、图书馆、实验室、考场等的监控。
- 物业管理：公寓、住宅小区等的安全监控。

此外，还包括江河防汛、森林防火，针对油田、电力机房、工厂的生产流水线、厂房、库房，以及饭店宾馆的大堂、走廊和电梯等处实施的安全监控。

图 2.11 所示的是智能安防监控的典型应用案例。智能安防监控的技术特性如表 2.3 所示。

图 2.11 智能安防监控应用案例

表 2.3 智能安防监控的技术特性

技 术 特 性	具 体 描 述
轻松接入	支持用户零配置；支持有线和无线接入，通过 Wi-Fi 可以避免布线问题
720P 高清	视频支持 720P 高清画质，支持双码流功能，支持红外夜视
视频存储	支持摄像头外扩 SD 卡存储、平台中心存储、本地存储多种方式
双向语音	支持双向语音通话，低码率音频，语音清晰
大角度监控	云台机产品支持水平 360°旋转、垂直 120°旋转
报警联动	支持移动侦测，实现报警联动及时通知用户，自动抓拍图片及录像，用户可远程查看、语音对讲

2．功能需求

当前，对于监控系统而言，用户对其功能的需求表现出多元化与系统化，主要有以下几个方面的要求。

远程访问：传统的视频监控一般是在小范围内进行的，而用户普遍要求访问地点不受地域限制，能随时随地访问被监控地点。

多人同时访问同一个监控点：传统上，一个监控点一般被一个监控中心（用户）所访问。现在，同一个监控点很可能会同时被多个用户访问，并且这些用户之间可能毫无关系，用户访问的复杂化要求系统强化对访问权限的管理。

监控点趋向分散，同时监控趋向集中，属于同一用户的监控点越来越分散，不受地域限制，而对这些分散的监控点，需要集中的管理与控制。

要求监控系统具有开放性和扩展性：同一系统应当支持多种不同类型的监控设备，用户和被监控点的数量可以方便地增减。

海量数据存储：网络化使得传统的本地录像功能可以转移到远程服务器上来实现，使得海量数据存储成为可能；同时，也要求系统具备更强大的存储、检索和备份等功能。

信息安全：系统复杂化、用户多元化，加上视频监控本身的业务特点必然要求系统对信息安全提供有力的保证。

智能视频监控：未来的视频监控系统将不仅仅局限于被动地提供视频画面，更要求系统本身有足够的智能，能够识别不同的物体，在发现监控画面中的异常情况时能以最快和最佳的方式发出警报和提供有用信息，从而更加有效地协助安全人员处理危机，并最大限度地降低误报和漏报现象，成为应对袭击和处理突发事件的有力辅助工具。智能视频监控还可以应用在交通管理、客户行为分析、客户服务等多种非安全相关的场景，以提高用户的投资回报。

3. 关键技术

大规模的网络视频监控系统业务尚处于起步探索阶段，网络化、数字化、智能化是视频监控的必然趋势。面对这个大趋势，视频监控在一些关键技术方面存在着不足之处，主要表现在以下几个方面。

（1）媒体分发。视频监控系统在媒体分发方面普遍处理得比较简单，一般采用用户直接对网络摄像机进行访问，或通过视频服务器进行简单的媒体转发处理，而面对越来越庞大的用户群，这种媒体传送方式将会成为图像传输的瓶颈。是否具备高效的媒体分发机制将成为判断视频监控系统优劣的一项重要指标。

实际上，媒体分发是任何一个视频业务在发展到一定规模后必将面临的问题，视频监控可以与其他视频业务（如 IPTV）共同研究视频分发的问题。未来的视频监控系统将会基于一个比较完善的媒体分发平台来传输实时视频信息与录像视频信息。

（2）录像存储。基于网络的视频监控系统基本上采用中心录像服务器来存储录像。中央录像服务器管理方便、安全可靠，但因为录像随时进行，数据流量大，给承载网带来了很大压力。如果将录像存储边缘化，虽然可以减少视频流的数量，缓减承载网的压力，但分散的录像数据将给录像的管理带来很大的麻烦，录像数据的安全性也将大大降低。由此可见，未来大量的存储需求发生的位置不可能由中心统一存储来承担，而大量的分布式、差异性存储却没有可用的技术方案。未来的视频监控系统要在录像存储方面进行合理的结构设计，才能满足实际的录像存储要求。

（3）并发调度。视频监控系统的用户在一个视频监控点上一般不存在并发需求，即便批量用户可能对同一视频监控点的信息有同时调用的要求，但这种调用也没有差异。在未来，系统服务的使用者来源多样化并且不可控，其使用目的存在同样的情况，监控系统对于同一监控点存在着并发的冲突调用问题，因此必须考虑优先权限和分配机制。

（4）计费。视频监控计费模式非常单一，通常以租用为主，或者只需要考虑用户接入后使用的单一视频监控点的上传信息的时长或流量即可，其业务计费点和计费尺度无须太复杂，一般考虑简单的 Radius 协议即可。未来视频监控系统考虑的计费问题包括单用户对单资源的使用、单用户对多资源的使用、多用户对多资源的使用，仅依靠简单的计费协议是无法实现的。未来的系统应支持可灵活改变、可批量同时实施的多业务策略，支持上述各种业务策略的实时计费功能。

（5）分级。一些远程视频监控系统可以支持分级，但这种分级仅涉及内容分发的分级，对网络中其他子功能系统还是作为同一级来考虑的。

未来视频监控系统需要考虑的分级绝不仅仅是内容分配上的分级，因为全网中不同地区的服务提供商对于用户控制、业务管理、内容分配、运营支撑这四个层次分级要求存在着差异，在这一点上用户控制和业务管理上分级的需求更接近会议电视系统，而不是简单的点到点会话系统，需要全部重新设计。

（6）业务融合。目前，远程监控不考虑和其他业务系统之间的互相调用，但未来的视频监控系统将和其他多个业务系统交叉调用，不同系统之间的多层互通和资源共享是必须考虑的问题。

2.3.5　MEMS 技术

MEMS 传感器是采用微机械加工技术制造的新型传感器，是 MEMS 器件的一个重要分支。1962 年，第一个硅微型压力传感器的问世开创了 MEMS 技术的先河，MEMS 技术的进步和发展促进了传感器性能的提升。作为 MEMS 技术最重要的组成部分，MEMS 传感器发展最快，一直受到各发达国家的广泛重视。美、日、英、俄等国将 MEMS 传感器技术作为战略性的研究领域之一，纷纷制订发展计划并投入巨资进行专项研究。

随着微电子技术、集成电路技术和加工工艺的发展，MEMS 传感器凭借体积小、质量轻、功耗低、可靠性高、灵敏度高、易于集成，以及耐恶劣工作环境等优势，极大地促进了传感器向微型化、智能化、多功能化和网络化发展。MEMS 传感器正逐步占据传感器市场，并逐渐取代传统机械传感器的主导地位，已得到消费电子产品、汽车工业、航空航天、机械、化工及医药等各领域的青睐。

1．MEMS 的定义

微机电系统（Micro Electro Mechanical System，MEMS）是集多个微机构、微传感器、微执行器、信号处理、控制电路、通信接口及电源于一体的微型电子机械系统，其示意图如图 2.12 所示。有人将用于通信、多媒体、网络和智能等领域中的 MEMS 技术称为信息 MEMS 技术，形成了光 MEMS（MOEM）技术和射频/微波无线电通信系统中的 MEMS（RF MEMS）技术。

2．MEMS 传感器分类及典型应用

MEMS 传感器的门类品种繁多，分类方法也很多：按其工作原理的不同，可分为物理型、化学型和生物型三类；按照被测量的不同，又可分为加速度、角速度、压力、位移、

流量、电量、磁场、红外、温度、气体成分、湿度、pH 值、离子浓度、生物浓度及触觉等类型的传感器。综合两种分类方法的分类体系如图 2.13 所示。

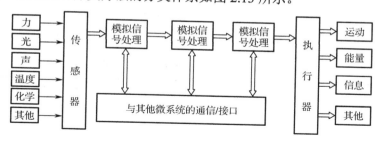

图 2.12　MEMS 系统基本组成框图

图 2.13　MEMS 传感器的分类

　　每种 MEMS 传感器又有多种细分方法。例如，微加速度计，按检测量的运动方式划分，有角振动式和线振动式加速度计；按检测量支承方式划分，有扭摆式、悬臂梁式和弹簧支撑方式；按信号检测方式划分，有电容式、电阻式和隧道电流式；按控制方式划分，有开环式和闭环式。

　　MEMS 传感器不仅种类繁多，而且用途广泛。作为获取信息的关键部分，MEMS 传感器对各种传感装备微型化的发展起着巨大的推动作用，已在太空卫星、运载火箭、航空航天设备、飞机、各种车辆、生物医学及消费电子产品等领域中得到了广泛的应用。MEMS传感器的典型应用如表 2.4 所示。制造技术的日益精进使 MEMS 传感器的参数指标和性能得到不断提高，与多种学科的交叉融合又使传感器不断推陈出新，应用领域不断拓宽。

表 2.4　MEMS 传感器的典型应用

应 用 领 域	产品或系统	所用 MEMS 传感器示例
消费电子	手机、数码相机和笔记本电脑等	加速度计、陀螺仪、惯性测量组合（IMU）等
汽车工业	汽车安全系统、制动防抱死系统（ABS）、发动机系统和动力系统等	压力传感器、加速度计、陀螺仪、化学传感器、气体传感器和指纹识别传感器等
航空航天、空间应用	微型惯性导航系统、空间姿态测定系统、动力和推进系统、控制和监视系统、微型卫星等	加速度计、陀螺仪、压力传感器、惯性测量组合（IMU）、微型太阳和地球传感器、磁强计和化学传感器等
生物医学保健	临床化验系统、诊断和健康检测系统、灵巧药丸输送系统、心脏起搏器和计步器等	生物传感器、压力传感器、集成加速度传感器和微流体传感器等
机器人	飞行类机器人的姿态控制等	加速度计、陀螺仪和惯性测量组合等
传感网	基于 MEMS 的环境监测系统等	压力、温度、湿度、生物、气体和气流等多种传感器

2.3.6　嵌入式技术

随着信息技术的高速发展，尤其是由于电子技术中集成电路技术的革新而出现的计算机，使现代科学发生了质的变化。嵌入式系统的出现给工控领域带来了新的里程碑，由嵌入式微控制器组成的系统，其显著的优点为该系统能嵌入到任何小型装备中，不管是日常生活中常用的家用电器、手机、门禁，或者是其他行业的仪器和设备，再或是娱乐用的大中小型游戏机等均采用了嵌入式系统。

1. 嵌入式系统的概念

嵌入式系统被定义为：以便于使用为中心，以信息技术为基础，软硬件能够裁剪，适应具体的设备系统，对用途、稳定性、费用、大小、耗能严格要求的专用信息系统。

嵌入式系统主要由嵌入式处理器、外围硬件设备、嵌入式操作系统及用户应用程序四部分构成，它是一个能够单独工作的软硬件相结合的系统，可以根据客户的需求设置不同的外部仪器及内部相关应用软件。

（1）嵌入式处理器。嵌入式系统硬件层的核心是嵌入式处理器，从开始的 4 位处理器，到现在仍广泛使用的 8 位单片机，再到目前的 32 位和 64 位单片机（嵌入式）。嵌入式处理器的体系结构可以采用冯·诺依曼体系结构或哈佛体系结构；指令系统可以选用精简指令系统（RISC）和复杂指令系统（CISC）。嵌入式处理器通常分为如下几类：嵌入式微处理器、嵌入式微控制器、嵌入式 DSP 处理器和嵌入式片上系统。

（2）嵌入式操作系统。嵌入式操作系统主要用于嵌入式系统的软硬件资源管理，控制和协调指令运行。嵌入式操作系统一般包括与硬件相关的底层驱动程序、系统内核、设备驱动接口、通信协议、图形界面、标准化浏览器等。常用的嵌入式操作系统有嵌入式 Linux、μC/OS、Windows CE、VxWorks 等，以及应用在智能手机和平板电脑的 Android、iOS 等。

2. 分布式计算

通常意义上的分布式计算是指利用网络把成千上万台计算机连接起来，组成一台虚拟的超级计算机，并利用它们的空闲时间和存储空间来完成单台计算机无法完成的超大规模计算任务。在物联网系统中，分布式计算技术的目标是实现各个连接单元所有资源的全面连通，把整个物联网应用单元整合成一个虚拟整体，实现计算资源、通信资源、软件资源、信息资源、知识资源的全面共享。

3. 嵌入式技术与分布式计算的融合趋势

嵌入式技术是计算机应用工程技术发展的一个重要方向，它在计算机技术的多个应用领域中都得到了广泛的应用。随着嵌入式技术应用的多样化、功能的智能化和网络化，嵌入式技术正逐渐向分布式计算的方向靠拢，而分布式计算的特点决定了它具有小型化和智能嵌入的特点，两者正在进行应用和技术的整合，这种融合趋势主要集中在以下几个方面。

（1）嵌入式分布计算技术。分布式计算技术的发展正在多个领域内打破传统的计算模式，大型计算处理系统的分布式小型智能化趋势明显，被有效分割后的计算技术被应用到各种嵌入式应用设备和终端系统中，以实现计算技术的有效管理和资源的高度整合。嵌入式分布计算技术的出现分散了大型系统的复杂度和运营风险，在提高了计算效率的同时，降低了计算成本和维护成本。

（2）嵌入式计算的系统化。嵌入式计算技术，尤其是嵌入式计算平台的崛起在改变人们生活方式的同时，也深刻地影响了计算技术的发展。传统的专用嵌入式部件正在被功能更复杂、应用更多样的高度集约化的软硬件系统取代，嵌入式技术正在往平台化系统发展的方向迈进。正是由于这种趋势对嵌入式设备的互联，以及系统的整合与分布式决策等提出了新的要求，分布式计算技术顺理成章地被引入嵌入式系统平台的架构中。

（3）嵌入式计算的网络化和智能化。嵌入式计算的需求和发展正在导致一场互联网第四代革命的浪潮兴起。借助网络的力量，各种智能化的嵌入式设备正在悄然兴起，改变着人们工作和生活的方方面面。分布式计算技术在化整为零的同时，嵌入式系统在经历着系统化、网络化和智能化发展的挑战，如何把嵌入式技术和分布式计算有机地结合起来就成了计算技术未来的一个新的趋势和挑战。

2.4 网络层

2.4.1 LoRa

LoRa 是由 Semtech 公司提供的超长距离、低功耗的物联网解决方案。Semtech 公司和多家业界领先的企业，如 Cisco、IBM 及 Microchip 发起建立了 LoRa（Long Range，广距离）联盟，致力于推广其联盟标准 LoRaWAN 技术，以满足各种需要广域覆盖和低功耗的 M2M 设备应用要求。目前 LoRaWAN 已有成员 150 多家，我国中兴等多家公司也参与其中，并且在欧洲数个国家进行了商业部署，国内也在抄表、石油生产监测等领域获得了应用。

1. LoRa 技术特点

LoRa 的物理层和 MAC 层设计充分体现了对 IoT 业务需求的考虑。LoRa 物理层利用扩频技术可以提高接收机灵敏度，同时终端可以工作于不同的工作模式，以满足不同应用的省电需求。

LoRa 的网络架构和协议栈如图 2.14 所示。LoRa 网络架构中包括应用终端、网关、网络服务器和业务服务器等。其中，应用终端节点完成物理层、MAC 层和应用层的实现；网关完成空口物理层的处理；网络服务器负责进行 MAC 层处理，包括自适应速率选择、网关管理和选择、MAC 层模式加载等；应用服务器从网络服务器获取应用数据，进行应用状态展示、即时告警等。MAC 层可遵循联盟标准的 LoRaWAN 协议，也可以遵循各厂商制定的 MAC 协议。

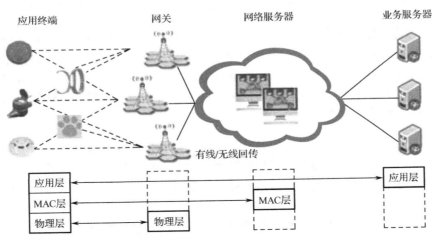

图 2.14　LoRa 网络架构和协议栈

2. LoRa 物理层和 MAC 层设计

LoRa 为半双工系统，上行、下行工作在同一频段。目前国内单芯片支持的 LoRa 系统带宽为 2 Mbps，包括 8 个固定带宽为 125 kbps 的信道，每个固定带宽的信道之间需要 125 kHz 的保护带，则至少需要 2 Mbps 系统带宽。每个信道支持 6 种扩频因子 SF7～SF12，扩频因子加 1 则增加 2.5 dB 的接收机灵敏度。

终端采用随机信道选择方式进行干扰规避，每次终端在进行上行数据发送或者数据重发时，都会在 8 个信道中随机选择一个信道进行。终端和网关的通信可选用不同的速率，即不同的 SF，速率的选择需要权衡通信距离或信号强度、消息发送时间等因素，使得终端获取最大的电池寿命并使网关容量最大化。当链路环境好时，可以使用较低的扩频因子，即较大的数据速率；而当终端远离网关、链路环境较差时，可以增大扩频因子以获取更高的灵敏度，但同时数据速率会降低。对于 125 kbps 固定带宽的信道而言，数据速率为 250 bps～5 kbps，可以在一个相当大的范围内进行选择。

3．终端工作模式

LoRa 设计终端有三种不同的工作模式，即 Class A（A 类）、Class B（B 类）和 Class C（C 类），但一段时间内终端只能工作于一个模式，每种工作模式可由软件进行加载。不同的模式适用于不同的业务模型和省电模式，目前广泛使用的是 A 类工作模式，以适应 IoT 应用的省电需求。

Class A（双向终端设备）：A 类工作模式的终端设备提供双向通信，但不能进行主动的下行发送。每个终端的发送过程会跟随两次很短的下行接收窗口，如图 2.15 所示。下行发送时隙是根据终端需要和很小的随机量决定的，因此 A 类终端最省电。

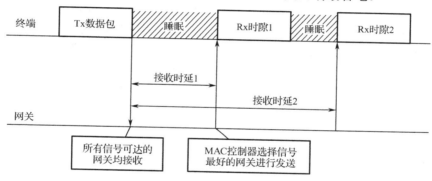

图 2.15　A 类工作模式的工作时序

Class B（支持下行时隙调度的双向终端）：B 类工作模式的终端兼容 A 类工作模式的终端，并且支持接收下行信标（Beacon）信号以保持和网络的同步，以便在下行调度的时间上进行信息监听，因此功耗会大于 A 类工作模式的终端。

Class C（最大接收时隙的双向终端）：C 类工作模式的终端仅在发射数据的时刻停止下行接收窗口，适用于大量下行数据的应用。与 A 类和 B 类相比，C 类工作模式的终端最耗电，但对于服务器到终端的业务，C 类的时延最小。

4．LoRa 网络安全

终端设备必须在与网络服务器数据交互前的一个加入过程完成网络安全的密钥获取。终端在接入使用时需具备以下安全信息：终端设备标识（DevEUI）、应用标识（AppEUI）和 AES-128 应用密钥（AppKey）。其中，DevEUI 是唯一标识终端设备的全球终端设备 ID；AppEUI 是存储在终端设备中的全球应用程序 ID，唯一标识终端设备的应用程序提供商（即使用者）；AppKey 是一个定义于终端设备的 AES-128 应用密钥，由该应用程序所有者分配给终端设备，从每一个应用独立的根密钥中推演出来。根密钥由程序提供者知晓并处于应用程序提供者的控制下，当一个终端设备通过加入过程加入网络时，AppKey 用于推演出终端设备所需的会话密钥（NwkKey）和应用密钥（AppKey），会话密钥用于网络通信的安全保障，应用密钥用于保障应用的端到端安全。

LoRa 是一种适合于低功耗、低成本、广域物联网应用的非授权频段技术，目前 LTE-MTC 与 NB-IoT 到产业链成熟至少还需 2 年，而 LoRa 针对部分 M2M 应用特性已经满足商用条件，并且 LoRa 的价格和功耗有较大的竞争优势，因此，在 LTE-MTC、NB-IoT 等技术商用前，可以考虑选择部分 M2M 业务采用基于 LoRa 的技术实现方案。LoRa 方案主要短板是对移动性的支持，以及存在时延的问题，建议 LoRa 业务多选择数据量较小、功耗低、有深度覆盖要求且对移动性要求不高的业务场景。

2.4.2 NB-IoT

基于蜂窝的窄带物联网（Narrow Band Internet of Things，NB-IoT）成为万物互联网络的一个重要分支。NB-IoT 构建于蜂窝网络，只占用约 180 kHz 的频段，可直接部署于 GSM 网络、UMTS 网络或 LTE 网络，以降低部署的成本，实现平滑升级。NB-IoT 支持待机时间长、适合网络要求较多设备的高效连接，同时还能提供非常全面的室内蜂窝数据连接覆盖。目前 NB-IoT 标准已经成熟，端到端产业链也在快速发展，从终端到系统、应用，整个行业都在积极推动产品成熟。3GPP 协议中关于 NB-IoT 需要 EPC 核心网支持的功能有相对明确的描述，实际建网时运营商可以采用现网 EPC 升级方案，也可以采取全新建网方案。接下来将重点说明 NB-IoT 的技术特性及优势。

1. NB-IoT 的技术特性

（1）快捷、灵活的部署方式。NB-IoT 支持三种部署场景：

- 在 LTE 频带以外单独部署（Stand-alone）；
- 部署在 LTE 的保护频带（Guard-band）；
- 部署在 LTE 频带之内（In-band）。

此外，NB-IoT 也可以部署于以 GSM/UMTS 为代表的 2G/3G 网络，NB-IoT 的三种部署方式如图 2.16 所示。

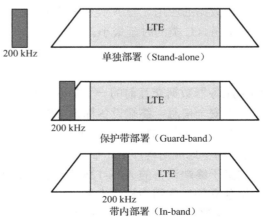

图 2.16　NB-IoT 的三种部署方式

（2）更强的网络覆盖能力。NB-IoT 上行传输采用 3.75 kHz 子载波，具备更高的功率谱密度。另外，通过编码可以带来 3～4 dB 的增益，通过最大 16 倍的重传机制可以带来 3～12 dB 的增益。和 GPRS 相比，NB-IoT 的覆盖可以提高 20 dB 以上，覆盖面更广、更深，有能力覆盖到地下停车场、地下管网。

（3）接入容量大，建设成本低。NB-IoT 可直接部署于 2G/3G/4G 网络，现有的射频与天线可以复用。在接入能力上，对于小流量、时延不敏感的应用场景，NB-IoT 单个扇区可以支持 5～10 万个终端的接入，较现有蜂窝移动网络高出 50～100 倍。因此，运营商只需要很低的建设成本，就可以快速形成 NB-IoT 的承载能力。

（4）终端低功耗。NB-IoT 借助 PSM 和 eDRX 可实现更长的待机时间，其中 PSM（Power Saving Mode，节电模式）技术是 Rel-12 中新增的功能，在此模式下，终端仍旧注册在网但信令不可达，从而使终端更长时间驻留在深睡眠，以达到省电的目的。eDRX 是 Rel-13 中新增的功能，进一步延长终端在空闲模式下的睡眠周期，减少接收单元不必要的启动，相对于 PSM，eDRX 大幅度提升了下行可达性。PSM 和 eDRX 的节电机制如图 2.17 所示。

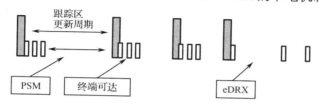

图 2.17　PSM 和 eDRX 节电机制

（5）不支持连接态的移动性管理。NB-IoT 最初被设计为适用于移动性支持不强的应用场景（如智能抄表、智能停车），同时也可简化终端的复杂度、降低终端功耗，Rel-13 中 NB-IoT 将不支持连接态的移动性管理，包括相关测量、测量报告、切换等。

2. 多种 LPWAN 技术对比

NB-IoT 目标是典型的低速率、低频次业务模型，相等容量的电池使用寿命可达 10 年以上。表 2.5 是多种 LPWAN 技术对比情况。

表 2.5　多种 LPWAN 技术对比情况

	RoLa	Cat-1	eMTC	NB-IoT
标准组织	开放组织	3GPP	3GPP	3GPP
频谱	未授权	授权	授权	授权
信道带宽	7.8～500 kHz	1.4～20 MHz	1.4 MHz	180 kHz
系统带宽	125 kHz	1.4～20 MHz	1.4 MHz	180 kHz
峰值速率	180 bps～37.5 kbps	下行：10 Mbps 上行：5 Mbps	下行：1 Mbps 上行：1 Mbps	下行：234.7 kbps 上行：204.8 kbps
每天最大发行消息数	50000（BTS）	无限制	无限制	无限制
终端最大发射功率/dBm	14	23	23	23

续表

	Ra	Cat-1	eMTC	NB-IoT
MCL/dB	上行：156 下行：168（SF12，BW7.8）、 132（SF6，BW125）	144	156	164
终端功耗	中低	中	中低	低

2.4.3 IPv6 技术

丰富的应用和庞大的节点规模既给物联网带来了商业上的巨大潜力，同时也带来了技术上的挑战。

首先，物联网由众多的节点连接构成，无论采用自组织方式，还是采用现有的公众网进行连接，这些节点之间的通信必然涉及寻址问题。目前物联网的寻址系统可以采用两种方式，一种方式是采用基于 E.164 电话号码编址的寻址方式，但由于目前大多数物联网应用的网络通信协议都采用 TCP/IP 协议，电话号码编址的方式必然需要对电话号码与 IP 地址进行转换，这将提高技术实现的难度，并增加成本，同时由于 E.164 编址体系本身的地址空间较小，也无法满足大量节点的地址需求；另一种方式是直接采用 IPv4 地址的寻址体系来进行物联网节点的寻址，随着互联网本身的快速发展，IPv4 的地址已经日渐匮乏，从目前的地址消耗速度来看，IPv4 地址空间已经很难满足物联网对网络地址的庞大需求。从另一方面来看，物联网对海量地址的需求，也对地址分配方式提出了要求，海量地址的分配无法使用手工来分配，使用传统 DHCP 的分配方式也对网络中的 DHCP 服务器提出了极高的性能和可靠性要求，可能造成 DHCP 服务器性能不足，成为网络应用的一个瓶颈。

其次，目前互联网的移动性不足也造成了物联网移动能力的瓶颈。IPv4 协议在设计之初并没有充分考虑到节点移动性带来的路由问题，即当一个节点离开了原有的网络时，如何保证这个节点访问可达性的问题。由于 IP 网络路由的聚合特性，在网络路由器中路由条目都是按子网来进行汇聚的，当节点离开原有网络时，其原来的 IP 地址离开了该子网，而节点移动到目的子网后，网络路由器设备的路由表中并没有该节点的路由信息（为了不破坏全网路由的汇聚，也不允许目的子网中存在移动节点的路由），这会导致外部节点无法找到移动后的节点，因此如何支持节点的移动能力是需要通过特殊机制实现的。在 IPv4 中，IETF 提出了 MIPv4（移动 IP）的机制来支持节点的移动。但这样的机制引入了著名的三角路由问题，对于少量节点的移动，该问题引起的网络资源损耗较小，而对于大量节点的移动，特别是物联网中特有的节点群移动和层移动，会导致网络资源被迅速耗尽，使网络处于瘫痪的状态。

再次，网络质量保证也是物联网发展过程中必须解决的问题。目前 IPv4 网络中实现 QoS 有两种技术，其一采用资源预留（Interserv）的方式，利用 RSVP 等协议为数据流保留一定的网络资源，在数据包传送过程中保证其传输的质量；其二采用 Diffserv 技术，由 IP 包自身携带优先级标志，网络设备根据这些优先级标志来决定包的转发优先策略。目前 IPv4 网络中服务质量的划分基本是从流的类型出发的，使用 Diffserv 来实现端到端服务质量保证。例如，视频业务有低丢包、时延、抖动的要求，就给它分配较高的服务质量等级；数据业务对丢包、时延、抖动不敏感，就分配较低的服务质量等级。这样的分配方式仅考虑了业务的网络侧的质量需求，并没有考虑业务的应用侧的质量需求。例如，一个普通视频业务对服务质量的需求，可能比一个基于物联网传感的手术应用对服务质量的需求要低，因此物联网中的服务质量保障必须与具体的应用相结合。

最后，物联网节点的安全性和可靠性也需要重新考虑。限于成本约束，很多物联网节点都是基于简单硬件的，不可能处理复杂的应用层加密算法，同时单节点的可靠性也不可能做得很高，其可靠性主要是依靠多节点冗余来保证的，因此，依靠传统的应用层加密技术和网络冗余技术很难满足物联网的需求。

1．IPv6 地址技术

IPv6 拥有巨大的地址空间，同时 128 位的 IPv6 的地址被划分成两部分，即地址前缀和接口地址。与 IPv4 地址划分不同的是，IPv6 地址的划分严格按照地址的位数来进行，而不采用 IPv4 中的子网掩码来区分网络号和主机号。IPv6 地址的前 64 位被定义为地址前缀，地址前缀用来表示该地址所属的子网络，即地址前缀用来在整个 IPv6 网中进行路由。而地址的后 64 位被定义为接口地址，接口地址用来在子网络中标识节点。在物联网应用中可以使用 IPv6 地址中的接口地址来标识节点，在同一子网络下，可以标识 2^{64} 个节点，完全可以满足节点标识的需要。

另一方面，IPv6 采用了无状态地址分配的方案来解决高效率海量地址分配的问题，其基本思想是网络侧不管理 IPv6 地址的状态，包括节点应该使用什么样的地址，地址的有效期有多长，且基本不参与地址的分配过程。节点设备连接到网络后，将自动选择接口地址（通过算法生成 IPv6 地址的后 64 位），并加上 FE80 的前缀地址，作为节点的本地链路地址，本地链路地址只在节点与邻居节点之间的通信中有效，路由器设备将不路由以该地址为源地址的数据包。在生成本地链路地址后，节点将进行 DAD（地址冲突检测），检测该接口地址是否有邻居节点已经使用，如果节点发现地址冲突，则无状态地址分配过程将终止，节点将等待手工配置 IPv6 地址；如果在检测定时器超时后仍未发现地址冲突，则节点认为该接口地址可以使用，此时终端将发送路由器前缀通告请求，寻找网络中的路由设备，当网络中配置的路由设备接收到该请求，则将发送地址前缀通告响应，将节点应该配置的 IPv6 地址前 64 位的地址前缀通告给网络节点，网络节点将地址前缀与接口地址组合，构成节点自身的全球 IPv6 地址。

采用无状态地址分配之后，网络侧不再需要保存节点的地址状态，也不需要维护地址的更新周期，这将大大简化地址分配的过程，网络可以以很低的资源消耗来达到海量地址分配的目的。

2．IPv6 的移动性技术

IPv6 协议设计之初就充分考虑了对移动性的支持，针对移动 IPv4 网络中的三角路由问题，移动 IPv6 给出了相应的解决方案。

首先，IPv6 从终端角度提出了 IP 地址绑定缓冲的概念，即 IPv6 协议栈在转发数据包之前需要查询 IPv6 数据包目的地址的绑定地址，如果查询到绑定缓冲中目的 IPv6 地址存在绑定的转交地址，则直接使用这个转交地址作为数据包的目的地址，这样发送的数据流量就不会再经过移动节点的本地代理，而直接转发到移动节点本身。

其次，MIPv6 引入了探测节点移动的特殊方法，即某一区域的接入路由器以一定时间进行路由器接口的前缀地址通告，当移动节点发现路由器前缀通告发生变化时，则表明节点已经移动到新的接入区域。与此同时，根据移动节点获得的通告，节点又可以生成新的转交地址，并将其注册到本地代理上。

MIPv4 与 MIPv6 转发对比如图 2.18 所示。

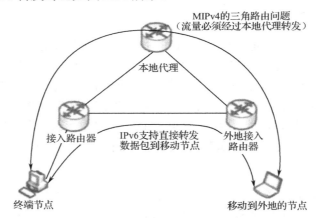

图 2.18　MIPv4 与 MIPv6 转发对比

由图 2.18 可知，MIPv6 的数据流量可以直接发送到移动节点，而 MIPv4 流量必须经过本地代理的转发。在物联网应用中，传感器有可能密集地部署在一个移动物体上。例如，为了监控地铁的运行情况等，需要在地铁车厢内部署许多传感器，从整体上来看，地铁的移动就等同于一群传感器的移动，在移动过程中必然发生传感器的群体切换，在 MIPv4 的情况下，每个传感器都需要建立到本地代理的隧道连接，这样对网络资源的消耗非常大，很容易导致网络资源耗尽而瘫痪。在 MIPv6 的网络中，传感器进行群切换时，只需要向本地代理注册，之后的通信完全在传感器和数据采集的设备之间直接进行，这样就可以使网络资源消耗的压力大大下降。因此，在大规模部署物联网应用，特别是移动物联网应用时，MIPv6 是一项关键性的技术。

3．IPv6 的服务质量技术

在网络服务质量保障方面，IPv6 在其数据包结构中定义了流量类别字段和流标签字段。流量类别字段有 8 位，和 IPv4 的服务类型（ToS）字段功能相同，用于对报文的业务类别进行标识；流标签字段有 20 位，用于标识属于同一业务流的包。流标签和源地址、目的地址一起，唯一标识了一个业务流。同一个流中的所有包具有相同的流标签，以便对有同样 QoS 要求的流进行快速、相同的处理。

目前，IPv6 的流标签定义还未完善，但从其定义的规范框架来看，IPv6 流标签提出的支持服务质量保证的最低要求是标识流，即给流打标签。流标签应该由流的发起者——信源节点赋予一个流，同时要求在通信路径上的节点都能够识别该流的标签，并根据流标签来调度流的转发优先级算法。这样的定义可以使物联网节点上的特定应用有更大的调整自身数据流的自由度，节点可以只在必要时选择符合应用需要的服务质量等级，并为该数据流打上一致的标识。在重要数据转发完成后，即使通信没有结束，节点也可以释放该流标识，这样的机制再结合动态服务质量申请和认证、计费的机制，就可以使网络按应用的需要来分配服务质量。同时，为了防止节点在释放流标签后又误用该流标签，造成计费上的问题，信源节点必须保证在 120 s 内不再使用释放了的流标签。

在物联网应用中，普遍存在节点数量多、通信流量突发性强的特点。与 IPv4 相比，由于 IPv6 的流标签有 20 bit，足够标识大量节点的数据流。与 IPv4 中通过五元组（源/目的 IP 地址、源/目的端口、协议号）的方式不同，IPv6 可以在一个通信过程中（五元组没有变化），只在必要时数据包才携带流标签（如在节点发送重要数据时），这可以动态提高应用的服务质量等级，做到对服务质量的精细化控制。

当然，IPv6 的 QoS 特性并不完善，由于使用的流标签位于 IPv6 包头，容易被伪造，造成服务被盗用的安全问题，因此，在 IPv6 中流标签的应用需要开发相应的认证加密机制，同时为了避免流标签使用过程中发生冲突，还要增加源节点的流标签使用控制的机制，保证在流标签使用过程中不会被误用。

4．IPv6 的安全性与可靠性技术

在物联网的安全保障方面，由于物联网应用中节点部署的方式比较复杂，节点可能通过有线方式或无线方式连接到网络，因此节点的安全保障的情况也比较复杂。在使用 IPv4 的场景中，一个黑客可能通过在网络中扫描主机 IPv4 地址的方式来发现节点，并寻找相应的漏洞。而在 IPv6 场景中，由于同一个子网支持的节点数量极大，黑客通过扫描方式找到主机的难度大大增加。

在 IP 基础协议栈的设计方面，IPv6 将 IPSec 协议嵌入到基础的协议栈中，通信的两端可以启用 IPSec 来为通信的信息和过程加密。网络中的黑客将不能采用中间人攻击的方法对通信过程进行破坏或劫持，即使黑客截取了节点的通信数据包，也会因为无法解码而不能窃取通信节点的信息。

由于 IP 地址的分段设计，将用户信息与网络信息分离，使用户在网络中的实时定位很容易实现，这也保证了在网络中可以对黑客行为进行实时监控，提升网络的监控能力。

在另一个方面，物联网应用中由于成本限制，节点通常比较简单，节点的可靠性也不可能做得太高，因此，物联网的可靠性要靠节点之间的互相冗余来实现。又因为节点不可能实现较复杂的冗余算法，因此一种较为理想的冗余实现方式是采用网络侧的任播技术来实现节点之间的冗余。

采用 IPv6 的任播技术后，多个节点采用相同的 IPv6 任播地址（任播地址在 IPv6 中有

特殊定义）。在通信过程中发往任播地址的数据包将被发往由该地址标识的"最近"的一个网络接口，其中"最近"指的是在路由器中该节点的路由矢量计算值最小的节点。当一个"最近"节点发生故障时，网络侧的路由设备将会发现该节点的路由矢量不再是"最近"的，从而会将后续的通信流量转发到其他的节点，这样物联网的节点之间就自动实现了冗余保护的功能，而节点上基本不需要增加算法，只需要应答路由设备的路由查询，并返回简单信息给路由设备即可。

2.4.4 TD-LTE 网络

随着移动互联网和移动通信的快速发展，智能终端（智能手机、个人电脑、平板电脑等）进入了爆发式增长阶段，2014 年全球智能终端规模达到 25 亿，较 2013 年增长 7.6%，预计到 2020 年，全球将有 500 亿联网终端，并涌现大量 M2M（Machine-to-Machine）应用。随着智能终端的普及，用户对移动宽带需求越来越旺盛，特别是在线游戏、视频通话、实时点播和直播、高速下载等应用对移动通信网络的接入速率和质量的要求也越来越高。虽然第三代移动通信（the 3rd Generation Mobile Communications，3GMC）网络的无线性能已经得到了很大的提高，但是随着用户的通信需求不断增大，3G 网络越来越不能满足用户对高质量高性能通信的需求。

第三代合作伙伴计划（3rd Generation Partnership Project，3GPP）于 2004 年 11 月发起了通用移动通信系统（Universal Mobile Telecommunication System，UMTS）的长期演进（Long Term Evolution，LTE）项目。为了实现更高的数据传输速率、更高的频谱效率等性能目标，同时出于对码分多址技术（Code Division Multiple Access，CDMA）专利的考虑，LTE 选择使用正交频分复用（Orthogonal Frequency Division Multiplexing，OFDM）技术作为空中接口的无线传输技术，通过对无线接口及网络架构进行改进，达到降低时延、提高用户数据速率、提高频谱效率、增大系统容量和覆盖范围，以及降低运营成本的目的。

TD-LTE 和 FDD-LTE 作为 LTE 的两种工作模式，在标准化的过程中始终保持同步发展。2008 年，3GPP 完成了 LTE 第一个版本的 Release 8 技术规范（简称 R8），其在 20 MHz 的带宽上能提供下行 300 Mbps 和上行 75 Mbps 的峰值速率，保证网络单向延时小于 5 ms。2010 年年底，3GPP 发布了 LTE Release10（简称 R10），R10 的目标是满足高级国际移动通信（International Mobile Telecommunications-Advanced，IMT-Advanced）需求，这被国际电信联盟（International Telecommunication Union，ITU）认定为 4G 技术的国际标准，R10 和后续 LTE 版本都称为 LTE 演进版本（LTE-Advanced，LTE-A），这标志着 4G 时代的真正来临。

传统的 3GPP UMTS 陆地无线接入网（UMTS Terrestrial Radio Access Network，UTRAN）由 Node B 和无线网络控制器（Radio Network Controller，RNC）两层节点构成。考虑到简化网络架构和降低延时，LTE 系统接入网（Evolved UMTS Terrestrial Radio Access Network，E-UTRAN）将 RNC 的功能转移到演进型 Node B（Evolved Node B，eNB）和移动性管理实体（Mobility Management Entity，MME）中，采用由 eNB 构成的单层结构。E-UTRAN

结构中包含了若干个 eNB，eNB 之间底层采用 IP 传输，在逻辑上通过 X2 接口互相连接，即网格（Mesh）状网络结构，以支持用户设备（User Equipment，UE）在整个网络内的移动性，保证用户的无缝切换。LTE 系统中采用这种扁平化的网络架构，对 3GPP 系统的整个体系架构产生了深远的影响，这就使得 3GPP 系统的整个体系架构逐步趋近于典型的 IP 宽带网结构。

3GPP 在 TS36.300 和 TS36.401 中对 E-UTRAN 的系统架构进行了详细的描述，LTE 网络系统架构如图 2.19 所示，E-UTRAN 由 eNB 构成，为用户提供用户平面和控制平面的协议功能，eNB 之间由 X2 接口互连，每个 eNB 都与演进型分组核心网（Evolved Paeket Core，EPC）通过 S1 接口相连。S1 接口的用户面终止在业务网关（Serving Gateway，S-GW）上，S1 接口的控制面终止在 MME 上，控制面和用户面的另一端终止在 eNB 上。

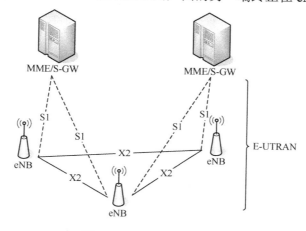

图 2.19　LTE 网络系统架构

LTE 基于频谱效率高和 IP 化的网络架构等特点，目前全球共有 81 个国家的 218 家运营商正在部署和商用 LTE 网络。国内于 2013 年 12 月 4 日首先发放 TD-LTE 牌照，2015 年 2 月 27 日又颁发了 FDD-LTE 牌照，自此，我国全面进入 4G 规模商用时代。

2.5　应用层

2.5.1　M2M 技术

M2M 通信以互联网为核心网络，以固定和移动 IP 为接入网，实现 IP 终端互联的全 IP 网络结构，是物联网现有各种组网方式中最直接、高效的方式。根据功能域的不同，M2M 系统分为设备域、网络域和应用域三个网络组成区域。M2M 局域网、接入网和核心网分别是逻辑上相对独立且具有成熟技术和通信标准的网络，由于 M2M 系统具有边界明晰的功能域划分，所以其通信特点主要反映在不同域的界面处，具体表现在连接设备域与网络域的 M2M 网关处，以及连接应用域与网络域的服务能力处。M2M 网关是一个通信分界点，它既属于网络域最边缘的节点，也属于设备域最高层的节点。M2M 应用可以通过 M2M 网关与位于设备域中的原本"看不见"的传感器、RFID 读写器等智能终端之间进行交互，反之亦然。在 M2M 分布式系统中，不同域中的数据在 M2M 网关处进行转换，如果是异构系统，则需要在 M2M 网关处进行通信协议的映射。服务能力是介于应用域和网络域之间起着承上启下作用的中间件层，它通过隐藏网络的异构性来简化和优化应用开发与部署，通过开放的接口为不同应用程序提供可共享的 M2M 功能，并充分发挥核心网的功能。

M2M 是大数据和移动化结合的重要标志，通信网络在 M2M 技术中处于核心地位。M2M 通信主要包括数据通信，然而 M2M 数据传输与当今宽带互联网服务相比，仍然存在很大的差异，因此对于通信运营商而言，考虑如何为 M2M 通信准备通信网络变得十分重要。

在大多数 M2M 通信方案中，多个 M2M 设备与一个中央服务器进行通信。M2M 设备的数量通常比 M2M 服务器的数量要多得多，通信方案分为设备到服务器和设备到设备，如图 2.20 所示。

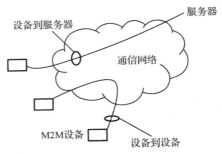

图 2.20　设备到服务器和设备到设备的通信方案

事实上，大多数 M2M 设备不必关注它们与哪一个特定的 M2M 服务器进行通信，M2M 设备仅为一个服务器通信进行了配置，并且不必做出服务器选择的任何形式。在一个真正的设备到服务器的方案中，公共网络运营商提供了 M2M 设备和 M2M 服务器之间的连接。通常情况下，网络运营商不为 M2M 设备的个人所有者提供此连接，而仅对 M2M 应用所有者提供此连接。尤其是当网络运营商提供基于网络接入的 M2M 服务功能时，端到端的通信路径将涉及 M2M 用户。图 2.21 所示的是通过 M2M 服务器的 M2M 通信路径。

图 2.21　通过 M2M 服务器的 M2M 通信路径

此外，由图 2.21 还可看出，直接的设备到设备通信与通过一个 M2M 服务器在两个 M2M 设备之间进行通信是不同的。设备到设备的通信方案远不如构成大量 M2M 通信的设备到服务器方案普遍。未来越来越多的不同种类设备相互连接，直接的设备到设备通信的可能性将会增加，并随着设备到设备通信的发展，M2M 设备需要能够选择各自希望与其通信的其他 M2M 设备。

当在单个领域中有大量的 M2M 设备时，采取 M2M 网关（GW）方案则更为有利。图 2.22 所示为 M2M 网关方案，在 M2M GW 方案中，许多 M2M 设备通过公共通信网络可以分享单个连接。对于 M2M 设备和 M2M GW 之间的通信，可以使用一个本地网络技术，如 LAN、WLAN 或 ZigBee 等。

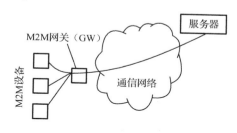

图 2.22　M2M 网关方案

M2M 目标是使所有机器设备都具备连网和通信能力，ETSI 的 M2M 技术委员会（TC）提供了一个 M2M 通信架构的端到端视图，图 2.23 所示的是 ETSI 定义的 M2M 高层系统架构。

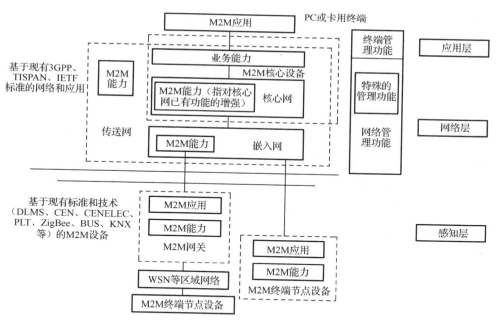

图 2.23　ETSI 定义的 M2M 高层系统架构

M2M 高层系统架构包括 M2M 设备领域、网络和应用领域。

1．M2M 设备领域

（1）M2M 设备。一个运行的 M2M 应用设备可以有两种方案连接到 M2M 核心：一是"直接连接"，即 M2M 设备配备一个 WAN 通信模块，并直接接到运营商接入网络；二是"网关作为网络代理"，即 M2M 设备通过一个 M2M 网关连接到网络和应用域，M2M 设备通过运用 M2M 区域网络连接到 M2M 网关。

（2）M2M 区域网络。指的是任何网络技术，在不同的 M2M 设备之间提供物理层和 MAC 层连接到相同的 M2M 区域网络，或者允许 M2M 设备通过一个路由器或网关接入公共网络。

（3）M2M 网关。网关设备实现 M2M 服务能力（SC），以确保 M2M 设备对网络域和应用域之间的相互作用及相互附属，M2M 网关可以实现本地智能。

2．M2M 网络和应用域

- 接入网络：一个允许 M2M 设备域和核心网络进行通信的网络。
- 传输网络：允许数据在网络内部和应用域之间进行传输的网络。
- 核心网络：提供有关连接性与服务功能、网络控制功能，以及与其他网络的互联功能。
- M2M 服务能力（M2M SC）：提供 M2M 功能，这些功能通过一组开放的接口来体现网络应用，M2M SC 通常通过已知的标准化接口使用核心网络功能。
- M2M 应用程序运行业务逻辑：凭借一个可接入的开放接口使用 M2M SC，事实上，在网络域、应用域及设备域中，M2M SC 是 ETSI TC M2M 的工作基石。

一般来说，公共通信网络是固定的或者移动的通信网络，虽然网络的类型可以用于 M2M 应用，然而，如今的 M2M 重点是移动通信网络。当 M2M 设备使用移动网络时，若该设备不是移动的，也有其劣势。M2M 设备可以用于移动网络覆盖不是特别好的区域内，当 M2M 设备使用移动网络时，一个位置不好的移动网络覆盖甚至将超过其他位置好的覆盖。然而，对于一个位置不好的覆盖点，一个静止的 M2M 设备将永远无法发送数据。针对此覆盖问题，通过 SIM 漫游通信可以解决。此外，对于移动网络中的 M2M，需要考虑当它们不发送数据时，是否保持设备连接。由于公共通信网络不是为 M2M 应用设计的，即使分组交换通信和下一代网络的出现，M2M 通信网络仍然不能得到优化，因此，作为以数据通信为主的 M2M 通信，M2M 网络优化可以分为以下 5 个不同的类别。

- 降低成本：为提供 M2M 数据通信降低了网络运营商的成本。
- 增值服务：可以为网络运营商提供 M2M 特定的增值服务。
- 触发优化：为初始网络的 M2M 运营程序提供改进的支持。
- 过载和拥塞控制：确保 M2M 应用的高负荷不会造成网络中断。
- 命名和寻址：保证在数十亿 M2M 设备得到连接时仍然有足够的标识符和地址。

2.5.2　通信协议

物联网价值的体现在智能服务或业务的应用。物联网并不是一个"单一、孤立的"网络，而是与现有的网络进一步融合、延伸并应用于各种网络环境，即构成了泛在网络。同时，"智能"物体被载入通信和信息技术，使其应用潜能被充分激发，这也使得它们在物联网的前景中起着关键作用。此外，传感器的使用，进一步增强了网络感知环境的能力，进而增加了互联网服务以及与人的互动。物联网产业是一次技术革命，需要广大研究人员能够提出物联网的核心价值——智能业务应用。智能业务应用是物联网的核心价值所在，也是一个贯穿物联网产业的中枢，因此，实现物联网智能业务亟待解决的问题之一就是业务应用协议。

物联网智能业务包括两个方面的问题，一是如何开发和提供业务，以便为其用户提供满意的服务；二是如何面向客户需求，在有限的资源内提供高效、安全的通信支持，并同现存的网络互通融合，将物联网智能业务推广到无所不在的泛在网络。其中，核心的基础工作是业务应用协议的设计，这也是实现智能业务的基础。如果此类的业务应用协议得不到有效的解决，所有的物联网智能业务将无法实现，更不能为用户提供一个完整的物联网解决方案。

同时，设计规范的物联网业务应用协议，除了具有高效简洁性和语义明确性，还应该具备一定的安全性。从目前广泛使用的协议来看，其中有超过半数的协议安全性得不到保障。目前，安全协议的设计有两个发展方向——基于报文加密和基于安全代理。导致物联网应用协议安全性普遍缺乏的原因有很多，其中一个重要原因就是在分析协议需求时没有进行深入研究，并且没有一种合理的验证机制来测试协议的安全性。此外，目前还没有一套完善的理论体系来指导研究人员的设计，这些都使设计出的协议在安全性上缺少支撑。此外，在设计协议时，不仅要考虑协议的安全性，还要考虑协议的运行效能，以及协议的规范化、兼容性、可扩展性等实际应用要素。

物联网智能业务应用协议的研究目的主要是能够提供一种能应用于物联网智能业务平台的应用协议，并提供标准接口和高效运行环境。该协议应当具有可移植性、通用性及轻便性，能满足日常物联网智能业务的运行需要，并具有良好的扩展性和兼容性；同时，也应当能很好地解决物联网智能业务如何与传统的智能业务互联互通的问题，从而给用户提供更多的途径访问物联网智能业务，进而方便人们日常的生活和工作。

物联网是个新兴的概念，区别于传统网络的被动型特征，物联网是个充满智慧、感知的网络。对物联网业务应用协议的研究不仅有助于物联网关键技术的突破，也能使得物联网的发展进一步深入社会的每一个角落，同时，还有助于为国内的物联网相关标准的制定提供参考建议。

1. 物联网业务对应用通信协议提出的挑战

随着未来网络中接入客户端或智能设备的数量的不断增加，传统意义上基于 C/S（Client/Server，客户端/服务器）模式的应用通信协议所遇到的瓶颈也显得更为突出。在这种情况下，如果服务器出现异常，那么其产生的后果将会影响到整个网络。相对于互联网，物联网的流量更大，因此，网络工程师必须采用更高效的协议方法来满足物联网对于海量数据的需求。另一个问题是网络中数据传输、同步、缓存带来的挑战。互联网中的 IP 协议同样可以作为物联网的协议，而 IP 协议的可靠性和扩展性已在互联网中早已得到验证。物联网的主要目标是把我们周围的实体连成网络，或者连成一个小型、动态的网络。然而，这些实体通常是异构的，它们可能属于不同的应用领域，具有不同的功能，但是它们必须遵守相同的通信协议。

（1）网络发现机制的挑战。目前的网络正在由"单一"的网络向"多业务"的方向发展，在各种网络通信技术快速革新的条件下，融合多种无线网络环境已经成为当前物联网发展的必经之路。特别是，对于当前社会主流的通信技术标准，如 3G（3rd-generation，第三代移动通信）、Wi-Max（Worldwide Interoperability for MicrowaveAccess，全球微波互联接入）、Wi-Fi（Wireless Fidelity，无线相容性验证）等技术，需要一种高效且合适的物联网平台来实现各种标准的无缝融合，也为泛在网络的发展提供了有力的支撑，但这对协议的实时性和数据的准确性提出了更高的要求，特别是异构网络的发现机制，是未来广大研究人员需要着重考虑的问题之一。

（2）信息安全性的挑战。在未来的物联网中，用户和企业隐私数据的安全性对物联网业务应用协议提出了更高的要求。从电子商务到家庭医疗，从智能家居到绿色农业，其中所涉及的隐私数据一旦被不法人员所利用，将会导致不可估计的损失，因此在设计物联网业务应用协议的过程中要特别考虑到协议的安全性，这也是物联网应用走向成功的一个重要保障。

（3）其他方面的挑战。除了技术方面的挑战，还有很多其他的挑战，这些挑战是由物联网对社会和每个人的生活带来的巨大影响所导致的。例如，物联网的成功实现和物联网业务应用协议的标准化问题。目前物联网应用协议的研究也刚刚起步，各利益方都希望自己的协议标准能得到世界的公认，但很难形成一个统一的标准，因此，只有各利益方为物联网应用协议标准的统一做出相应的牺牲，物联网才能有一个开放而光明的未来。

物联网应用协议是用于物联网业务平台的通信协议，因此物联网平台是其存在的现实依托。从目前的国内外的研究工作来看，大多数的自主通信平台都是基于 C/S 模式的，而客户端到服务器的应用协议还是承载在 TCP/IP 协议层之上的应用层通信协议。但是为了满足特定的业务需求，实现自主的通信协议规范，需要对从客户端到服务器之间的协议规范重新予以定义。而对于传统的基于 C/S 的通信协议，在定义物联网业务平台的通信协议时需要重新审视客户端与服务器之间的通信协议。

2．物联网业务应用协议的需求

针对上述物联网所面对的各种挑战，当前形势下要实现物联网业务平台的基本功能和模块，以及特定应用环境下的物联网业务应用协议，首先必须要满足物联网业务平台通信协议的基本要求。只有物联网业务应用协议的需求得到满足，才能保证物联网业务平台所提供的各种业务被用户广泛地使用，这些需求可以具体归纳为以下几个方面。

（1）物联网业务应用协议对用户数据和信息处理能力的需求。物联网在面对海量的用户数据信息时，如何高效地表示和处理物联网用户的信息成为了制约物联网发展的一个主要瓶颈。对于研究人员来说，设计一种高效而简洁的协议表示方法是解决物联网应用协议处理海量数据信息的一种重要手段。

（2）物联网业务应用协议对协议安全性的需求。这方面的需求主要体现在用户及其他隐私数据的安全性上，特别是用户的一些敏感的隐私数据在物联网中的传输，势必对物联网业务应用协议的安全性提出了更高的要求，只有用户的这些隐私数据的安全性得到了保证，用户才会放心地使用物联网所带来各种便捷业务；否则，物联网的应用走向人们生活也只是空谈，更谈不上物联网的普及应用了。

（3）物联网业务应用协议对技术标准的统一与协调的需求。时至今日，互联网能取得今天的成功，其主要原因之一就是标准化问题解决得非常好。全世界范围内使用的协议，如路由协议、底层的传输协议及终端架构，这些都是标准化带来的结果。物联网在发展过程中，其整个结构体系中的各个层面会不断地涌现大量的新技术，而这些日新月异的物联网技术将会应用到各种生活场景中。如果物联网的参与者都各行其是，其标准化工作没有达成一致，那么物联网的发展也必将是昙花一现。如何尽快统一物联网标准，形成一个管理机制，是物联网发展鱼需要解决的问题。同时，对于物联网业务应用协议的标准化，也是物联网发展面临的一个重大问题。

总体来说，物联网业务应用领域在很大程度上决定了业务应用协议的未来发展方向，特别是针对特定物联网平台的通信应用协议，其用户的业务需求决定了协议设计过程中所涉及各种协议操作的定义。从目前的国内外研究的相关工作来看，客户端到服务器的业务应用协议主要还基于传统的 TCP/IP 协议，但是为了满足客户特定的业务需求，实现自主的通信协议规范，就需要对从客户端到服务器之间的协议规程重新予以定义。未来的业务应用协议的发展方向必定是以用户的业务需求为导向，在客户端请求数据得到满足的同时，需要最大限度地优化协议的开销和服务器的平均响应时间。

此外，安全性和隐私性对于物联网业务应用协议的发展也会起到举足轻重的作用。在未来的物联网中，用户的隐私数据所具有的高敏感性特点决定了在设计物联网业务应用协议的过程中必须重视这些数据的安全性，如何在协议中融入安全机制也必将成为研究人员所考虑的必要因素。

2.5.3 中间件技术

构成物联网中的两个组成部分——互联网与物，都有着明显的异构性特点。互联网作为自组织、可扩展的动态网络系统，是基于具有无数具有标准化与异构化的通信协议而实现网络互连的；而接入物联网中的各个物体因其具有各自独特的标识、物理或虚拟属性，以及使用不同智能接口等，个体之间存在着许多本质差异及异构特性。要实现将海量的、有着异构属性的物体无缝地接入并整合到复杂的信息网络中进行相互通信，必须由一个统一的技术架构和标准的软件体系对此进行支撑。物联网中间件正是为解决上述问题而被提出的，并随着物联网火热的发展势头，逐渐成为近年来相关领域的重要研究课题之一。

1. 物联网中间件面临的挑战

物联网要实现对物理世界的全面感知与智能处理，涉及大量事物，以及由这些事物产生的事件，这给物联网的应用开发带来了许多新的挑战，同样也使在普适计算中存在的问题变得更为复杂。在普适计算环境中，很难为其建立一个统一的标准及体系。物联网中间件能够为解决上述问题提供统一的标准体系与通用的服务开发平台，同时为上层应用提供通用组件，以保证开发人员对底层基础网络的透明性。目前，关于物联网中间件研究主要存在着以下几个方面的挑战。

（1）分布式异构的网络环境。物联网中有着许多不同类型的硬件设备，如传感器、RFID标签及读卡器等，这些信息采集设备及其网关具有不同的硬件结构、驱动程序、操作系统等，同时用于嵌入式感知设备连接互联网的各种接入网络，以及物联网中进行智能化处理的核心网络也不尽相同，这些分布式异构特性使得难以为物联网提供一个统一的解决方案。因此，如何构建一个能自适应跨平台的中间件，使中间件底层协议接口能完全兼容各种物联网标签、传感器及读卡器协议等绝非易事。协议转换所带来的中间件代价，以及满足服务的协调折中方案必须能应对协议的动态变化，这种底层的差异性要求中间件设计要能够屏蔽各种异构软硬件资源的具体参数及异构网络带来的设计细节。

（2）应用与服务之间的重复调用与互操作。目前，许多传统中间件的设计都是针对某类特定应用的，采用特定的数据标准和通信平台，这使得不同应用行业的软件难以重复使用，从而造成大量的资源浪费。物联网应用领域极其广泛，而现有中间件的专业性和专有性太强，公众性和公用性较弱，标准化程度低，这使得它们无法直接适用于目前的物联网环境。由于物联网的异构特性，不同应用依赖于不同的运行环境，这给各应用程序间的互操作带来极大的不便，因此，这要求物联网中间件建立通用的标准体系，实现应用平台间的互操作与互通信，并能够支持物联网服务的动态发现，以及动态定位与调用。

（3）海量异构数据的融合。物联网由各种异构感知设备构成，要实现使用不同采集数据格式的不同设备相互通信，则物联网中间件首先要解决这些异构数据间的格式转化的问题，以便应用系统能更高效、更方便地处理这些数据。同时物联网中感知数据的采集将产生海量信息，若直接将这些原始的海量数据直接发送给上层应用，势必导致上层应用系统计算处理量的急剧增加，甚至造成系统崩溃，且由于原始数据中包含的大量冗余信息，也会极大地浪费通信带宽和能量资源，因此，这要求物联网中间件能够解决数据融合和智能处理等问题。

（4）物联网的各种"大"规模因素。诸多因素的增长导致网络性能的下降，其中影响物联网中间件设计的最主要的几个因素是更大的网络规模、更多的事件活动，以及更快的移动速度等。

（5）通信范式。通信范式是支撑物联网中间件运行的关键技术之一，普通的同步通信难以适应大规模分布式的物联网，以发布/订阅为代表的异步通信机制难以满足像物联网这种实时性较高的要求，因此物联网中间件通信范式设计也是中间件实际运行所面临的重要挑战。

此外，由于物联网资源的能量限制、用户的服务质量要求、大量感知设备的接入和管理、可靠性要求等，传统通用的中间件无法完全满足物联网应用开发的需求。与此同时，在物联网中间件技术开发中还存在着安全、实时数据服务、容错性和其他组件的引入等设计难题。

2. 物联网中间件研究现状

物联网中间件技术发展至今，已涌现出许多优秀的解决方案及实现案例，它们旨在解决各种应用领域异构设备的互操作、上下文感知、设备发现与管理、可扩展性、海量数据的管理，以及物联网环境下的信息安全等问题。而应用于不同领域的中间件，其系统设计、实现技术等都不尽相同，因此，研究物联网中间件首先要理解物联网体系架构及其中间件系统的工作原理。

中间件是位于操作系统层和应用程序层之间的软件层，能够屏蔽底层不同的服务细节，使软件开发人员更加专注于应用软件本身功能的实现。广义的中间件是一种独立的系统软件或服务程序，分布式应用软件借助于中间件可以在不同的技术之间进行共享资源。物联网中间件是位于数据采集节点之上、应用程序之下的一种软件层，为上层应用屏蔽底层设备因采用不同技术而带来的差异，使得上层应用可以集中于服务层面的开发，与底层硬件实现良好的松散耦合。物联网中间件提供了一个编程抽象，方便应用程序开发，缩减应用程序和底层设备的间隙。物联网中间件主要解决异构网络环境下分布式应用软件的通信、互操作和协同问题，提高应用系统的移植性、适应性和可靠性，屏蔽物联网底层基础服务网络通信，为上层应用程序的开发提供更为直接和有效的支撑。

到目前为止，暂不存在明确统一的物联网中间件体系结构，大部分物联网中间件的研究都是基于传统的无线传感网络或 RFID 的。根据物联网主要感知网络构成类型，本书主要介绍与物联网相关的无线传感网络中间件体系结构和 RFID 中间件体系结构。图 2.24 所示为一种基于中间件的无线传感网络系统架构，将网络硬件、操作系统、协议栈和应用程序相融合，通常包括一个运行环境以支持和协调多个应用，并提供诸如数据管理、数据融合、应用目标自适应控制策略等标准化服务，以延长无线传感网络的生命周期。采用中间件技术将操作系统和应用系统分离，体现了无线传感网络软件系统的层次化开发特点。

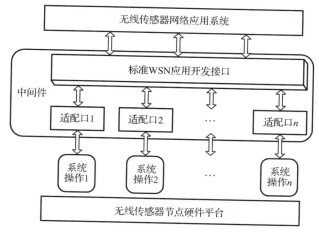

图 2.24 基于中间件的无线传感网络系统架构

图 2.25 是 RFeel 中间件系统示意框图，该原型系统支持层次式结构和分布式异构实时多数据流的处理，该中间件从上到下的五个层次及其功能分别为：应用交互层，主要用于

面向服务的中间件与应用交互；事件生成层，负责定义的事件报告生成；数据处理层，主要完成原始数据清洗与符合应用层交互事件标准（Application Level Event，ALE）的复杂事件处理；数据源读取层，用于支持多种数据源的虚拟分组及选择读取；设备交互层，遵循 EPC-global 标准，用于兼容各类 RFID 读写器驱动与数据接口，实现异构设备与中间件的交互。以上各层组件中的功能及参数均可独立设置，由 XML 语言描述的 RFID 数据可通过标准接口在各层次之间进行传递。

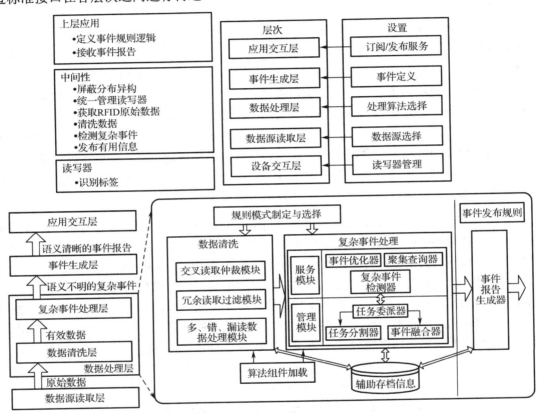

图 2.25　RFeel 系统架构

中间件技术发展至今，主要经历了三个阶段：从最初的应用程序中间件阶段过渡到后来的架构中间件阶段，再到更为成熟的解决方案中间件阶段。为了挖掘物联网行业潜在的巨大商业利益，目前各大 IT 产商所开发的产品不再是简单点对点的应用程序中间件，而是诸如 Oracle Warehouse Management、Sun Java System RFID Software 及 SAP Business Information Warehouse 等相对高级的架构中间件产品，同时，更为复杂和全面的解决方案中间件正在逐渐成为今后的研发重点。国内的北京东方励格技术有限公司尽管有其自主知识产权的中间件产品，但其产品仅限于 RFID 技术方面的应用，相比物联网所需的海量数据处理能力来讲，其技术可移植性不高。因此，对真正意义上的物联网中间件软件体系结构及其通信机制的研究，仍然具有重大的理论意义和实用价值。

2.5.4　云计算技术

云计算涉及的技术领域众多，本节主要从物联网与云计算结合的模式，以及边缘计算/海计算在物联网中的应用两个方面进行描述。

1. 物联网和云计算结合的多种模式

物联网和云计算的结合存在多种模式，例如，IaaS 模式、PaaS 模式、SaaS 模式可以与物联网很好地结合起来。此外，从智能分布的角度出发，边缘计算也是物联网应用智能处理模式的一种典型应用。

Gartner 把 PaaS 分成两类：APaaS（Application Platform as a Service）和 IPaaS（Integration Platform as a Service）。APaaS 主要为应用提供运行环境和数据存储，IPaaS 主要用于集成和构建复合应用。人们经常说的 PaaS 平台大都是指 APaaS，如 Force.com 和 Google App Engine。

在物联网范畴内，由于构建者本身价值取向和实现目标的不同，PaaS 模式的具体应用存在不同的应用模式和应用方向。

电信运营商一直致力电信网络和 IT 应用的有机结合，其核心思想是"能力开放"，即将网络能力进行标准化，以统一的接口开放给 IT 应用，这种能力开放模式就是 PaaS 的一种应用模式。从早期的 Parlay 网关开始，电信运营商一直在构建类似的能力开放系统。在物联网范畴内，除了开放传统的短信通知、彩信通知、终端定位等能力外，电信运营商正在尝试向物联网应用开放终端远程管理、业务数据路由等能力。典型的电信运营商能力开放体系案例如图 2.26 所示。

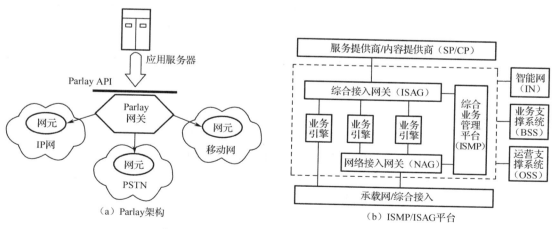

（a）Parlay架构　　　　　　　（b）ISMP/ISAG平台

图 2.26　电信运营商能力开放体系

在 Parlay 架构中，应用安装在基于任何 IT 技术的应用服务器上，通过 Parlay/OSA 的接口标准调用业务能力服务器（Service Capability Server）提供各种业务能力。

ISMP/ISAG 是中国电信提出的业务能力开放业务平台。SP/CP 的应用统一通过 ISAG

接入网络，使用电信网络中各个业务引擎提供的能力，通过 ISMP 完成鉴权计费和业务管理功能。通过 ISMP/ISAG，实现 SP/CP 应用的统一业务接入、统一业务门户、统一鉴权计费、统一业务管理、统一内容管理，同时屏蔽底层网络实现的细节和差异。

电信运营商除了开发规模化的 M2M 应用，也一直在探讨建立通用的服务于 M2M 业务的平台。以 Orange 为例，M2M Connect 是 Orange 的一个标准化平台，为连接、应用和解决方案提供服务，是供客户使用 M2M 服务的平台，用户通过网页界面与 M2M 智能设备建立安全连接，直接控制智能设备运行并实时反馈设备的运行情况等信息。只要在 Orange 的网络覆盖范围内，用户就可以随时随地通过 M2M Connect 与远程智能设备建立连接。

传统 IT 厂商正在尝试另外一种思路：构建针对物联网应用的开发、部署和运行平台，以实现快速的业务流程定义，加速新业务部署，为各类物联网应用的快速实现、部署和运行提供基础平台。通过云计算 PaaS 模式，可以较好地满足上述需求。客户在一个具备通用应用逻辑组件和界面套件的平台上进行开发，只需要关心与自己业务相关的特定应用逻辑实现和交互界面的搭建，不需要关心通用组件的底层实现方式和运行环境的搭建，极大地简化了应用的开发、部署和运行。业务发展到一定阶段时，还可以针对一些使用面较广的应用类型，根据其所在行业的特点，将行业应用中的通用逻辑功能单元从其业务流程中剥离出来，设计针对不同行业的业务模型单元，然后包装成服务或通用组件供应用调用，进一步简化应用的开发过程。

2．边缘计算/海计算在物联网中的应用

云计算和物联网的结合，能够强化后端平台实现"中枢智能"的能力，但在单一集中智能模式下，如果终端和某个集中的后端平台通过广域网络连接，网络传输导致的传输时延和海量终端导致的分析处理时延都是不容忽视的。一旦终端数量越来越多，数据量将越来越大，数据传送频率越来越高，后端平台的处理时间将变得越来越长，响应速度会变得越来越慢，影响部分时延敏感的物联网应用的实施效果。此外，频繁交互的海量数据也会占用、进而竞争网络的带宽，尤其是无线接入网络的带宽，从而影响整个物联网应用的运行效率。

在实施基于云计算技术的集中智能的同时，也要在感知层充分依赖基于边缘计算的边缘智能。所谓边缘计算，是指区别于后端集中智能的、分布于物联网边缘节点的智能计算能力，往往分布于感知延伸层的终端单元内。通过边缘计算，将部分智能处理功能分布到这些终端单元，感知到的数据首先在这些单元进行预处理，然后根据预设的逻辑将结果上传到后端平台进行后续的分析处理。下面以几个案例进行说明。

（1）温/湿度信息的采集处理。图 2.27（a）中，直接将采集到的原始温度数据通过模/数转换后，传送到后端平台进行处理；图 2.27（b）中，感知延伸层的终端节点采集了温度、风速和湿度等多个指标后，经过本地的运算处理，在满足预先设定的某种条件后，发出"风暴"预警信号。

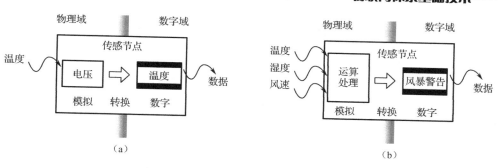

图 2.27 两类不同的边缘节点处理模式

（2）全球眼客流识别系统。中国电信基于全球眼平台推出的客流密度分析系统，结合人体识别和越界分析技术，对出入口区域的人和车辆进行自动计数，实现对区域的出入总量，以及实时人和车辆数量的准确分析，这种智能分析能力是在对采集到的视频图像进行算法处理后获得的。在实现方式上，上述算法的处理功能在采集点附近的特殊终端完成，终端只需要定期把分析得到的结果传送到后端平台即可。

此外，很多应用场景下，信息的采集、处理和反馈往往是在本地完成的。在智能家居场景下，室内的各种设备之间的互动在本地就能够完成；车联网场景下，汽车与汽车（V2V）之间、汽车与设施之间（V2H）的信息互动，对于车辆来说，也是在本地就可以完成的。对于这些场景，边缘计算是一个必然的选择。

中国科学院相关专家提出了"海计算"这个概念，认为感知信息的预处理、判断和决策等往往在当前场景下的前端单元完成，需要大运算量的计算才通过"云端"的数据中心处理，只有这样，才能节省通信带宽、存储空间，满足实时性的交互处理，以及物联网的大规模扩展性要求。

物联网应用的复杂性，往往会导致智能分布选择不同的模式。在后端平台，以及边缘的网关和终端都可能分布智能处理逻辑，如图 2.28 所示，这取决于物联网的应用类型。

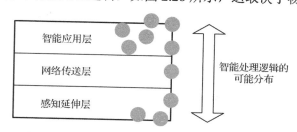

图 2.28 智能处理逻辑分布在物联网各层

● 对于以采集原始数据为目标的应用，边缘节点智能处理可能很少，绝大部分的数据都要汇总传递到集中的后端平台，智能处理主要集中于后端平台。
● 对于监控类的应用，原始信息本身往往不是关注的重点，系统关注的是原始信息的变化是否达到门限，或者是多项原始信息的组合判断的结果。这种情况下，边缘节点往往会增加相应的智能处理逻辑，和后端平台一起协作完成全程智能处理。
● 对于本地互动控制功能较多的应用，边缘节点上用于本地互动控制的智能处理逻辑可以和后端平台无关，这种情况下，边缘节点也有大量的本地智能处理逻辑。

总体来看，物联网应用中的智能处理逻辑可以分布在从终端到后端集中平台之间的多个单元上，如何分布取决于物联网的应用类型。一个极端的例子是，边缘节点可以演变为智能节点，智能处理逻辑主要分布在这些智能节点上，通过薄薄的一层中间平台，这些智能节点提供的信息或服务供不同应用或用户进行访问。进一步说，这是另一种形式的云计算，即让很多处理能力一般的、分布于不同位置的智能节点完成主要的计算处理工作，通过一个中间平台为用户提供服务，如图 2.29 所示，如同 Google 的搜索服务，让很多低成本、不同位置的 PC 共同完成一个搜索任务。

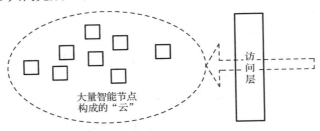

图 2.29　大量智能节点协同提供云服务

2.5.5　数据挖掘技术

互联网将实现信息互连互通，物联网将现实世界的物体通过传感器和互联网连接起来，并通过云存储、云计算实现云服务。物联网具有行业应用的特征，依赖云计算对采集到的各行各业、数据格式各不相同的海量数据进行整合、管理、存储，并在整个物联网中提供数据挖掘服务，实现预测、决策，进而反向控制这些传感网络，达到控制物联网中客观事物运动和发展进程的目的。

数据挖掘是决策支持和过程控制的重要技术手段，它是物联网中的重要一环。物联网中的数据挖掘已经从传统意义上的数据统计分析、潜在模式的发现与挖掘，发展成为物联网中不可缺少的工具和环节。

1．数据挖掘是物联网中的重要环节

（1）物联网中数据挖掘的新挑战。

● 分布式并行整体数据挖掘：物联网的计算设备和数据在物理上是天然分布的，因此不得不采用分布式并行数据挖掘，需要云计算模式。

● 实时高效的局部数据处理：物联网任何一个控制端均需要对瞬息万变的环境进行实时分析并做出反应和处理，需要物计算模式和利用数据挖掘结果。

● 数据管理与质量控制：多源、多模态、多媒体、多格式数据的存储与管理是控制数据质量和获得真实结果的重要保证，需要基于云计算的存储。

● 决策和控制：挖掘出的模式、规则、特征指标，用于预测、决策和控制。

（2）物联网中数据挖掘算法的选择。物联网特有的分布式特征，决定了物联网中的数据挖掘具有以下特征。

● 高效的数据挖掘算法：算法复杂度低、并行化程度高。
● 分布式数据挖掘算法：适合数据垂直划分的算法、重视数据挖掘多任务调度算法。
● 并行数据挖掘算法：适合数据水平划分、基于任务内并行的挖掘算法。
● 保护隐私的数据挖掘算法：数据挖掘在物联网中一定要注意保护隐私。

2. 分布式与并行数据挖掘的比较

云计算相关技术的飞速发展和高速宽带网络的广泛使用，使得实际应用中分布式数据挖掘的需求不断增长。分布式数据挖掘是数据挖掘技术与分布式计算技术的有机结合，主要用于分布式环境下的数据模式发现，它是物联网要求的数据挖掘，是在网络中挖掘出来的。通过与云计算技术相结合，可能会产生更多、更好、更新的数据挖掘方法和技术手段。

（1）分布式数据挖掘。

① 分布式数据挖掘的优点。考虑到商业竞争和法律约束等多方面的因素，在许多情况下，为了保证数据挖掘的安全性和容错性，需要保护数据隐私，将所有数据集中在一起进行分析往往是不可行的。分布式数据挖掘系统能将数据合理地划分为若干个小模块，并由数据挖掘系统并行处理，最后将各个局部的处理结果合成最终的输出模式，这样做可以充分利用分布式计算的能力和并行计算的效率，对相关的数据进行分析与综合，从而节省大量的时间和空间开销。

② 分布式数据挖掘面临的问题。

● 算法方面：实现数据预处理中各种数据挖掘算法，以及多数据挖掘任务的调度算法。
● 系统方面：能在对称多处理机（Symmetrical Multi-Processing，SMP）、大规模并行处理机（Massively Parallel Processor，MPP）等具体的分布式平台上实现，考虑节点间负载平衡、减少同步与通信开销、异构数据集成等问题。

③ 分布式数据挖掘的系统分类。按照不同的角度，分布式数据挖掘系统可以划分为以下几类。

根据节点间数据分布情况是否同构，可分为同构和异构两类。同构的分布式数据挖掘系统的节点间数据的属性空间相同，异构的分布式数据挖掘系统的节点间数据具有不同的属性空间。

按照数据模式的生成方式，分布式数据挖掘系统可分为集中式、局部式和重分布式三类。

● 在集中式分布式数据挖掘系统中，先把数据集中于中心点，再生成全局数据模式，该系统适合模型精度较高，但数据量较小的情况；
● 在局部式分布式数据挖掘系统中，先在各节点处生成局部数据模式，然后将局部数据模式集中到中心节点生成全局数据模式，该系统适合模型精度较低，但效率较高的情形；

● 在重分布式数据挖掘系统中，首先将所有数据在各个节点间重新分布，然后按照与局部式系统相同的方法生成数据模式。

（2）并行数据挖掘与分布式数据挖掘的比较。并行数据挖掘系统与分布式数据挖掘系统都用网络连接各个数据处理节点，网络中的所有节点构成一个逻辑上的统一整体，用户可以对各个节点上的数据进行透明存取。

并行挖掘与分布式挖掘的不同点如下所述。

① 应用目标不同。并行数据挖掘中各个处理机节点并行完成数据挖掘任务，以提高数据挖掘系统的整体性能；分布式数据挖掘实现场地自治和数据的全局透明共享，而不要求利用网络中的所有节点来提高系统的处理性能。

② 实现方式不同。并行数据挖掘中各节点间可以采用高速网络连接，节点间的数据传输代价相对较低；分布式数据挖掘的各节点间一般采用局域网或广域网相连，网络带宽较低，点到点的通信开销较大。

③ 各节点的地位不同。并行数据挖掘的各节点是非独立的，在数据处理中只能发挥协同作用，而不能有局部应用，适合算法内并行；分布式数据挖掘系统的各节点除了能通过网络协同完成全局事务外，每个节点都可以独立运行自己的数据挖掘任务，执行局部应用，具有高度的自治性，适合不同算法之间的并行。

云计算通过廉价的 PC 服务器，可以管理大数据量与大集群，其关键技术在于能够对云内的基础设施进行动态按需分配与管理。云计算的任务可以分割成多个进程，在多台服务器上并行计算，然后得到最终结果，其优点是对大数据量的操作性能非常好。从用户角度来看，并行计算是由单个用户完成的，分布式计算是由多个用户合作完成的，云计算是可以在没有用户参与指定计算节点的情况下，交给网络另一端的云计算平台的服务器节点自主完成计算的，这样云计算就同时具备了并行计算与分布式计算的特征。

第3章
从物联网产业生态看开放平台价值

3.1　引言

前面两章对物联网的概念、技术基础进行了具体介绍，下面我们将从产业链的角度来分析物联网开放平台的价值。物联网要经历从特定产品/服务的概念到大规模市场的应用，这种颠覆了原有基础的创新需要经历市场化过程，这其中涉及各类市场参与者，包括开发者、应用提供者、设备提供者、能力提供者、运营商、最终用户等。物联网不是孤立的系统，其每个环节都会有不同的参与者，因此我们需要用生态圈或生态环境的理念来建设和发展物联网。在这个生态圈内，需要更多的开放和合作，需要构建合作的产业链，规模化、协同化发展，这些所有合作关联的纽带就是平台，无论是自己的平台，还是与第三方合作的平台，以及多方参与者相互之间的共性平台。

本章将从物联网产业生态的角度对开放平台价值进行阐述。平台相当于物联网应用的大脑中枢，平台开放相当于传输脉络的无限延伸，生态圈就意味着价值的共同实现。开放统一的物联网平台可以打消行业壁垒，规范物联网接入，促进物联网生态环境持续、健康发展；并且，开放平台能够促进产业链各环节的合作互补，调动各参与单位应用物联网的积极性，加速提升物联网产业发展速度。本章将对依托平台来建立符合各自发展的商业模式，以及生态圈进行介绍。

3.2　物联网产业现状分析

3.2.1　物联网产业发展阶段

从横向来看，物联网产业发展可划分为"连接—感知—智能"三个典型阶段，如图3.1所示。

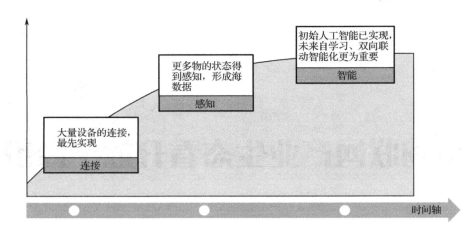

图 3.1 物联网发展路径

在物联网产业发展的过程中，每个领域或细分行业既可能处于某单一阶段，同时又可能随着技术发展而横跨多个阶段。具体每个阶段的发展内涵如下所述。

物联网发展第一阶段：物联网大规模连接建立阶段，越来越多的设备在内置通信模块后通过移动网络（LPWA/GSM/3G/LTE/5G 等）、Wi-Fi、蓝牙、RFID、ZigBee 等连接入网。在这一阶段，网络基础设施建设、连接建设及管理、终端智能化是核心。爱立信预测：到 2021 年，全球的移动连接数将达到 275 亿，其中物联网连接数将达到 157 亿、手机连接数为 86 亿。智能制造、智能物流、智能安防、智能电力、智能交通、车联网、智能家居、可穿戴设备、智慧医疗等领域连接数将呈指数级增长。该阶段中最大投资机会主要在于网络基础设施建设、通信芯片和模组、各类传感器、连接管理平台、测量表具等。

物联网发展第二阶段：大量连接入网的设备状态被感知，产生海量数据，形成物联网大数据。这一阶段传感器、计量器等器件将进一步智能化，多样化的数据被感知和采集，并汇集到云平台进行存储、分类处理和分析，此时物联网也成为云计算平台规模最大的业务之一。根据 IDC 的预测，2020 年全球数据总量将超过 40 ZB（相当于 4 万亿 GB），这一数据量将是 2012 年的 22 倍，年复合增长率约为 48%。这一阶段，云计算将伴随物联网快速发展，该阶段主要投资机会在开发者平台、云存储、云计算、数据分析等。

物联网发展第三阶段：初始人工智能已经实现，对物联网产生数据的智能分析，以及物联网行业应用及服务将体现出核心价值。Gartner 预测，物联网应用与服务产值在 2020 年将达到 2620 亿美元，市场规模超过物联网基础设施领域的 4 倍。该阶段物联网数据发挥出最大价值，企业对传感数据进行分析并利用分析结果构建解决方案，实现商业变现，同时运营商坐拥大量用户数据信息，通过数据的变现将大幅提高运营商的收入。该阶段投资者机会主要在物联网综合解决方案、人工智能、机器学习等。

除了上述的物联网横向发展路径外，从物联网产业的纵向上来看，我们发现物联网市场呈现典型的长尾特性，这可以归纳为三类市场，分别是单一应用市场、可集中化市场和碎片化市场，如图 3.2 所示。单一应用市场本身就是规模市场，可集中化市场是可以快速增加连接数的规模市场，但其中物联网碎片化市场在整个物联网市场中占比最大。

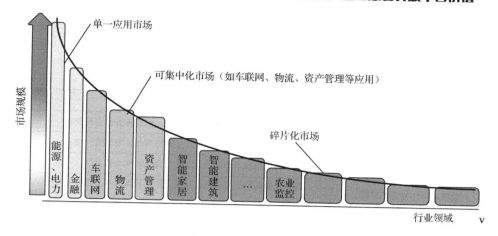

图 3.2　物联网市场分类

　　不同物联网市场的特点不同，因此对物联网合作需求也不尽相同，物联网市场分类及发展策略如表 3.1 所示。

表 3.1　物联网市场分类及发展策略

市场类型	特　点	发展策略
单一应用市场	单一应用数量巨大，龙头企业占据绝大多数市场，封闭性及专业性强	在其自身平台基础上进行孵化升级，或外围服务机会
可集中化市场	行业性特征明显，市场开放，多个企业共同主导	与主导企业合作，整合产业资源，参与标准制定；通过建设统一的服务平台开展合作并运营，向多个行业客户提供端到端的解决方案
碎片化市场	应用种类最多，单个市场较小但总量巨大，中小用户居多，无主导企业，当前商用成本较高，系统孤岛建设居多	通过产业链整合，形成以运营为主的产业链合作模式；建设开放平台，吸引并招募专业的合作伙伴，合作建立应用开发、市场推广及技术服务队伍；在开放平台的基础上，还可根据需要提供开放工具与部署环境

3.2.2　物联网发展驱动与问题分析

　　物联网是信息领域一次重大的发展和变革机遇，基于智能化设备的万物互联是实现传统行业升级、改造，以及公共服务水平提升的关键因素。例如，在能源互联网领域，基于智能设备，实现对能源生产、传输、配送、使用等环节的全面感知，实时监测，形成信息跟踪体系，提高优化能源生产至能源消费的运作效率，实现对能源生产和消费的智能监管。

　　现代化的高速发展使得公共服务领域的需求逐步增大，城市管理、环境保护等一系列问题日益突出，物联网的迅速崛起为这些问题的解决提供了契机。以车联网为例，它是物联网中最重要的、也是最具发展潜力的应用领域之一。基于 LTE-V 等车联网技术实现车与车、车与人、车与路，以及人与网的相互连接，通过移动通信技术实现信息的同步和共享，可以有效地减少交通事故，缓解城市拥堵。

　　上述例子的驱动力很容易理解，但物联网应用种类繁多，市场总量巨大，中小用户居多且规模小，当前商用成本较高，要想满足不同客户需求必然需要有一个紧密、协同的平台型生态体系。在此生态体系下，物联网发展困境与解决方案如表 3.2 所述。

表 3.2　物联网发展困境与解决方案

序　号	存 在 问 题	解 决 之 道
1	大量个性化、领域化的需求	发布应用需求，定制物联网应用，汇聚各类行业开发者
2	资源无法有效整合	提供统一架构的开发环境，实现终端与应用的统一接入
3	重复开发严重，模块复用性差	以组件复用技术为基础，实现组件化的模块开发
4	运营收益与投资不对称	基于云架构的分布式执行环境，降低开放成本；通过应用托管部署降低建设成本

3.3　物联网平台型生态体系价值

3.3.1　Apple 与 Google 带来的启示

目前，市场上对平台、生态等概念的解读与诠释有很多，但生态是基于开放平台来进行承载的这一观点获得业内普遍共识。下面我们首先从产业价值角度对平台模式、生态体系进行探讨，由此说明发展平台型生态体系的重要意义。

1．平台模式

平台模式描述的是由企业搭建的，以自身为核心的开放式协同体系。搭建平台的企业为平台主体，负责平台的整体支撑与运营。企业内部、外部相关角色，如资本、员工、合作企业、用户等，在满足一定准入条件时均可自发地通过平台，作为参与者与企业发起实时协作。

因此，不同于传统的商业合作模式，依靠 Web 2.0 技术或移动互联网技术的支撑，平台模式可以实现开放式、实时性的企业协作。同时，值得注意的是，在物联网平台模式下，平台参与者会和平台主体发生联系（如接口交互、能力调用等），同时平台参与者之间也会由于平台主体的存在而相互有交集或合作。

2．生态体系

生态体系描述的是一类在平台模式支撑下，自发自治，具有内部价值链的商业协同网络。在生态系统中，各企业依据自身需求，借助现代信息技术实现网络的松耦合，并且如同在平台模式下一般，生态内企业间的协作与连接自发开展。具有信息化技术支撑的生态体系能有效地降低体系内交易成本，共享商业机会，这也推动着其成员间实现内部价值链的传递，并与尽可能多的潜在合作伙伴取得联系。

生态体系中的内部交易越多、流量越高，那么其宏观上节省的交易成本也就越多，同时带给每个成员的商机也就越丰富，因此，生态体系给其中每个参与方带来的价值往往是由其体系的总体量决定的。

从上面的描述可知，平台模式是企业主导的经营模式，而生态体系是建立在该模式基础上形成的企业网络化协同的整体图景。平台型生态体系既可以看作平台模式成熟与发展的结果，也可以看作服务于不同对象的多个平台相互间形成价值链后的整体图景。

物联网应用领域众多，且涉及的产业面广泛，如何整合价值链、吸引开发者、丰富应用、扩大用户群，是实现物联网价值聚集与规模增值的关键。**Apple 与 Google 的发展思路深刻揭示：搭建开放平台，在此基础上建立生态体系，从而获得了巨大的成功。**

需要说明的是，Apple 终端的良好体验吸引了众多的用户，但更重要的是由于有了 Apple 平台的生态体系，Apple 终端才能获得更多、更长期的价值。同样的，Google 通过打造 Android 开发生态环境，吸引了全球各类合作伙伴加入，催生了越来越多的物联网智能产品和服务的不断推出，Google 及其整个产业链都由此获利，从而获得了整体生态链的规模发展。

"是苹果所建立的硬件、软件和服务的生态系统，使得iPhone流行起来，并获得了巨大利润。"
——Neil Mawston, Strategy Analytics
（a）

作为一个平台生态系统，Google确实起到了聚集价值及管理价值的功能，这也是导致Google获得如此巨大成功的根本原因。
（b）

图 3.3　基于自身的平台构建生态系统

3.3.2　开放平台商业服务与价值

开放平台是物联网应用开发和商业模式创新的关键，同时也是物联网发展的必然趋势。物联网不同阶段的架构特点如表 3.3 所示。

表 3.3　物联网不同阶段的架构特点

不同阶段	"垂直"应用（阶段 1）	管理平台（阶段 2）	开放平台（阶段 3）
架构特点	没有平台的概念，企业根据自身或行业用户的需求，开发端到端的垂直应用。 缺少平台级的公共组件和模块，企业必须针对新的应用从头到尾地开发新的系统	提供管理平台，负责对业务和终端进行管理。 运营商 M2M 平台提供物联网运营管理协议。 企业需要针对不同 M2M 平台的物联网协议开发应用和终端	具备多应用融合的互连互通的能力。 对各种能力进行封装和开放，提供可复用的组件，简化业务的开发。 提供应用工厂、应用商店、开发者社区等，形成价值链

具体的商业服务与商业价值如下。

1．商业服务

一个物联网解决方案，如果由自己构建平台，再来验证，花费的精力和时间都比较大。通过物联网开放平台，用户只需要专注自己的业务细节，快速验证自己的想法。开放平台会提供专业的连接方面的支持，帮助用户连接关注的产品，得到产品的实时反馈，从而快速进行决策。

（1）预测性的维护。该平台能预见产品的运行异常，及时修复产品或提醒客户。无论客户的设备位于哪个地方，通过缩短产品的修复周期，能为自己和客户节省大量的时间和成本。开放平台帮助客户使用物联网作为一个预防性的维护工具，通过减少或消除设备故障，提升客户产品和服务的价值。设想一下，你的手机收到告警信息，如"警告：通信设备 X 在 24 小时内，有 96%概率宕机，请尽快修复"，根据此信息及时修复了设备，可避免通信异常。

（2）设备生命周期管理。知道设备能做什么，以及当前的状态和生命周期，这些信息对于一个连接类的产品或设备来说很重要。开放平台建立了一个设备管理的工具，客户可以很容易地关联设备，并设置设备可以接收的数据类型和可以互联访问的设备。开放平台可使客户很容易地管理自己的设备，快速和规模化地监控自己设备的状态。

（3）统一的分析和自动化。物联网聚集了一大批设备，以及这些设备产生的各种类型的大量实时数据。客户如何处理这些数据呢？客户只需要快速而简单地连接开放平台，接下来客户可以思考这些数据能做什么，开放平台能帮助用户稳定、高效地接收这些数据，并根据需要存储下来。客户可以根据自己的业务特性，采用先进的机器学习和统计方法，实时分析这些数据，并自动反馈给客户或运行具体的接入设备。

（4）远程服务和支持。物联网终端/设备等在提供服务的同时，需要对终端/设备进行固件、安全、通信方式等的更新和升级。开放平台可以支持在任何地方的任何设备，这意味着，我们将不再需要客户寄回设备进行故障诊断，或派遣现场技术人员远赴外地排除软件缺陷，从而可以节约人工成本且提高生产效率。

2．商业价值

物联网开放平台能够通过物联网跟踪产品的使用情况，并从大量的产品反馈数据中挖掘改善产品的商业机会。

（1）降低成本。以智能家居领域为例，为了实现远程控制，需要运行一个云平台，记录所有的智能家居产品的状态，并通过这个云平台远程控制设备。这样的模式，就需要每家企业都要完成以下的工作：云计算平台的开发、维护，控制终端软件的开发、维护（包括 Android、iOS 及其他的软件平台），还有内部通信硬件和软件的实现。对企业而言，如果所有的开发与维护工作都由自己来做的话，其成本会很高，但如果有一个公共服务平台的话，就可以降低创业企业的门槛。

（2）提升用户体验。例如，客户在选择智能家居产品时，按照现有的模式，只能选择一家智能家居的产品，如果选择了两家智能家居的产品，就可能需要通过两个云服务平台对智能家居进行控制，而这两个服务平台，需要两个客户端程序，这会给客户带来很多不便。

（3）建立标准。目前物联网的发展需加快技术规范和行业标准的建立，标准的建立可促进产业链共同快速进入物联网领域，挖掘物体的价值。

3.4 物联网平台用户体系

物联网平台型生态中的用户类型主要包括开发者、应用提供商、设备提供商、能力提供商、运营商、最终用户，相互之间形成的生态发展体系如图 3.4 所示。

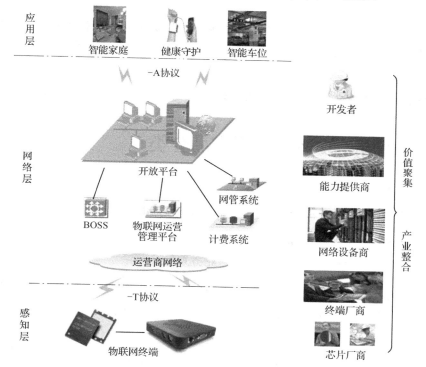

图 3.4　物联网平台型生态发展体系

当然，在物联网用户体系中，允许同一用户拥有多个身份，从图 3.4 中可看出，基于物联网开放平台可聚合个人/团队开发者、终端设备商、系统集成商、应用提供商、能力提供商、个人/家庭/中小企业用户等整个生态链，基于开放平台实现生态圈合作共赢。

（1）开发者。开发者可利用物联网开放平台上的开发资源，进行开发及测试，包括门户、业务流程、终端应用、功能组件和能力的开发。

开发者根据其开发对象的不同可分为业务开发者、门户开发者、终端开发者和素材开发者，根据开发团队性质不同可分为个人开发者、团队开发者。

开发者将其开发的产品上架销售时，其身份则变为应用提供商。

（2）应用提供商。应用提供商是应用的所有者，借助物联网开放平台实现应用快速发布、销售、服务提供及支撑、计费结算。应用提供商还应负责订购应用所需的能力、功能组件及部署资源。

应用提供商可同时拥有开发者身份。

（3）设备提供商。设备提供商提供物联网网关、传感器、控制器、通信模组等物联网相关的软/硬件设备，利用物联网开放平台，可实现设备的线上销售。

（4）能力提供商。能力提供商是能力的所有者，借助物联网开放平台实现能力的开放和销售。

（5）运营商。运营商利用自身的网络资源，通过物联网开放平台聚集产业链上的开发者、应用提供商、设备提供商、能力提供商，为最终用户提供应用服务。

（6）最终用户。最终用户是物联网应用的最终服务对象，可通过物联网开放平台订购并使用物联网应用及服务，购买软/硬件设备，最终用户可分为个人用户和企业用户。

3.5　物联网开放平台应用产品分类

面向用户提供基于物联网开放平台交易的产品包括通道类产品、设备类产品、托管资源类产品、功能组件产品、能力产品和应用产品，产品通过交易中心上架后统称为商品。

（1）应用产品：是指基于物联网开放平台开发部署，具有完整的业务功能，可直接面向个人、家庭、企业用户提供物联网服务的业务系统。

（2）设备类产品：是指在物联网开放平台交易中心上架交易的自有、合作或第三方软/硬件设备，包括但不限于物联网芯片、传感器、SIM 卡、通信模组、终端、网关、服务器、操作系统、数据库、标准行业软件等。

（3）通道类产品：是指运营商基础通信类业务，包括但不限于短信、彩信、数据业务，相关产品可独立或组合形成资费套餐，作为商品在交易中心发布。通道类产品由运营商 BOSS 定义、生成、管理，采用线下方式向交易中心录入产品信息，交易中心负责商品上架、发布、订购、在线付费。

（4）托管资源类产品：是指基于物联网开放平台资源池提供的虚拟机、存储和网络资源的租赁服务。托管资源类产品由物联网开放平台的运行中心定义、生成，交易中心负责商品上架。

（5）功能组件产品：是指直接运行于物联网开放平台运行中心的，具有一定业务功能、提供调用接口、可在业务开发环境中作为图元节点呈现的程序组件。

（6）能力产品：是指具有一定业务能力、提供 WebService 远程调用接口、部署在运行中心或第三方服务器上的业务服务。

3.6 物联网开放平台服务管理模式

3.6.1 物联网生态业务模型

前面章节已经对物联网平台用户体系进行了描述，ITU 对物联网生态系统和业务模型做了进一步阐述。根据业务职能可将物联网生态系统划分为装置提供商、网络提供商、平台提供商、应用提供商和应用客户共 5 大类，如图 3.5 所示。

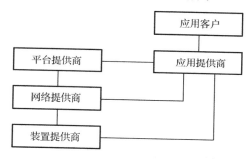

图 3.5 物联网生态系统

（1）装置提供商：负责根据业务逻辑向网络提供商和应用提供商提供原始数据和/或内容。

（2）网络提供商：在物联网生态系统内扮演核心职能，特别是网络提供商可发挥以下主要功能。

● 向其他提供商提供接入和资源集成；
● 提供物联网能力基础设施的支持与控制；
● 提供物联网能力，包括网络能力和向其他提供商展示的资源。

（3）平台提供商：提供集成能力和开放接口，不同平台能为应用提供商提供不同的能力。平台能力包括典型的集成能力，以及数据存储、数据处理和装置管理能力，可以支持不同类型的物联网应用。

（4）应用提供商：使用网络提供商、装置提供商和平台提供商的能力及资源，以便为应用客户提供各种物联网应用。

（5）应用客户：是应用提供商所提供物联网应用的用户。

注：应用客户可代表多个应用的用户。

3.6.2 业务模式

物联网生态系统参与方在实际部署中可能存在多种关系，各种关系的动机是基于可能的业务模式。下面从电信业务和网络运营商的角度来说明部分物联网业务模式。

1. 业务模式 1

在业务模式 1 中，参与方 A 负责运营相关装置、网络、平台和应用，并直接为应用客户服务，如图 3.6 所示。

图 3.6　业务模式 1

总体而言，电信运营商和部分垂直集成的业务（例如智能电网和智能传送系统（ITS）业务）在业务模式 1 中为参与方 A。

2. 业务模式 2

在业务模式 2 中，参与方 A 负责运营相关装置、网络和平台，参与方 B 在运营各种应用的同时为应用客户服务，如图 3.7 所示。

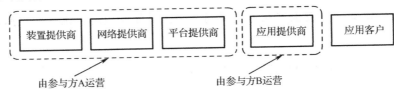

图 3.7　业务模式 2

总体而言，业务模式 2 中电信运营商作为参与方 A，其他业务提供商作为参与方 B。

3. 业务模式 3

在业务模式 3 中，参与方 A 负责操作网络和平台，参与方 B 在操作装置和应用的同时为应用客户服务，如图 3.8 所示。

总体而言，电信运营商作为参与方 A，其他业务提供商作为参与方 B。

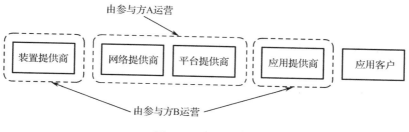

图3.8　业务模式3

4. 业务模式4

在业务模式4中，参与方 A 仅操作网络，参与方 B 在操作装置、平台和应用的同时为应用客户提供各种应用，如图3.9所示。

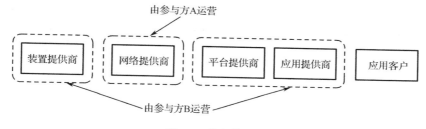

图3.9　业务模式4

总体而言，电信运营商作为参与方 A，其他业务提供商和垂直集成的业务在业务模式4 中作为参与方 B。

注：此业务模式的变形中不包括平台提供商和相关的平台功能（参与方 B 仅提供应用）。

5. 业务模式5

在业务模式5中，参与方 A 仅负责操作网络，参与方 B 操作平台，参与方 C 操作装置和应用并为应用客户提供各种应用，如图3.10所示。

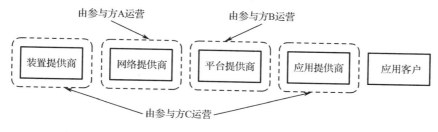

图3.10　业务模式5

总体而言，电信运营商作为参与方 A，其他业务提供商作为参与方 B，垂直集成的业务在业务模式5 中作为参与方 C。

注：此业务模式的变形中不包括平台提供商和相关的平台功能（参与方 B 仅提供应用）。

3.7 物联网平台生态发展策略

3.7.1 产品开发原理

基于开放平台的物联网产品开发框架如图 3.11 所示，基于物联网应用资源池（可自行建立，也可合作托管），用于物联网业务快速部署；通过引入云能力，实现业务能力开放化、互联网化；在演进模式方面，以"平台+核心产品"聚集客户，然后共享客户，推广更多产品；在客户体验方面，以"工作台+电子商务"模式，提供在线体验、试用、订购和开通等一站式服务。

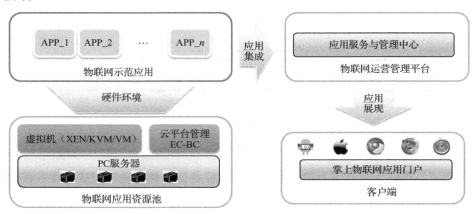

图 3.11　基于开放平台的物联网产品开发框架

3.7.2 产品合作流程

产品合作流程如图 3.12 所示，基于开放平台的标准应用（研发或从第三方引入），选择合适的目标市场进行试推广（如 3 个月），根据市场情况进行应用评估（如 1 个月），再对有市场的应用进行优化和升级（如半个月），最后对更大目标市场进行拓展和发展。每个阶段的产品管理的状态由推广的情况来确定。

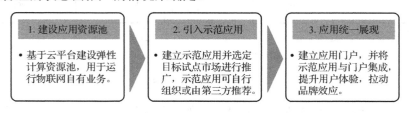

图 3.12　产品合作流程

3.7.3 业务集群化

在物联网平台型产业体系下，联动产业链多个合作伙伴提升服务创新能力，形成系统化、标准化的物联网应用，为借鉴、快速复制成功经验提供支撑和保障，为产品的开发提供业务基础。如图 3.13 所示，基于物联网开放平台，通过汇聚多方力量，形成行业突破和标准化解决方案，为按照行业特性制订营销方案奠定基础。

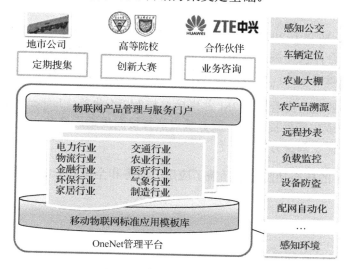

图 3.13　基于物联网开放平台的行业标准化解决方案

基于物联网开放平台的产品管理方案如图 3.14 所示，由于产品对应着具体的企业，因此可根据行业分类，实现对产品提供商的管理，具体如下。

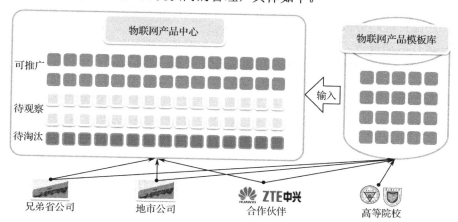

图 3.14　基于物联网开放平台的产品管理方案

产品库的建立：通过定期搜集、行业研讨、合作伙伴业务咨询，以及高校院所创新大赛等实现产品库（含企业信息）建立，并设立可推广、待观察和待淘汰三类进行集中管理。

企业库的建立：组建行业协同创新联盟、联合研发创新中心、物联网技术与应用协

同创新中心等组织或机构，制订企业合作管理办法，形成健全、有效的合作企业进入和
退出机制。

3.8 业界其他开放平台架构方式

3.8.1 Jasper Wireless

Jasper Wireless 成立于 2005 年，是一家美国私有制的虚拟移动运营商，与全球多个国
家的运营商建立了合作伙伴关系。公司早期致力成为世界无线连接的超级聚合者，为设备
生产商提供工具和通信服务，帮助它们在全球市场有效推动无线数据通信设备。

随着越来越多的运营商看好 M2M 并直接参与 M2M 业务，Jasper Wireless "被迫"成
为 M2M SaaS 软件或中间件提供商，服务重点从直接向终端厂商和方案提供商提供服务转
向向运营商提供一揽子解决方案和平台。

Jasper Wireless 的核心功能分别涵盖了应用、服务和全球统一的平台三个方面。

1. 应用方面

- 自动配置：
  ◇ SIM 卡自动瞬间激活；
  ◇ 厂商无须支付测试、安装期间的服务费用，且缩短启用时间；
  ◇ 随时控制设备配置状态（控制中心/API）。
- 分析报告：
  ◇ 提供客户通信成本分析，帮助解决方案提供商优化资费计划和方案；
  ◇ 产品性能趋势报告；
  ◇ 运行活动报告。
- 自动 API：基于 XML 标准的应用集成开发工具。

2. 服务方面

- 设备认证和性能保证：
  ◇ 免费提供认证，缩短设备入网认证时间；
  ◇ 全球一次性认证；
  ◇ 测试设备和网络的兼容性，合作解决相关设备问题。
- 设计和集成服务：
  ◇ 应用和模块配置服务，包括网络性能分析和改进、模块配置（算法）；
  ◇ 客户账号管理、应用集成开发工具，包括 XML Schema、代码、实时沙箱等。
- 客户支持：
  ◇ 个性化支撑服务（随时随地），帮助设备商提供客户服务；
  ◇ 快速解决设备网络端问题。

3. 全球统一的平台

- 全球统一平台：
  - ✧ 全球覆盖 67 个以上国家；
  - ✧ 简化全球实时的复杂度，随时监控和管理每张 SIM 卡；
  - ✧ 统一流程、统一支撑、统一管理。
- 多种网络选择：
  - ✧ GSM 标准；
  - ✧ 多种备选，固定 IP、VPN、SMS 及紧急语音。
- 安全可靠：
  - ✧ 服务范围广；
  - ✧ 企业级安全控制；
  - ✧ 24 小时全天候监控。

Jasper 平台的架构如图 3.15 所示。

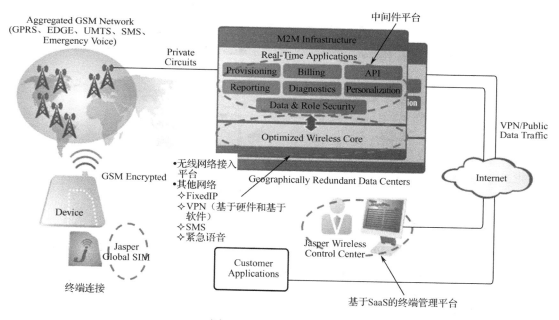

图 3.15　Jasper 平台架构

3.8.2　Verizon nPhase

2009 年 7 月，Verizon Wireless 与高通公司宣布成立一家以 M2M 业务为主要市场的无线通信和智能服务的合资公司，合资公司暂时称为 JV（Joint Venture，意为合资）。同年 8 月，Verizon Wireless 和高通公司将合资公司 JV 命名为 nPhase，这个名字来源于高通公司于 2006 年收购的一家主营 M2M 业务的公司。nPhase 的主营业务包括智能电网、载具监控追踪等商业服务。

2010 年，沃达丰（Vodafone）公司也宣布加入 Verizon Wireless、高通公司与 nPhase 的联盟，共同拓展 M2M 市场。

2011 年，由沃达丰、高通、nPhase 和 Verizon Wireless 共同合作设计开发的新的 M2M 应用程序开发平台 nPhase ONE 面世，平台系统架构如图 3.16 所示。nPhase ONE 填补了这个商业联盟在 M2M 产业链上的缺失环节，硬件设备代工生产商、应用程序开发商与企业客户可以通过这个应用开发平台进行沟通交流，定制更优秀与合适的 M2M 产品。

图 3.16　nPhase ONE 平台系统架构

nPhase ONE 平台具有以下特点。

- 复杂业务简单化：nPhase 通过一个全球服务平台为能源、医疗、运输等要求苛刻的行业用户提供简单、方便的实施方案。
- 统一的用户接口：基于 Verizon 和 Vodafone 的强大网络，通过统一的门户连接终端、后台服务及应用。
- 定制的 M2M 中间件：通过在托管环境中应用定制的中间件，以满足用户 2G、3G、多模、外置 USB、串口、局域网等不同的传输与连接需求。

nPhase ONE 平台功能包括：

- 在 M2M 终端设备中部署客户端，实现对终端状态、性能、配置等的管理。
- nPhase M2M Cloud Platform 为用户提供无线网络服务（Wireless Network Services，WNS）、应用服务（Application Services，AS）、设备性能管理（Device Performance Services，DPS）及专业服务（Professional Services）。
- 通过标准 API 将服务开放给外部的应用开发。

● 该平台实现了对 M2M 设备的自动化管理，能够便捷、低廉地创建定制化的应用，为用户提供新型的产品和服务，挖掘大量的新兴产业。

3.8.3　Baidu Inside

Baidu Inside 是百度公司于 2014 年正式开放的创新智能硬件合作计划。百度将为加入 Baidu Inside 合作计划的创新硬件提供百度技术能力，以及营销、数据等多方面支持。

百度将立足自身平台化及接口化的技术能力，针对纳入合作的创新硬件提供云存储、视频播放与解码、图片识别、智能语音、安全、LBS 等多方面技术能力支持，并根据技术成熟情况对外输出更多的技术服务。Baidu Inside 的核心能力如图 3.17 所示。

图 3.17　Baidu Inside 的核心能力

如图 3.18 所示，Baidu Inside 接口能力包括云存储、媒体云（含视频服务/人脸识别/语音识别）、BAE 引擎、CDN 服务（受限）、社会化分享、云消息、LBS 服务、车联网及百度翻译等，可面向物联网智能语音、智能健康、智能网关、智能车载、智能家电及可穿戴设备等领域提供能力服务。

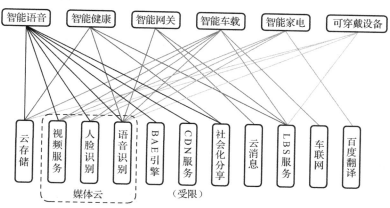

图 3.18　Baidu Inside 的接口能力

各个接口功能描述如下。

（1）百度云存储：即 BCS（Baidu Cloud Storage），提供基于网络的存储服务，旨在利用百度在分布式及网络方面的优势为开发者提供安全、简单、高效的存储服务，支持文本、多媒体、二进制等任何类型的数据，支持签名认证及 ACL 权限设置进行资源访问控制。

（2）媒体云：通过提供一系列 HTTP Restful API 及跨终端平台 SDK，实现包括媒体存储、编码、转码、内容保护、点播、直播、分析、广告，以及人脸检测、人脸识别、语音技术等的诸项功能。

- 媒体云视频服务：提供视频相关的整体方案，目前已经开放的包括各主流平台的播放器 SDK、极速视频云转码等服务；后续视频服务将本着"面向开发者、服务开发者"的目标，不断完善视频相关服务，为广大视频应用开发者提供简单可依赖的视频 PaaS 平台。
- 媒体云人脸识别服务：提供人脸检测、五官检测、人脸属性检测、人脸检索等各种基于面部识别技术的支持。
- 媒体云语音技术服务：通过主流移动平台 SDK 开放百度强大的语音技术能力，开发者可以轻易获取强大的语音技术能力，抛开繁复的技术细节，专注于业务逻辑的优化，快速构建各种语音交互应用，具有诸如场景深度优化、垂直领域识别优化、智能断点与流量优化，以及灵活的定制接口等特点。

（3）百度应用引擎（BAE）：提供多语言、弹性的服务端运行环境，能帮助开发者快速开发并部署应用。

（4）百度社会化分享（Frontia）：分享模块支持分享到新浪微博、腾讯微博、QQ 空间、开心网、人人网、QQ 好友、微信、短信、电子邮件等平台。

（5）百度云消息（BCMS）：为百度云计算平台上的所有应用提供高效、可靠、安全、便捷的消息服务，应用开发者可以使用 BCMS 在其应用的分布式组件上自由地传递数据，并结合百度云计算平台的其他服务，创造出更有特色的精品应用。

（6）LBS 服务：是百度地图针对 LBS 开发者推出的平台级服务，结合已有的地图 API 和 SDK 服务，通过开放服务端存储和计算能力，提供海量位置数据存储、检索、展示一体化解决方案。

- 海量用户数据存储：无须服务器，只需通过 API 接口或可视化数据管理器即可完成海量数据存储。
- 海量用户数据检索：通过本地、周边、矩形检索方法可检索自有数据，且支持自定义字段作为检索条件及 POI（兴趣点）详情检索。
- 地图展示：用户检索数据可同步展示在 PC 和移动设备（Android、iOS）端，而且海量数据可使用麻点图展示。

（7）百度地图车联网 API：是一套适用车载终端应用的开发接口，可以在 C#、C++、Java 等开发的应用程序中使用该服务，通过发起 HTTP 请求方式调用百度地图车联网服务，返回检索后的 JSON 或 XML 数据。

- 发送到汽车：该功能可以实现让用户把百度地图"点"数据，实时发送至车载地图中，为您提供位置指示、路径导航等服务。
- 实时查看爱车周边信息：车联网 API 可以根据用户当前位置及加油站位置，提供最优路径，帮车主节省油耗、时间，直达目的地，真正做到为车主的爱车"加油"。
- 最佳旅游路线查询：百度地图车联网旅游路线 API 可帮助用户出谋划策，获取最丰富全面的旅游路线信息，且每条路线都有游客沉淀下来的心得。
- 智能出行：车联网服务提供道路事件、道路信息、摄像头位置等查询，让车主实时掌握各类交通资讯，方便快捷、实时准确，出行既安全又放心，一路畅行。
- 监控定位：百度地图车联网 API 可以对物流配送、人员定位、快递、出租车、租车等获取位置坐标后提供详细的地址描述，同时也可以根据车辆、人员当前详细的地址将其在地图中展示，从而实时把握车辆、人员的动态，实现基于位置的人车管理，实时影讯上车。
- 天气查询：提供实时全国气象信息，让您在爱车中掌握第一手的气象信息，帮助您规划出行。

（8）百度翻译 API：是百度面向开发者推出的免费翻译服务开放接口，任何第三方应用或网站都可以通过使用百度翻译 API 为用户提供实时、优质的多语言翻译服务，提升产品体验。

第 **4** 章
物联网开放平台架构设计与实现

▌4.1 引言

物联网体系架构作为物联网系统的顶层设计、全局性描述，对学习和形成物联网标准体系具有重要的指导意义。物联网应用广泛，系统规划和设计极易因角度的不同而产生不同的结果，因此急需建立一个具有框架支撑作用的体系架构。本章将根据物联网开放平台需求分析，融合业内对物联网开放平台的设计思路，在此基础上进一步提炼和概括，目标是覆盖并适用于更广阔的物联网应用领域，为开放平台关键技术研究及后期系统建设提供顶层指导，指导各行业物联网应用系统设计，对梳理和形成物联网标准体系具有重要指导意义。

▌4.2 物联网开放平台总体架构

物联网开放平台主要面向物联网领域中的个人/团队开发者、终端设备商、系统集成商、应用提供商、能力提供商、个人/家庭/中小企业用户，提供开放的物联网应用（终端/平台）快速开发、应用部署、能力开放、营销渠道、计费结算、订购使用、运营管理等方面的一整套集成云服务。根据其逻辑关系，我们可将物联网开放平台划分为六大子平台，如图 4.1 所示，分别是设备管理平台（Device Management Platform，DMP）、连接管理平台（Connectivity Management Platform，CMP）、应用使能平台（Application Enablement Platform，AEP）、资源管理平台（Resource Management Platform，RMP）、业务分析平台（Business Analytics Platform，BAP）和应用中心平台（Application Center Platform，ACP）。

1. 设备管理平台（DMP）

DMP 实现对物联网终端的远程监控、设置调整、软件升级、系统升级、故障排查、生命周期管理等功能，同时可实时提供网关和应用状态监控告警反馈，为预先处理故障提供支撑，提高客户服务满意度；开放的 API 调用接口则能帮助客户轻松地进行系统集成和增值功能开发；所有设备的数据可以存储在云端。

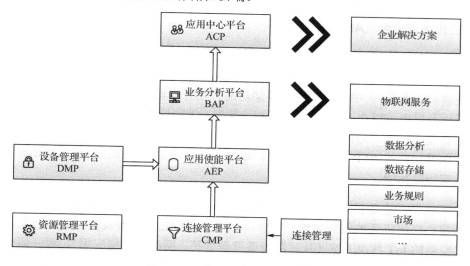

图 4.1　物联网开放平台逻辑架构

DMP 一般集成在整套端到端 M2M 设备管理解决方案中，解决方案提供商联合合作伙伴一起提供通信网关、通信模块、传感器、设备管理云平台、设备连接软件，并开放接口给上层应用开发商，提供端到端的解决方案。像 Bosch 这样对企业业务流程熟悉的厂商，还能将企业业务应用，如 CRM、ERP、MES 集成到 DMP 之上，形成更完整的设备管理解决方案。大部分 DMP 提供商本身也是通信模组、通信设备提供商，如 DiGi、Sierra Wireless、Bosch 等，本身拥有连接设备、通信模组、网关等产品和设备管理平台，因此能帮助企业实现设备管理的整套解决方案。一般 DMP 部署在整套设备管理解决方案中，整体报价收费；也有少量单独提供设备管理云端服务的厂商，每台设备每个月收取一定运营管理费用。

2.　连接管理平台（CMP）

CMP 一般应用于运营商网络上，实现对物联网连接配置和故障管理、保证终端联网通道稳定、网络资源用量管理、连接资费管理、账单管理、套餐变更、号码/IP 地址/Mac 资源管理，更好地帮助移动运营商做好物联网 SIM 的管理工作，运营商客户还可以自主进行 SIM 卡管控、自主查看账单。对于移动运营商来说，M2M 物联网应用的特点有：M2M 连接数大、SIM 卡使用量大、管理工作量大、应用场景复杂、要求灵活的资费套餐、低的 ARPU 值、对成本管理要求高。通过 CMP 能够全面了解物联网终端的通信连接状态、服务开通及套餐订购等情况；能够查询到其拥有的物联网终端的流量使用、余额等情况；能够自助进行部分故障的定位及修复；同时物联网 CMP 能够根据用户的配置，推送相应的告警信息，便于客户能够更加灵活地控制其终端的流量使用、状态变更等。

CMP 与移动运营商网络连接，帮助运营商管理物联网 M2M，CMP 供应商参与运营商物联网移动收入分成。使用移动网络（2G/3G/4G/NB-IoT），更加需要合理地控制流量、多用户时分割账单、动态实时监控使用状态和成本，使得 CMP 与移动运营商合作，CMP 参与运营商的移动收入分成，业务模式简单明确。考虑到跨国大企业与 CMP 对接时，更希望一点接入，全球通用，因此具有全球化的 CMP 在服务大型企业中更加具有竞争力。

3. 应用使能平台（AEP）

AEP 是提供应用开发和统一数据存储两大功能的 PaaS 平台，架构在 CMP 之上。具体来看，AEP 具体功能包括提供成套应用开发工具（大部分能提供图形化开发工具，甚至不需要开发者编写代码）、中间件、数据存储功能、业务逻辑引擎、对接第三方系统 API 等。物联网应用开发者可以在 AEP 上快速开发、部署、管理应用，而无须考虑下层基础设施扩展、数据管理和归集、通信协议、通信安全等问题，可以降低开发成本、大大缩短开发时间。目前世界知名的 AEP 功能逐渐丰富，添加了如终端管理、连接管理、数据分析应用、业务支持应用等功能。

AEP 可以帮助企业极大地节省物联网应用开发时间和费用，同时在上层应用大规模扩张时无须担心底层资源扩展的问题。目前，AEP 主要根据应用开发完成后激活设备数量收费。建立完整的 IoT 解决方案（从底层设备管理系统、网络到上层应用），对任何企业来说都是一个浩大的工程，且需要众多不同领域专业技术人员联合开发，建设周期长、投资回报率（ROI）较低。据 Aeris 测算，开发者使用 AEP 开发应用，可以节省 70%的时间，能使应用更快地推向市场，同时为企业节省雇佣底层架构技术人员的费用。AEP 解决的另一个重大问题是随上层应用灵活扩展问题，即使企业 M2M 管理规模迅猛增加，使用 AEP 也无须担心底层资源跟不上连接设备的扩展速度。

4. 资源管理平台（RMP）

RMP 包含执行环境和运行控制台。根据部署地点不同，执行环境可分为托管式和入驻式两种。托管式执行环境通过云计算资源池提供应用托管及运行环境，并根据应用托管的资源需求，分配虚拟计算、存储和网络资源。入驻式执行环境部署在企业内部，为入驻式企业应用提供业务流程和 Web 门户的运行容器。

运行控制台对云平台的资源池、执行环境，以及运行于执行环境中的应用提供管理、监控、统计分析等服务。

5. 应用中心平台（ACP）

ACP 为物联网产品提供上架、销售、计费、结算、支付、物流、客服等服务，是互联网化的电子营销渠道，支持 B-B-C、C-B-C、C-B-B、B-B、B-C 等多种模式。

ACP 是物联网产品的统一汇聚门户，支持产品现场交互式体验，形成产品远程发布+现场自助体验相结合的发布管理模式，可以加快产品推向市场的进度，降低产品渠道推广的成本，便于加强物联网生态协作和资源共享。

6. 业务分析平台（BAP）

BAP 包含基础大数据分析服务和机器学习两大功能，具体功能如下。

（1）大数据分析服务：平台在集合各类相关数据后，进行分类处理、分析并提供视觉化数据分析结果（图标、仪表盘、数据报告）；通过实时动态分析，监控设备状态并予以预警。

（2）机器学习：通过对历史数据（结构化和非结构化的数据）进行训练生成预测模型，或者客户根据平台提供工具自己开发模型，满足预测性的、认知的或复杂的分析业务逻辑。

未来物联网平台上的机器学习将向人工智能过渡，比如 IBM Watson 拥有 IBM 独特的 DeepQA 系统，结合了神经元系统，模拟人脑思考方式总结出来强大的问答系统，可将帮助企业解决更多商业问题。

目前机器学习收取建模费用和预测费用两项费用。建模期间按照数据分析、模型训练和评估的时间收费，即按照执行这些操作所需的计算小时数收费；建模完成进行计算和预测时，通过数据结果的信息量或者计算需要的内存容量收费。

物联网开放平台架构的一个典型案例如图 4.2 所示。

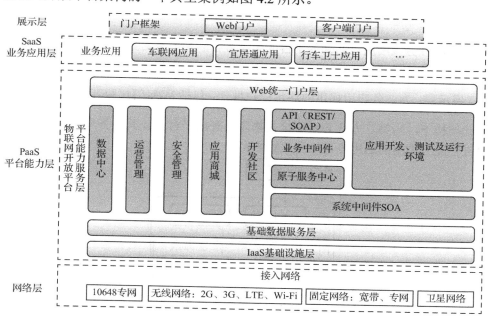

图 4.2　物联网开放平台功能层次模型

（1）网络层：作为物联网设备接入层，可包括 2G、3G、LTE、Wi-Fi 等无线接入网络，固定宽带，卫星网络等。

（2）PaaS 平台能力层：作为物联网开放平台的核心组成部分，可提供应用开发、能力开放、运营管理等功能。按照层次可划分为 IaaS 基础设施层、基础数据服务层、平台能力服务层，以及 Web 统一门户层。

平台能力服务层包括数据中心，应用开发、测试及运行环境，原子服务中心（能力中心），业务中间件，能力开放 API，开发社区，以及安全管理和运营管理等。

① 数据中心：包含数据采集、数据存储、数据分发、数据分析等功能。

② 应用开发、测试及运行环境：主要包括各种开发环境（如业务、门户、终端、APP等）、测试工具及测试管理、各种开发语言环境和知识库。

③ 原子服务中心（能力中心）：主要包括各种基础能力和第三方能力，如数据采集存储和处理能力、计费能力、短彩信能力、位置能力、二维码能力、视频能力，以及终端管理能力等。

④ 业务中间件：主要向业务应用提供业务调研 API 接口。

⑤ 能力开放 API：主要实现从第三方能力平台的能力引入，以及向外部业务平台的能力输出。

⑥ 开发社区：面向开发者提供技术交流、信息发布、测试管理等交流平台。

⑦ 安全管理和运营管理：主要实现账号、权限、系统配置、订购关系管理、产品管理，以及系统运维等功能。

（3）SaaS 业务应用层：为开放平台的第三方物联网业务对象服务，涵盖自有业务应用和第三方业务应用等。

（4）展示层：为业务应用提供的展示门户框架，包括 Web 门户和客户端门户两种形式。

在此架构下，当第三方业务系统接入物联网开放平台时，其业务系统传感终端通过开放平台进行能力调用的通用流程如图 4.3 所示。

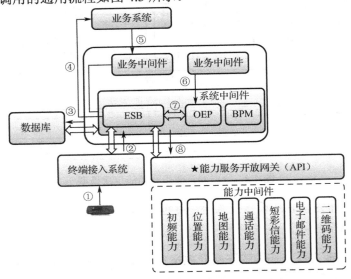

图 4.3　开放平台进行能力调用的通用流程

① 传感器上报数据信息到终端接入系统。

② 终端接入系统完成传感器鉴权、协议转换后，将信息上报到系统中间件的能力集成

总线（ESB）。

③ ESB 根据策略将消息副本发送至数据库保存，用于后续数据分析、服务。

④ ESB 将消息路由到对应的业务系统。

⑤ 业务系统根据上报消息的类型，调用相应的业务中间件。

⑥ 基于系统中间件提供的流程控制、事件处理、脚本解析能力，调用系统中间件中的 BPM 执行预置的业务流程。

⑦ 系统中间件通过 ESB 提供的能力开放接口，申请能力调用。

⑧ ESB 找到相应的能力部件，获取能力服务。

目前，物联网开放平台为业务系统提供的接入模式和应用场景主要包括数据存储和转发、数据透传、数据备份及单纯 RESTful 接入等。

4.3 设备管理平台

设备管理平台（DMP）实现对物联网终端的远程监控、设置调整、软件升级、系统升级、故障排查、生命周期管理等功能，同时可实时提供网关和应用状态监控告警反馈，为预先处理故障提供支撑，提高客户服务满意度。开放的 API 调用接口则能帮助客户轻松地进行系统集成和增值功能开发。所有设备的数据都可以存储在云端，根据接入方式不同，可分为感知外设远程管理和传感网管理。

4.3.1 感知外设远程管理

1．感知外设接入方案

感知外设组网如图 4.4 所示。

组网说明：感知外设与终端连接的方式可分为直连、经 SCP（Sensor Communication Protocol）Hub 中转连接、经传感器适配器中转连接三种方式，外设通过感知终端与运营管理平台进行交互。

2．外设接入控制

外设接入控制流程如图 4.5 所示，外设与终端的关系为附属关系，即外设附属于终端，此附属关系通过终端管理平台进行管理和维护。终端与外设之间的数据采集等逻辑连接的建立由终端管理平台控制。在终端运行过程中（包括终端上电复位，以及有新的外设接入终端时），终端对连接到终端的外设进行身份识别，并将身份信息发送到运营管理平台进行验证，如果通过验证，则建立终端与外设之间的逻辑连接；否则，不建立终端与外设之间的逻辑连接。

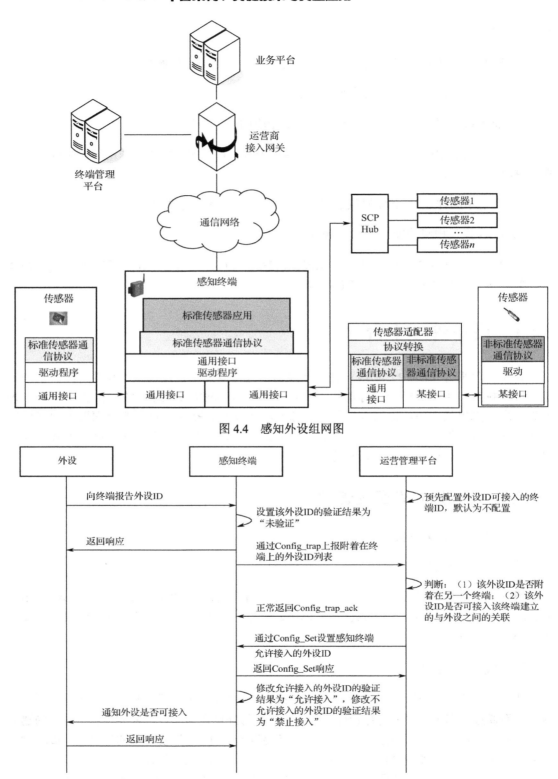

图 4.4　感知外设组网图

图 4.5　外设接入控制流程图

感知终端保存一张外设接入控制表，包括外设 ID 和验证结果（未验证、允许接入、禁止接入）。当外设第一次接入终端时，其验证结果为"未验证"，当该外设 ID 被运营管理平台验证通过后，验证结果修改为"允许接入"；若该外设 ID 被运营管理平台验证失败后，验证结果修改为"禁止接入"，对于"禁止接入"的外设 ID，感知终端将拒绝该外设的接入。

外设接入机制如下。

（1）运营管理平台门户预先配置外设 ID。

（2）感知终端首次登录时，通过 Config_trap 上报与此连接的外设 ID 列表，运营管理平台检查这个外设 ID 列表，对比每个外设 ID 在系统中是否存在属于同一组且未和其他感知终端建立连接关系，为终端上报的合法外设建立外设 ID 和终端序列号之间的连接关系，正常返回 Config_trap_ack（不考虑终端上报的外设列表中是否有非法外设，其他判断处理不变）。

终端登录成功后，运营管理平台根据保存的外设 ID 和终端序列号之间的连接关系，自动通过 Config_Set 设置感知终端允许接入的外设 ID。感知终端收到消息后，修改允许接入的外设 ID 的验证结果为"允许接入"，修改不允许接入的外设 ID 的验证结果为"禁止接入"。

（3）运营管理平台可手工修改可接入终端的外设 ID，修改后，若终端已登录，则自动将变化的外设 ID 发送给终端，终端可及时控制外设的加入；若终端未登录，运营管理平台记录该终端关联的外设信息已改变，待终端下次登录时运营管理平台通过 Config_Set 下发变化外设 ID。若信息未改变，则运营管理平台不主动下发 Config_Set。感知终端收到消息后，修改允许接入的外设 ID 的验证结果为"允许接入"，修改不允许接入的外设 ID 的验证结果为"禁止接入"。

（4）当有新的外设加入终端时（此时外设 ID 在终端中的外设接入控制表中不存在），终端通过 Config_trap 向终端管理平台上报新增外设 ID，运营管理平台判断外设 ID 在系统中是否存在属于同一组且未和其他感知终端建立连接关系，建立外设 ID 和终端序列号之间的连接关系，正常返回 Config_trap_ack，然后通过 Config_Set 下发变化的外设 ID。感知终端收到消息后，修改允许接入的外设 ID 的验证结果为"允许接入"，修改不允许接入的外设 ID 的验证结果为"禁止接入"。

说明：

（1）在设置 Config_Set 参数时，要注意 Tag=0x3108 的使用，其值为 0 表示不可接入，1 表示可接入，默认值为 1。若终端上报的外设 ID 未在系统中配置，运营管理平台则设置其值为 0 并发送给终端。

（2）对于与 SCP Hub 连接的传感器，运营管理平台要判断在 Tag=0x310F 中上报的外设 ID 是否合法，对于非法外设 ID，感知终端拒绝接入。

（3）感知终端和感知外设要按组进行匹配，其关系由运营管理平台进行维护。

感知外设与运营管理平台的接口类型一般包括外设配置请求、外设信息上报、外设信息采集、外设参数配置和外设软件升级等。

4.3.2 传感网管理

1．传感网接入方案

传感网组网如图 4.6 所示。

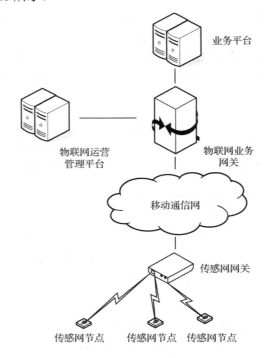

图 4.6 传感网组网图

组网说明：传感网网关处于无线传感网和移动通信网之间，它可以收集传感网节点感知到的数据，并转发到移动通信网；也可以接收来自移动通信网的管理命令，并转发到无线传感网，因此，可以通过传感网网关实现传感网的远程管理。

2．传感网节点接入控制

传感网节点与传感网网关的关系为附属关系，即节点附属于网关，此附属关系通过运营管理平台进行管理和维护。节点与网关之间的逻辑连接的建立由运营管理平台维护，终端管理平台将可接入的传感网节点 ID 列表发送给传感网网关后，由传感网网关对节点的接入进行控制。

传感网节点接入控制流程如图 4.7 所示。

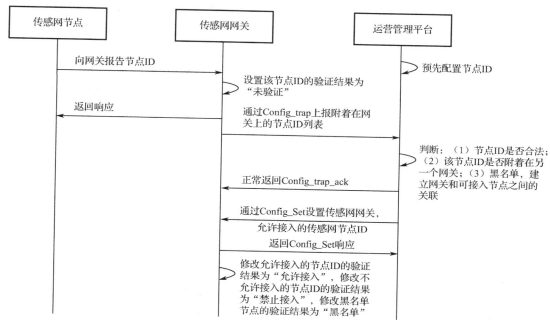

图 4.7　传感网节点接入控制流程图

　　传感网网关保存一张节点接入控制表，包含节点 ID 和验证结果（未验证、允许接入、禁止接入、黑名单）。当节点第一次接入网关时，其验证结果为"未验证"；当该节点 ID 被运营理平台验证通过后，验证结果修改为"允许接入"；若该节点 ID 被运营管理平台验证失败后，验证结果修改为"禁止接入"；若是黑名单，则验证结果修改为"黑名单"。对于"禁止接入"和"黑名单"，网关收到该节点的数据包后，对数据包进行丢弃处理；若是"黑名单"，网关则通知所有节点该节点的黑名单状态。

　　传感网节点接入机制如下。

　　（1）运营管理平台门户预先配置传感网节点 ID。

　　（2）传感网节点首次登录时，通过 Config_trap 上报与此连接的传感网节点 ID 列表，运营管理平台检查这个节点 ID 列表，对比每个节点 ID 是否在系统中存在且未和其他网关建立连接，为网关上报的合法节点建立节点 ID 和传感网网关终端序列号之间的连接关系（若节点已与其他网关建立连接，则认为是不合法的），正常返回 Config_trap_ack（不考虑网关上报的节点列表中是否有非法节点，其他判断处理不变）。

　　节点登录成功后，运营管理平台根据保存的节点 ID 和传感网网关终端序列号之间的连接关系，自动通过 Config_Set 设置传感网网关允许接入的节点 ID。传感网网关收到消息后，修改允许接入的节点 ID 的验证结果为"允许接入"，修改不允许接入的节点 ID 的验证结果为"禁止接入"，修改为黑名单的节点 ID 的验证结果为"黑名单"。

　　（3）运营管理平台可手动修改可接入网关的节点 ID，修改后，若节点已登录，则自动通过 Config_Set 将变化的节点 ID 发送给网关，网关可及时控制节点加入；若节点未登录，运营管理平台记录该网关关联的节点信息已改变，待节点下次登录时运营管理平台通过 Config_Set 下发变化的节点 ID 信息。若信息未改变，则运营管理平台不主动下发 Config_Set。传感网网关收到消息后，修改允许接入的节点 ID 的验证结果为"允许接入"，修改不允许接入的节点 ID 的验证结果为"禁止接入"，修改为黑名单的节点 ID 的验证结果为"黑名单"。

（4）当有新节点加入网关时（此时节点 ID 在网关中的节点接入控制表中不存在），网关通过 Config_trap 向运营管理平台上报新增节点 ID，运营管理平台判断节点 ID 在系统中是否存在属于同一组且未和其他网关建立连接，建立节点 ID 和传感网网关终端序列号之间的连接关系，正常返回 Config_trap_ack，然后通过 Config_Set 下发变化的节点 ID。传感网网关收到消息后，修改允许接入的节点 ID 的验证结果为"允许接入"，修改不允许接入的节点 ID 的验证结果为"禁止接入"，修改为黑名单的节点 ID 的验证结果为"黑名单"。

说明：当设置 Config_Set 参数时（0x3304 和 0x0314 的组合），要注意 Tag=0x0314 的使用，其值为 0 表示不可接入，1 表示可接入，2 表示黑名单，默认值为 1。若网关上报的节点 ID 未在系统中配置，运营管理平台设置其值为 0 并发送给网关。

传感网与运营管理平台的接口类型一般包括终端监测、终端信息上报、终端参数配置、终端软件升级、鉴权管理、安全管理、终端 ID 管理、终端注册、终端登录、终端退出、终端变更映射，以及终端与应用订购管理变更时信息同步、终端管理订购关系变更时信息同步等。

4.4　连接管理平台

连接管理平台（CMP）通过采集核心网元和 BOSS 的信息，实现终端通信状态查询和用户支撑系统信息查询等功能。信息采集来源包括 HLR 等核心网元、BOSS 支撑网元，以及运营商接入网关和终端。HLR 实现对全国配号信息的统一管理，连接管理平台支持终端通信管理的相关管理功能。

4.4.1　终端通信状态查询

连接管理平台需要具有从 HLR 采集终端在网状态和终端位置信息的功能。终端通信状态包括终端在网状态、在线状态、IMEI 及通信故障记录。用户进行终端通信状态查询的方式如下。

- 方式一：用户通过登录到连接管理平台门户的方式（如运营商能提供的话）查询终端当前和历史的通信状态。
- 方式二：业务平台通过能力调用的方式查询终端当前和历史的通信状态。
- 方式三：当终端通信状态发生变更时，连接管理平台通过能力通知接口实时同步给业务平台。

1. 在网状态、在线状态、动态 IP 地址和 IMEI 信息查询

终端在网状态、在线状态、动态 IP 地址及 IMEI 信息查询是指用户可以实时查询和获取终端在网状态、终端位置、GPRS 在线状态、APN、RAT、动态 IP 地址及 IMEI 等信息。

连接管理平台具有 HLR 自动采集策略配置功能，其 HLR 自动采集策略可通过管理平台进行门户配置，包括起始时间、结束时间、采集间隔、采集的具体信息（在网状态或位置信息）。

用户可通过方式一或方式二可获取终端的 Cell ID 位置信息。

备注：

（1）当手动查询在网状态时，连接管理平台可查询终端实时开关机信息。

（2）在批量查询中，由于网络信息同步实时性，以及终端异常关机等因素，查询终端在网状态和位置信息可能存在数小时的时延。

（3）只能查询 PS 域的 IMEI，若终端仅使用短信功能，则无法查询 IMEI。

2. 通信故障记录查询

通信故障记录查询是指用户可以查询由于某些故障导致短信通信失败的故障记录功能。

通信故障记录包括：终端 MSISDN、平台短信端口号、短信发送方向、发送时间、故障产生时间、故障原因、故障发生网元。

可能的故障原因包括：用户欠费停机、用户未签约、用户不可及、用户存储区满、用户不存在、流量限制等。

4.4.2　终端用户支撑系统信息查询

终端用户支撑系统信息查询包括终端用户欠费状态查询、流量及余额信息查询。

（1）终端用户欠费状态查询：用户可以通过登录连接管理平台的方式查询终端用户欠费状态，业务平台也可通过能力调用的方式查询终端用户欠费状态。

（2）流量及余额信息查询：用户可以通过登录连接管理平台的方式查询终端的短信流量、GPRS 流量、语音流量及余额信息，业务平台也可通过能力调用的方式查询终端的短信流量、GPRS 流量、语音流量及余额信息。

4.4.3　通信管理使用鉴权

连接管理平台对终端通信状态查询和终端账务状态查询进行严格鉴权，仅对订购了通

信管理类业务的客户才允许使用终端通信管理功能。

4.4.4 限制终端使用通信业务

业务平台可调用连接管理平台提供的限制终端使用通信业务的能力，用户需要该业务时可通过该能力限制终端使用通信业务。

连接管理平台接收到能力调用请求时，可通过 BOSS 在 HLR 为终端设置 ODB 来禁止该终端的通信业务。

ODB 业务有三种：禁止所有出呼业务、禁止所有入呼业务、禁止所有 PS 业务。

连接管理平台可以根据业务平台的要求，禁止其中部分或全部通信业务，也能够记录限制终端通信业务日志。当业务平台要求取消终端通信业务限制时，连接管理平台能够要求 HLR 取消 ODB，恢复记录日志。

4.4.5 模拟位置更新

当用户诊断终端发生通信故障时，操作员可通过连接管理平台向 HLR 发出模拟 CS/PS 位置信息请求，要求 HLR 清除 VLR/SGSN 中的终端信息，让终端尽快在 HLR 上重新进行位置更新，尽快恢复通信业务。

模拟位置更新消息有以下两种。

（1）模拟 CS 位置更新：连接管理平台通过 HLR 向 VLR 发出 Cancel-location 请求（首先查询终端 VLR 位置信息并保存，修改 VLR 号码为空，再次修改 VLR 号码为原 VLR 号码），然后给终端发送一条空的短信触发终端重新在 HLR 上进行一次位置更新。

（2）模拟 PS 位置更新：连接管理平台通过 HLR 向 SGSN 发出 Cancel-location 请求（修改 SGSN 号码为空），若终端当前已在线，则系统提醒"当前终端已在线，发送该指令可能会导致目前业务中断，请确认是否要进行操作"，操作员确认后才可以操作，否则不允许操作。

4.4.6 向终端发送测试短信

连接管理平台向终端发送测试短信的目的如下。

- 触发终端重新到 HLR 进行 CS 位置更新；
- 检测终端短信业务是否正常；
- 在必要的情况下可以输入特定短信内容激活或者重启终端。

连接管理平台支持向终端发送测试短信，测试短信要求具有短信投递状态回执，连接管理平台显示短信状态报告。短信内容默认情况下为空，若用户需要编辑，则可以编辑短信后发送。

4.4.7　终端通信故障快速诊断

通信故障是指物联网终端基础通信业务运行不正常，表现如下。

（1）上行短信故障：终端发送的短信无法到达短信中心，或者短信中心无法转发该短信到目的业务网关、再由业务网关转发到连接管理平台或业务分析平台。

（2）下行短信故障：业务分析平台或连接管理平台下发的短信无法到达目的终端。

（3）GPRS 故障：指终端和运营管理平台或业务分析平台之间无法进行 GPRS 通信。

连接管理平台具有通信故障定位功能，当终端发生这些通信故障时，连接管理平台通过综合分析相关信息，定位出通信故障的基本原因。

连接管理平台能够显示 GPRS 各个实体环节可能出现问题的比率，包括终端、订购信息、HLR、业务网关、SGSN/GGSN、业务平台等。

4.4.8　终端自动监控规则

连接管理平台可以配置终端自动监控规则，通过终端自动监控规则，连接管理平台可以自动检测终端通信状态，在满足特定条件时根据配置触发告警并采取后续行动。

在权限范围内可以新增、删除、修改、激活/挂起、查询终端自动监控规则，查询终端自动监控规则会引起的终端操作日志。一个终端可被设置多个终端自动监控规则，但各个终端自动监控规则之间不能发生冲突。

满足终端自动监控规则条件时，连接管理平台能够记录告警和后续操作日志，包括时间、具体原因、告警情况、后续行为情况等。

告警恢复时，连接管理平台能够记录告警恢复日志，包括时间、具体原因等。

系统可以查询历史告警、终端行为及当时的触发条件。

4.5　应用使能平台

应用使能平台（AEP）主要面向开发者、应用需求方提供需求沟通、协同开发等功能，包括开发社区、开发环境、测试环境三个模块，如图 4.8 所示。

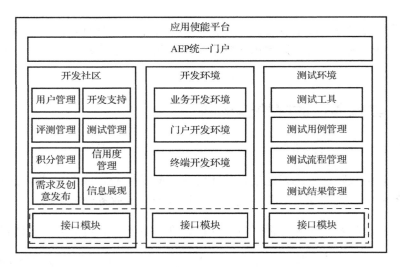

图 4.8　应用使能平台功能框架结构

4.5.1　开发社区

开发者分为个人开发者和企业开发者，开发者应在云平台用户管理中心统一进行定义、验证和管理。

1．开发支持功能

（1）开发管理：定义项目里程碑，对开发生命周期中设计、测试、编码等环节进行过程管理和控制，并能对开发关键环节予以反馈。

（2）社区论坛：开发者可以通过论坛发布需求、业务和技术讨论；也可发布和下载帮助文档和示例教程，通过论坛进行交流，具体如下。

- 发帖与回复：支持置顶、查询等操作。
- 上传、下载文档：开发者上传的业务或技术文档可根据下载量进行积分。
- 在线即时交流：提供用户在线状态显示及实时消息功能。
- 消息通知：留言及邮件、短信消息推送。

（3）协同开发：开发者针对某一具体任务组建开发者团队，团队成员依托开发社区进行协同开发与测试，具体如下。

- 团队管理：组建、修改、审批、解散项目开发团队。
- 任务管理：定义任务的功能需求及项目需求。
- 项目管理：版本控制、开发进度查询、公共信息发布。
- 协同开发支撑：支持团队成员共享资源、即时交流、问题讨论等。

（4）圈子：开发者可根据自己的业务方向、技术方向等设定自己的主题圈子，圈子成员具有在圈子内部进行消息推送、资源共享、留言评论等功能，圈子内的信息具备一定的安全保密范围，支持自定义设置。

- 基本信息管理：圈子组建、权限管理、级别设定、公共资源管理等。
- 消息管理：组内消息发布与推送。

（5）统计报表：统计分析功能，输出业务统计报表。

（6）知识库：建立业务、技术、客服等支持库，支持知识条目化采集、编辑和存储，支持按关键字、按时间、按作者、按类型等组合查询。

2．商品测试管理

操作人员在系统中对已经发布的商品进行测试，以保证上线商品符合商业规则，满足质量要求。商品测试需要从商品可用性、完整性、安全性、政策层面等层面进行。

测试环境提供应用、组件或素材的仿真模拟运行环境，提供端到端业务验证的手段，满足功能测试、性能测试、数据校验、流程测试、计费验证等需求。

3．积分管理

根据开发者贡献的大小，管理员可赠送积分给开发者。积分可用于商品兑换、话费兑换、资源使用等。

- 积分规则定义：可根据业务发展和业务需求灵活地定义积分赠送规则和积分兑换规则。
- 积分兑换：可在开发社区内部、电子渠道等处进行积分兑换。

4．信用度管理

应用开发者、应用提供商和需求发布者在参与开发的过程中，例如参与虚拟团队，或者发布需求或受理需求后建立合作关系，合作方可以互相进行信用度评分。

一个开发社区中的用户信用度，是其历史信用度评分的加权平均。时间越近的信用度评分，其权重也越大。

信用度评分采用 10 分制。

5．需求及创意发布

最终用户可在开发社区进行需求及创意发布，应用提供商通过对需求进行响应，经过双方确认后，可与需求提出方建立合作关系。

开发社区对合作关系进行管理，跟踪需求的完成进度，并按时间计划进行催办。

6．信息展现

信息展现主要对交易中心业务及应用相关的行业信息进行管理，并通过门户进行展现。信息主要包括通信行业最新动态、交易中心业务最新动态、销售信息、开发动态等。

4.5.2　开发环境

1．业务开发环境

业务开发环境可分为在线和离线两种方式。在线开发环境只需要开发者用浏览器登录系统即可进行开发；离线开发环境则需要开发者从开发社区下载并安装开发工具。

（1）业务设计：提供可视化流程编辑，用户可以通过拖曳的方式使用平台提供的功能单元，在图形化编辑工具中构造业务流程。

（2）业务生成：根据业务逻辑编辑模块的业务流程，生成可执行的业务逻辑描述脚本。业务逻辑编辑模块和业务生成引擎构成了一个开放的架构，可集成交易中心发布的素材，调用素材的配置界面，并生成调用素材的脚本代码。

（3）业务仿真：业务仿真模块主要完成业务的仿真测试，当用户或开发人员完成业务逻辑的编写后，可以加载到业务仿真模块进行仿真测试。

（4）业务测试：测试环境连接实际的终端，对业务进行测试。测试环境提供消息跟踪、业务流程控制（如设置断点）、查看业务参数值，以及相关的管理功能。

（5）业务导出：可将业务开发环境中开发好的功能组件、原子服务和业务导出为发布包。

（6）业务模板管理：在 SDE 中，可以将已经编辑好、通用的业务保存为模板；同时提供对模板的修改、删除、查询等功能。在 SDE 中，还可以对模板进行分类。

在业务开发时，可以将所需要的模板导入业务流程设计器，然后修改差异化部分，便可完成一个新的、有差异化的业务开发，这在很大程度地提高了业务的开发效率。

2．门户开发环境

（1）模板管理功能：门户开发环境应提供模板管理功能，门户模板分为页面模板和组件模板。开发者可以将设计的页面或组件另存为模板，供自己以后使用，也可以提交模板用于共享。

开发者提交的模板经管理员审核后，可以在门户开发环境中用于共享，供其他开发者使用。管理员可以创建模板分类，并将开发者提交的模板进行分类管理。

（2）页面开发功能：开发者通过在线门户开发环境进行页面开发，采用所见即所得的方式，拖曳控件、组件到页面中进行页面的排版设计。页面开发的过程包括页面注册、页面管理、页面赋值、页面导入/导出。

（3）栏目管理：栏目管理功能可让门户开发者对栏目进行管理，系统提供树状结构的栏目显示界面，供用户查看、管理、新增、修改栏目结构。栏目树能根据用户选择，过滤显示测试或正式的栏目节点。

新创建的栏目提交后，处于待审核状态，管理员对栏目进行审核，审核通过后即处于开通状态。如果审核不通过，则栏目处于无效状态。

（4）内容管理：内容管理包括内容添加、内容查询、内容审批等功能。

开发者进入内容添加页面，首先从栏目树中选择需要添加内容的栏目，然后输入内容。栏目内容包括文本、图片、视频、音频，除文本可直接在界面录入外，其他内容可通过上传本地文件实现内容添加。内容还可以指定 URL 地址，系统在运行时实时地从该地址获得内容。

内容提交后处于待审核状态，管理员对内容进行测试盒审核，审核通过后内容即处于发布状态，否则内容将被驳回。

管理员和开发者可以对内容进行查询，开发者只能查询自己提交的内容，管理员可查询所有的内容。查询时可输入的查询条件包括内容标题、内容有效期范围、内容关键字、所属栏目。

（5）组件开发：组件是页面上具有相似功能或外观特征的部分，是在页面设计时可重复使用的基本元素。

组件有 WAP 组件、通用组件和 Web 组件三种类型。每种类型的组件又可分为 JSP 开发模式和 Java 开发模式的组件，其中 JSP 开发模式的组件可以进行的操作有查看、修改、复制、删除、属性管理、代码编辑和发布；Java 开发模式的组件能进行的操作有查看、属性编辑和发布。

在线组件开发包括组件新增、组件修改、组件复制、组件查看、组件属性管理、组件代码编辑、组件发布、组件使用、组件删除、组件导出和组件导入等功能。

3．终端开发环境

终端开发环境提供图形化的开发工具，开发者可通过绘制业务流程来描述终端部分的业务逻辑，生成 C 或 Java 代码源文件，然后提交给编译环境，编译环境调用终端厂家提供的编译器进行编译。

4.5.3　测试环境

1．测试工具

提供白盒测试、网络安全扫描、终端仿真、压力测试等测试工具，并提供测试所需的网络环境。

2．测试管理

（1）测试用例管理：测试环境提供测试用例管理功能，一个测试用例包含如下信息。

- 测试用例编号；
- 测试用例名称；
- 测试对象描述信息（包含测试对象的类型，如终端软件、业务软件、素材、能力、模组，测试对象的型号或版本信息，以及测试对象所属厂家）；
- 测试目的；
- 测试所需条件；
- 测试数据的准备说明；
- 测试步骤；
- 预期结果；
- 测试用例的录入者；
- 其他备注说明。

管理人员可对测试用例进行分类管理，类别可自由设置，形成树状结构；管理人员还可以对测试用例执行查询、修改、复制、删除操作。

（2）测试方案管理：测试管理员可以创建测试方案，并在测试项目中添加测试用例，一个测试项目包含如下信息。

- 测试方案编号；
- 测试方案的创建人；
- 测试方案名称；
- 测试方案的目的、背景及其他描述信息；
- 测试方案针对的测试对象；
- 测试方案所需的条件；
- 测试条目。

一个测试方案可以具备多个测试用例，测试方案的创建者可以将测试条目按目录/子目录进行管理。

（3）测试结果管理。测试方案实例化之后成为测试项目，一个测试项目是指采用某个测试方案，针对某一具体的测试对象实施的测试过程。测试人员选择一个测试方案，填写具体的测试对象，然后就可以启动一个测试项目了，测试项目包含如下信息。

- 对应的测试方案；
- 测试时间（测试起止时间）；
- 测试项目名称；
- 测试人员；
- 实际测试对象；

● 被测厂家；
● 所包含的测试用例的实例。

测试用例的实例包含的信息有：对应的测试用例 ID、测试人员、测试结果（通过/部分通过/不通过）、测试情况说明、被测厂家的确认情况。

一个测试项目完成后，由被测厂家确认测试结果。一旦测试结果确认后，该测试项目就被关闭，只能查询，不允许修改。

4.6 应用中心平台

应用中心平台（ACP）主要为开发者、应用提供商、能力提供商、设备厂商等提供功能组件、能力、应用服务、通道资源、托管资源及软/硬件设备等商品的发布、展示、销售、在线支付、业务营销、计费结算和客户服务等服务，其功能结构如图 4.9 所示。

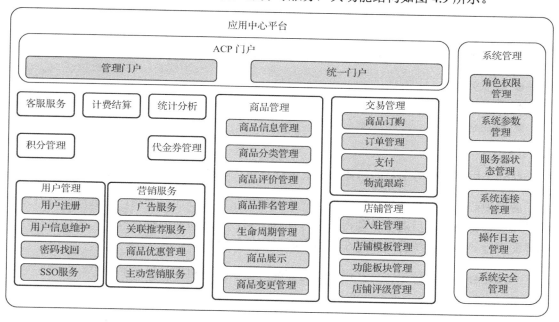

图 4.9　应用中心平台功能结构

4.6.1　商品管理

1．商品信息管理

商品基本信息包括商品名称、商品图片、商品描述、商品关键字、商品价格、商品所属类型、适配机型、关联商品信息（编号）、归属开发商/开发者、是否可使用代金券或积分等信息。

应用商品可以配套终端商品，因此商品信息中还包括其配套的终端信息，包括终端的型号、图片、描述、性能参数、安装说明、价格等。

2. 商品分类管理

系统支持商品进行多级别的分类，支持按商品属性、提供厂家、商品型号等进行分类。管理员可以添加、删除商品分类。

3. 商品评价管理

用户购买商品，成功完成交易后，应用中心显示商品评价页面，允许用户对商品进行评价。商品评价包括打分和用户评论，打分采用 10 分制。

商品打分项项至少包括：

- 商品实际情况是否与店铺描述相符；
- 商品使用体验；
- 商家的服务质量。

对于实物类商品（如终端、传感器等），还应包括如下打分项。

- 商品外观；
- 商品质量；
- 商品包装；
- 物流速度。

此外，用户还可对交易的总体满意度进行评价，包括好、中、差三种选项。

应用中心存储用户的评分，并根据评价时间的早晚进行加权平均，得到商品各打分项的单项综合得分；然后对各单项得分进行加权平均，得到商品的综合得分，用户可以在商品界面进行显示。系统管理员可在应用中心设置加权权重。

系统也存储用户评论，并在用户浏览商品时提供查询和显示。

4. 商品排名管理

支持按上线时间、价格、销售数量、评价进行排名。

5. 商品生命周期管理

商品状态包括待审批上线、已上线、已上架、已下架、已下线等状态。系统支持状态流转控制操作，支持管理员审批流程。

- 上线：应用商店管理员对申请上线的商品进行审批，审批通过后进行上线处理，正式发布后进入可销售状态。
- 下线：商品提供者可申请下线商品，经管理员审批后，下线商品信息归档。对有质量问题、法律问题或重大投诉的商品，管理员可直接下线，并通知商品提供者进行处理。

- 上架：商品提供者对可销售商品进行商品展示，用户可在门户看到商品信息，可在商品展示门户上直接进行购买。
- 下架：商品提供者从商品展示门户上删除该商品，用户无法搜索到，在商品展示门户上无法购买。

6. 商品展示

- 商品分类显示：支持自定义模板方式展示商品基本信息、评论等。
- 商品查询：支持按商品名、名称、规格、型号等组合查询，支持模糊搜索和二次查询，支持按名称、上线时间、销量、价格、商家对搜索结果排序。
- 商品对比：支持按商品属性、型号、价格进行比对。

7. 商品变更管理

- 商品变更管理包括信息变更、商品升级（包括添加插件包）、商品下线申请。
- 商品基本信息变更包含商品说明、Logo 及价格等变更，价格变更指开发者对已经在交易中心销售的商品进行价格调整申请。
- 商品升级指对开发者已经发布过商品的升级管理，包括上传插件包或者替换整个商品。
- 商品下线申请指开发者对已经在应用中心销售的商品进行下线处理的申请。

4.6.2 店铺管理

1. 入驻管理

商品提供方在应用中心申请店铺，并在自己的店铺中发布商品并进行销售。应用中心的店铺的管理包括：

（1）店铺申请：商家提交店铺申请，填写店铺名称、商品范围等信息。

（2）店铺审批：由店铺管理员对商家提交的申请进行审批。

（3）商家档案管理：对商家档案信息提供创建、查询、变更、删除功能。商家档案信息包括公司名称、联系人姓名、电话号码、详细地址、销售商品、期望入驻时间、公司营业执照、法人代表、开户行名称、开户行账户，以及合同规定的经营范围、服务协议和结算规则等。

2. 店铺模板管理

商铺模板是指商铺页面的布局方式，即设置不同功能板块的摆放位置和区域。应用中心提供商铺模板管理功能，包括模板的创建、发布、查询、修改、删除操作。在模板创建过程中，系统管理员可在功能板块列表中选择功能板块，并拖曳在商铺模板中。系统管理员可以定义多种商铺模板，这些商铺模板可提供给租用店铺的商家进行选用。

3．功能板块管理

应用中心应提供便捷的功能板块管理功能，可通过页面增加、删除功能板块。

4．店铺评级管理

应用中心支持商铺评级，参与评级的因素如下。

（1）所销售商品的评分：系统对店铺所销售商品的评分计算平均分。

（2）用户对商家的投诉：系统根据用户对商家投诉的数量，以及商家处理投诉的满意程度进行评分。

（3）店铺的销售量及销售额：系统按销量和销售额对所有店铺进行排序，然后根据各店铺与最大销量及最大销售额的比例进行评分。

系统管理员可对以上评分设置不同的加权值，计算出综合得分，根据综合得分给出店铺的评级。

4.6.3　营销服务

应用中心为商家提供营销支持，包括以下功能。

（1）广告管理：支持图片、视频、音频等多种形式的广告和广告投放，支持广告位管理。广告位可以是固定的，也可以是滚动的。滚动广告位可设置广告数量，系统对购买该广告位的广告进行滚动显示。应用中心以不同的价格进行广告位招租，如果商家租用的广告位到期，应用中心将自动释放该广告位，并重新进行招租。

（2）关联推荐功能：系统对用户购买商品的行为进行关联分析，并对关联度进行排序。当用户购买某一个商品后，系统自动推荐与该商品关联度最大的几个商品。

（3）商品优惠管理：支持打折、组合销售、礼券、积分等多种优惠方式。

（4）主动营销服务：支持商品关联推荐、商品置顶推荐，支持短信、邮件等消息投放。

4.6.4　交易管理

1．商品订购

应用中心按照商品类型提供以下几种订购方式。

（1）功能组件类商品：应用提供者通过应用中心在线支付以后购买功能组件商品，应用中心将订购关系同步到运行中心；对于功能组件订购，支付方式可以是一次买断、包月付费，也可以是按访问次数计费。

（2）能力类商品：应用提供者通过交易中心在线支付以后购买能力商品，交易中心将订购关系同步到运行中心；对于能力订购，支付方式可以是包月付费，也可以是按访问次数计费。系统支持预付费和后付费两种付费方式。

（3）应用类商品：对于应用类商品，系统支持预付费和后付费两种方式，应用中心将订购关系同步到运行中心。

对于利用运营商渠道进行推广销售的产品，订购关系还需要由应用中心同步给 BOSS。这类应用由 BOSS 向应用中心同步订购关系变更信息（欠费、暂停、取消订购关系），再由应用中心同步到运行中心。

（4）设备类商品：用户通过应用商店在线支付，一次性付款购买设备类商品。

（5）托管资源类商品：对于托管资源类商品，系统支持预付费和后付费两种方式。

应用中心同步订单到运行中心，运行中心的资源管理员根据订单需求，负责分配相关资源，并反馈资源访问方式。购买资源的应用提供商可通过应用商店的订单信息，查看运行中心反馈的资源访问说明。

（6）通道类产品。企业用户和个人用户可以通过应用商店订购通道类产品，应用商店将订购关系同步到 BOSS，由 BOSS 负责计费。

2．订单管理

系统提供订单查询、变更、取消功能。用户、商家或系统管理员，均可进行订单查询，其中，用户、商家只能查询与自己相关订单。查询条件包括：

- 订单编号；
- 商品类型；
- 用户账号（如果是用户查询，则不显示该查询条件）；
- 商品编号或名称；
- 交易日期（可输入查询范围）。

查询结果以列表方式展现，单击列表项可查看订单详情，至少包括订单编号、交易时间、店铺、商品、成交价格、物流情况、交易结果、用户评价。

3．支付

应用中心的商品可以设置为在线支付和线下支付两种方式。

对于在线支付，应用商店交易中心应对接银行支付网关，以及第三方支付平台（如支付宝），提供在线支付功能。

对于由第三方推广销售的商品，支持由第三方代收费的方式。

4．物流跟踪

应用中心支持实体终端的销售，因此需要提供物流跟踪功能。应用商店交易中心通过对接物流公司的平台，获得物流过程信息，并为用户提供按订单查询物流过程的功能。

系统支持预置或自定义对物流流程关键点的同步、跟踪及自定义告警事件。系统定时到物流公司系统查询订单的物流状态，对于关键点发生事件，根据其事件内容及延迟等级进行页面、邮件、短信告警或者人工干预。

4.6.5　积分管理

应用中心对物联网云平台的各类用户积分进行统一管理，包括积分规则、积分交易及查询积分等功能。

（1）积分规则。应用中心对各类活动的积分规则进行配置，产生积分的活动如下。

- 商品发布：成功发布商品后，系统给予商品发布者一定的积分。
- 商品订购：商家可以设置自己的商品是否参与积分奖励，对于参与积分奖励的商品，商家可设置交易成功后奖励的积分数量；用户订购了参与积分奖励的商品，在成功完成交易后，系统按照设置的奖励积分数量给予用户积分奖励。
- 商品评价：用户完成交易后，对商品进行评价，系统给予用户一定的奖励。
- 用户投诉：系统根据用户对商品发布者所发布商品的投诉，给予一定的积分。

（2）积分交易。支持用户在应用中心内用积分兑换商品，或积分交易。管理员可设置各类活动的积分赠予数量，以及积分赠予方。积分赠予方可以是商家，也可以是平台运营商。如果积分赠予方为商家，则按商家赠予的总积分数与商家进行结算，由商家支付与积分相应的费用。

积分交易规则如下。

- 积分赠予：用户可以将自己的积分赠予其他用户，系统可根据配置的比例收取手续费；用户发布求助请求时，可以设置赠予积分，其他用户响应求助请求，在获得求助方确认后，可自动获得求助发布方赠予的积分。
- 积分消费：积分可作为代金券使用，开发者、应用提供者、用户可自愿使用积分作为支付商品订购费用的代金券，积分与货币的兑换比例由系统管理员设置。

（3）积分查询。系统支持管理员和用户对积分与积分交易记录进行查询，用户可以删除自己的积分交易记录。

4.6.6　代金券管理

代金券是由应用中心和商家发放的有价证券，持券人可以在商品订购时冲抵等额现金，代金券管理包括编制、发放、使用核销、作废。

（1）代金券编制、发放：代金券的模板要素如下。

- 代金券数量：代金券的整体数量设置。
- 金额：代金券的面额。
- 使用规则：代金券的使用规则，如消费满 XX 额可以使用 X 金额，是否能分期使用等。
- 有效期：代金券的使用期限。
- 有效范围：代金券的使用范围，是否有商户、全交易中心、部分商品等有效的限制。

代金券发放功能要求：商家和平台运营商都可以发行代金券，商家也可以自行发行代金券，但其有效范围只限于商家自己的商铺。

（2）代金券使用核销：代金券在订单支付时或者购买商品时使用，并由系统在发放记录或者代金券清单中进行核实，然后进行核销。

使用时，用户可以在自己账号下的代金券列表中勾选代金券，需要判定是否可以使用该代金券。使用代金券后，退换货或者消费者取消订购或者换购流程，代金券不退回给消费者，也不折价退回。

（3）代金券作废：对于商家自行发放的代金券，则在有效期到期后自行作废。应用中心按照发放记录，核减消费者代金券并且可提示用户知晓。作废代金券需要在促销活动成本核算中扣减。

（4）代金券的查询、统计：提供按要素查询、统计代金券，要素包括金额、发放时间、过期时间、有效范围、已发放数量、金额等。

（5）代金券对其他功能域要求。

- 代金券显示：会员登录后，在会员中心能查询和显示所有的代金券、类型、有效期、使用历史等信息。
- 结算：代金券若涉及与商户的结算时，需要结算模块的支持。
- 商品管理：商品模板中需要有能够配置是否使用代金券的选项。
- 订单：订单管理模块需要支持根据代金券的规则核减相应金额的功能。

4.6.7　客服服务

客服人员可以通过即时通信工具、电话语音、邮箱等为用户提供在线交流服务；同时还可提供基于 Web 页面的交互工具，用户与客服人员可以进行文字交谈，可以粘贴图片和传送文件。

系统通过外包座席的方式支持语音客服，系统为投诉工单的流转提供支持，包括投诉受理、投诉追踪、投诉反馈。

4.6.8　计费结算

应用中心应支持通过互联网模式销售的商品，采用线上支付的方式（包括第三方支付平台，如支付宝或银行支付网关），交易中心按照一定比例从交易金额中扣除服务费。应用中心应提供各类结算账单，供交易中心同各类用户进行结算。

4.6.9　统计分析

应用中心提供统计报表功能，至少包括如下内容。

- 支持按天/按月/按时间段输出交易中心所有商品的销售报表，报表最小粒度到天；报表可根据商品编码、上线时间、下载量、评价分、交易总额等条件排序输出。
- 支持按商品类型/商家/开发商/开发者/销售渠道输出商品的销售报表，报表可根据商品编码、上线时间、下载量、交易总额、评价分等条件排序输出。
- 商品及店铺访问量统计，支持按接入应用中心的方式（如 WAP、Web、客户端）、商品及商品类型、店铺等条件输出访问量统计报表。
- 支持按支付方式输出商品的销售报表，报表可根据商品编码、上线时间、下载量、交易总额、评价分等条件排序输出。
- 支持按接入应用中心的方式输出商品的销售报表（如 WAP、Web、客户端），报表可根据商品编码、上线时间、下载量、交易总额、评价分等条件排序输出。
- 支持按商品价格区间输出商品的销售报表，报表可根据商品编码、上线时间、下载量、交易总额、评价分等条件排序输出。
- 支持按商品对应的结算商品类别输出商品的销售报表，报表可根据商品编码、上架时间、购买量、交易总额、评价分等条件排序输出。
- 支持商品订购热度统计，报表可根据商品编码、上架时间、购买量、交易总额、评价分等条件排序输出。
- 支持柱状、饼状等图形化报表格式输出。

以上报表的查看，应支持分权分域功能，系统管理员可设置不同角色查看报表的权限；

商家只能查看与自己相关的报表。

4.7 资源管理平台

资源管理平台（RMP）的目的是为了提供一个安全、可靠、稳定、高性能的业务执行环境，其功能结构如图 4.10 所示，RMP 主要由执行环境、运行控制台和接口适配层组成。

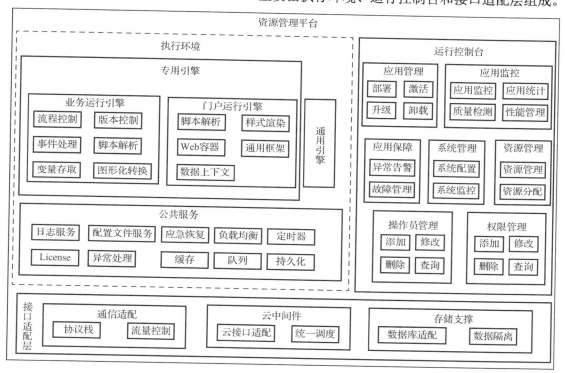

图 4.10 资源管理平台功能结构

4.7.1 执行环境

执行环境包括专用引擎、通用引擎及公共服务。

专用引擎是物联网云平台所生成的应用的运行环境，包括业务运行引擎和门户运行引擎；通用引擎是为基于第三方开发工具生成的应用提供的运行环境。

1. 专用引擎

（1）业务运行引擎。业务运行引擎用于运行开发环境生成的业务逻辑，可按照脚本的设置调用能力组件、能力的接口，包括流程控制、版本控制、事件处理、脚本解析、变量存取、图形化转换等功能。

在开发工具上按照一定的业务逻辑组合 SIB（功能组件、能力）形成新的业务，然后将业务发布并部署在逻辑运行中心上。业务被触发的方法有多种，如被调用触发、定时触发、按调度策略触发。业务被触发后，引擎将执行该业务并完成事先设定的功能，如完成短信或彩信的发送。

通过业务管理模块，管理员或授权用户可对业务进行加载、卸载、激活、去激活；配置业务的参数，查看业务的执行状态、输出日志；跟踪业务的执行流程，设置跟踪条件和断点，查看业务数据的运行时取值；接收业务流程上报的异常告警。

（2）门户运行引擎。门户运行引擎用于运行开发环境生成的管理门户，引擎功能包括基本功能和 Web 容器。

① 基本功能：包括 HTML、XML 等脚本语言的解析、执行，DOM、CSS 等样式的渲染，以及对 Struts2、Spring、Hibernate 等通用 Web 框架的支持。

② Web 容器：需要支持 Tomcat、JBoss、Weblogic 等主流 Web 容器。

2．基础引擎

基础引擎用于基于第三方开发工具生成的应用的运行，提供 Tomcat、JBoss、Weblogic 等应用服务引擎。

3．公共服务

公共服务主要有日志服务、配置文件服务、应急恢复、负载均衡、定时器、License、异常处理、缓存、队列、持久化等。

4.7.2　接口适配层

（1）云中间件：针对不同云解决方案，云中间件为上层应用提供统一的适配接口，实现对底层 IaaS 资源的统一呈现、分配、调度、管理，屏蔽底层 IaaS 的差异，降低上层应用云化的门槛。现有支持中国移动的大云、VMWare 等不同品牌的虚拟化平台。

（2）通信适配：提供 WMMP-A、WMMP-T、HTTP、TCP 协议栈，并可对消息并发数、吞吐量进行限定。

（3）存储支撑：提供数据库适配、数据隔离、事务保障等功能。

4.7.3　运行控制台

运行控制台负责虚拟资源的管理，提供创建、迁移、删除虚拟机，以及分配存储资源、网络资源等操作管理；支持虚拟机的实时监控，对虚拟机的 CPU 占用情况、内存占用情况及网络占用情况，提供实时的监控数据，并支持图形化展现。

对于应用执行容器中托管的应用，运行控制台负责应用的上线、启动、暂停、终止和下线操作；可监控应用的运行情况，监控应用的运行轨迹和运行质量，并可以进行统计分析和异常告警；可以根据业务 License、主机 CPU、内存等信息，综合制定自动迁移、扩容策略。

4.7.4　服务模式

RMP 提供托管、入驻两种模式，托管模式是指面向物联网应用开发者提供从业务开发、应用部署、托管运行，到统一管理、交易中心的端到端打通的、简单易用的业务创新环境，并将业务以租赁方式提供给最终用户，其架构示意图如图 4.11 所示。

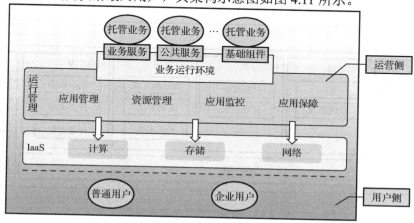

图 4.11　托管模式架构

入驻模式是指 IaaS 资源部署在企业内部，应用的运行环境部署到企业内部的 IaaS 资源上，运行管理模块独立部署到运营商侧，对各企业内部的运行环境进行统一管理、监控，应用调用功能组件时，入驻式 SEE 通过控制中心查询订购关系，如果与控制中心之间无法通信，则终止应用运行，其架构示意如图 4.12 所示。

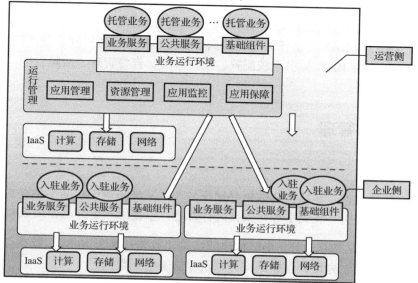

图 4.12　入驻模式架构

4.8 业务分析平台

业务分析平台（BAP）给物联网未来发展带来很大的想象空间。简单来说，一个 BAP 需首先做好用户的数据定义、装入、存储、更新、查询、分析、挖掘、备份和恢复；同时还要提供对 NoSQL 数据存储系统的服务状态、性能、故障、日志、数据实施监控和统计的功能。下面将对该部分内容进行说明，该部分内容将为未来大数据分析服务和机器学习奠定基础。

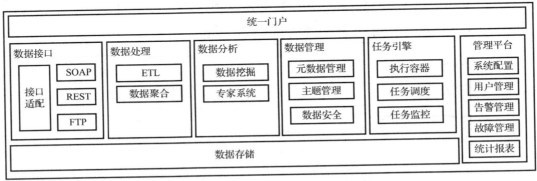

图 4.13 业务分析平台功能结构

业务分析平台包括数据管理、数据处理、数据分析、任务引擎和管理平台，各功能模块说明如下。

- 数据管理：为 BAP 提供数据安全、元数据管理及主题管理等相关服务。
- 数据处理：为 BAP 提供数据的 ETL（Extraction-Transformation-Loading，提取、加载、转换）、聚合等处理服务。
- 数据分析：为 BAP 提供数据挖掘、专家系统等服务。
- 任务引擎：为 BAP 提供任务流程的执行容器、相关任务管理、任务监控等功能。
- 管理平台：为 BAP 提供系统配置、用户管理、告警管理、故障管理、报表统计等服务。

4.8.1 数据管理

1．元数据管理

（1）非结构化数据：非结构化数据存储在分布式文件系统中，除了全路径外，还需要对数据的逻辑名、说明、关键字等元数据进行管理，以便用户更好地使用数据。

（2）半结构化、结构化数据：半结构化或结构化数据存储在 NoSQL 数据存储系统和关系型数据库中，需要事先设计存储结构，以及存储表的元数据。

2．数据安全

（1）数据隔离：BAP 支持多应用系统数据接入服务，非授权用户不能连接到系统。不同应用系统用户间的数据从存储系统中进行隔离，并提供多副本数据备份机制，保障数据安全。

（2）权限管理：BAP 的用户可以针对存储资源目录设置权限，权限可分为共享和私有，设置为共享权限的资源可以被其他人检索订购。

（3）版权控制：BAP 提供了数据订购服务，被订购的数据会被复制到单独的隔离区域，只能在信息中心内部使用，无法下载或被订购。

3．主题管理

BAP 提供的主题管理功能可以根据应用系统的特定行业进行主题划分，每个主题下包含特殊行业的数据处理算法，同一主题下的应用系统可以得到主题内推荐数据和算法。

4．数据源管理

当应用系统用户选择在信息中心存储数据时，可以通过勾选接入方式，自动建立数据连接，并存储在用户指定的位置。

4.8.2 数据处理

1．流计算

BAP 支持流数据的实时处理，用户可以在数据接入 BAP 同时，设计数据处理流程，实时进行数据 ETL。在线数据 ETL 功能包含：

- ETL 任务流程开发；
- ETL 实时处理组件；
- ETL 实时处理组件版本管理；
- 流程编辑器。

2．数据 ETL

BAP 可以对非结构化数据进行抽取、转换、加载处理，将非结构化数据转化成半结构化或结构化数据。用户通过页面上简单的配置操作，即可生成数据 ETL 任务。通过执行任务，BAP 可以自动完成海量数据的 ETL 过程。数据 ETL 功能包含：

- ETL 任务流程开发；
- ETL 批处理组件；
- ETL 批处理组件版本管理；
- 流程编辑器。

3．数据融合

BAP 的数据处理能力具备对不同存储路径或存储方案中数据的关联分析功能，用户需要对不同的数据存储路径或存储方式进行元数据描述。用户在页面中配置元数据并进行关联关系，在完成数据处理任务后，系统自动完成数据融合工作。数据融合功能包含：

- 分布式文件系统配置组件；
- NoSQL 存储系统配置组件；
- 关系型数据库配置组件。

4.8.3 数据分析

1．数据挖掘

信息中心支持海量数据的数据挖掘功能，可利用分布式存储系统和并行化计算模型，对海量数据进行数据挖掘操作。信息中心支持用户上传数据挖掘算法，并提供测试环境。用户可以设置数据挖掘算法权限，生成算法商品。功能要求：

- 数据理解；
- 数据准备；
- 数据挖掘流程设计；
- 数据挖掘算法上传管理；
- 数据挖掘算法测试环境；
- 数据挖掘算法权限管理。

2．专家系统

信息中心专家系统支持根据不同行业内特定处理逻辑生成的专家系统算法，对海量数据进行智能分析，利用人类专家的知识和解决问题的方法来处理该领域问题。专家系统功能要求：

- 知识库管理；
- 专家系统算法上传；
- 专家系统算法测试；
- 专家系统算法权限管理。

3．数据可视化

信息中心具备丰富的可视化展现能力，在信息中心中生成的图表可以通过 URL 直接应用到应用系统中使用。信息中心利用多维数据库进行数据管理，提供多维数据展现。

- 海量数据导入；
- 数据建模；

● 数据展示方式选择；
● 数据图表引用权限设置。

4.8.4 任务引擎

1. 任务管理

信息中心任务管理包含任务的增加、删除、修改和任务调度功能，信息中心对数据处理或数据分析任务的调度分为两种。

● 按照调度计划定时执行；
● 手动即时执行。

2. 任务监控

任务的执行是一个长时间的过程，因此不能即时将结果反馈给用户，但是应该将流程的执行状态告知用户，使用户可以根据状态决定下一步动作。功能要求：

● 需要记录任务每一次执行的结果；
● 任务的状态可以分为正在执行和等待执行两种；
● 任务实例的状态需要细分，如正在启动、正在执行、正在结束、已完成、异常终止、手动终止等。

3. 执行引擎

创建数据处理任务后，即可执行数据处理流程。功能要求：

● 数据处理任务展示为一个个实例；
● 任务实例在执行过程中，应该及时向用户提供流程的执行状态；
● 可以在任务执行过程中终止任务的执行。

第5章
物联网开放平台开源软件研究

▎5.1 引言

物联网开放平台通过整合能力提供商、应用提供商、内容提供商、系统集成商、终端设备商、个人/团队开发者等各方资源，开放各类服务能力（如通信、定位、计费结算、信息聚合、能力调用、运营管理），吸引物联网应用开发者，实现应用的快速开发和部署，更好地满足用户个性化、定制化业务需求，实现对物联网碎片化市场的覆盖。

根据前面（第4章）提到的关于物联网开放平台功能层次模型，位于核心位置的系统中间件采用了 SOA 的设计思想。SOA 将不同的应用程序和不同的功能单元称为服务，采用松耦合的面向服务的方式，定义服务之间的中立接口，独立于硬件平台、操作系统和编程语言，使得系统中的不同服务可以使用一种统一的方式进行交互。同时，也能把企业的商业流程和技术实现流程联系起来，从业务操作的角度去考虑技术实现流程。

在这种体系中，要确保服务进行必要的封装，通过预定义的接口发布调用需求，对服务的消费者和提供者进行统一管理，同时也要根据用户的具体需求，对业务流程和复杂事件进行统一管理，设置必要的 QoS 管理、消息调度优先级和收发策略。这些都对开源软件的使用提出了具体的要求。

通过调研分析，在物联网开放平台中需要用到的开源软件主要包括：企业服务总线（ESB）、复杂事件处理（CEP）、业务流程管理（BPM）、消息队列（MQ）四个部分。

企业服务总线（ESB）提供网络中最基本的连接中枢，是构筑企业神经系统的必要元素，它消除了不同应用之间的技术差异，实现不同服务之间的通信与整合；它支持基于内容的路由和过滤，具备复杂数据的传输能力，并可提供一系列标准接口。

复杂事件处理（CEP）是一种新兴的基于事件流的处理技术，它将系统数据看作不同类型的事件，通过分析事件间的关系，建立不同的事件关系序列库，利用过滤、关联、聚合等技术，最终由简单事件产生高级事件或商业流程。

业务流程管理（BPM）是通过对企业运营的业务流程梳理、改造、监控、优化来获得利益的最大化的。BPM 开源软件就是针对这种管理方式而产生的，是为帮助企业实现业务流程管理而设计的一种 IT 工具。

消息队列（MQ）提供了进程之间或进程内不同线程之间的通信支持。消息队列软件的每一个存储列中包含了详细信息，如发生的时间、输入装置的种类、特定输入参数等。消息的发送者和接收者不需要同时与消息队列交互，消息会保存在队列中，直到接收者取回它。

本章将对上述四类开源软件进行逐一阐述。

5.2 开源软件概述

5.2.1 开源的概念

开源软件（Open Source Software）定义为其源代码可以被公众使用的软件，并且此软件的使用、修改和分发也不受普通商用软件许可证的限制，而是遵循专门的开源软件许可证的权利要求。

开源软件与免费软件、自由软件有相似之处，也存在区别。

（1）开源软件在软件发行时，会附上软件的源代码，并授权允许用户自由使用该软件，可进行复制、修改、再发布等工作。开源软件不抵制商业收费，不一定全部都是免费的。开源的目的之一主要是通过更多人的参与来完善软件。

（2）免费软件是免费提供给用户使用的软件。通常在免费的同时，会有其他限制，如源代码不一定会公开，使用者没有复制、研究、修改、再发布的权利。

（3）自由软件体现的是倡导软件这种知识产品应该免费共享的社会运动，强调用户拥有如何使用软件的自由，包括自由地使用和学习，自由地分发和复制，自由地修改和再发行软件。自由软件是开源软件的一个子集，其定义比开源软件更为严格，体现了一种在道德精神层面维护用户使用软件自由的思想。在不刻意追究微小差异的情况下，可以认为开源软件和自由软件是两个等价的概念。

开源软件的核心是开放软件的源代码，但判断一个软件是否为开源软件，不仅要看它的源代码是否公开，还要看它在提供时所附带的许可证，也就是使用这些源代码的条款和条件。

5.2.2 开源许可证

所有的开源软件在发布时都会附带一个许可证协议，这是一种契约和授权方式，是用户合法使用软件作品的一个凭证。协议中规定了许可人和被许可人的权利与义务，通常包括以下内容：

- 许可授予的对象；
- 可使用软件的设备及地点；
- 能够使用软件的范围（如能否继承许可等）；
- 是否提供源代码或目标代码；
- 许可是独占的还是非独占的；
- 被许可方能否转让许可证；
- 许可的期限（可能是一段固定或不固定的期间，通常还应注明因被许可方出现某些违约行为或者被许可方破产而终止许可）；
- 保密条款；
- 免责条款（通常是许可方加入的条款，用来免除或限制其对被许可方可能产生的责任）。

开源软件许可证是由开放源代码首创行动组织（OSIA）批准的软件许可证，目前，被 OSIA 批准的开源许可证已有 60 余种，并且还在不断更新，常见的包括 GPL、LGPL、APL、MPL、BSD 等。

5.2.3　开源软件与商业软件的对比

开源软件与普通商业软件的区别主要在于所许可的权利内容不同，以及许可证的使用模式不同。两者的对比情况如表 5.1 所示。

表 5.1　开源软件与普通商业软件的对比

	开源软件	商业软件
提供者是否享有版权	享有	享有
是否提供源代码	保证提供	不一定
复制和传播发行权	向公众开放	权利人保留
修改和衍生权	向公众开放	权利人保留
收取许可费	一般不收取	一般要收取

商业软件一般采用许可（License）的方式销售其产品。但在实际使用中，一些大型公司由于业务的增长，服务器会变得越来越多，购买大量 License 将成为一笔不小的开支，因此通常会选择开源软件完成开发工作。同时，任何软件都存在这样或那样的 Bug，普通商业软件存在版本升级周期不确定、无法做出具体承诺等问题，而开源软件可以由开发团队直接修改其源代码，通过重新编译来修复错误。

开源软件的主要意义在于让软件这种人类智慧的载体得到更大范围的使用，它允许使用者在原有的基础上，根据自己的需要对软件进行定制化开发和改进，既充分复用已有的开发成果，避免重复劳动，又能加入新的理念，进行二次创新。开源软件的使用成本较低，能够让更多的人参与进来，从而及时发现和修补软件中存在的漏洞，产生更加优秀的软件。对于开放平台，开源软件能够促进产业链上的合作，让合作伙伴基于现有软件开发更多的新业务、新产品，形成事实标准，降低平台的整体开发和运营成本。

但同时，开源软件的漏洞也容易被用来制造病毒，带来安全隐患。开源软件大多依靠开源社区来支持，没有明确的商业目标和利益驱使，不同开源软件的开发程度参差不齐，用户体验考虑不足，缺少品质承诺和服务。因此需要采取一定的管理方法，充分运用开源软件的便利性、易于迭代等优势，同时处理好可能存在的安全性和可靠性风险。

5.3　企业服务总线（ESB）软件研究

5.3.1　ESB 概述

ESB 是企业搭建面向服务架构（SOA）的基础，是一种基于网络的分布式总线。ESB 能够集成不同类型的应用（如 Java、.Net），屏蔽设备硬件、操作系统、数据库、编程语言的差异，通过提供数据格式转换、消息路由等功能，支持 SOA 的服务之间进行通信、协作和组合，消除采用不同数据格式、通信协议的应用进行交互时存在的障碍。

ESB 是传统中间件技术与可扩展标识语言（XML）、Web 服务等技术结合的产物，它使用 XML 作为标准通信语言，并支持相关的 Web 服务规范。ESB 的主要意义在于消除不同应用之间的技术差异，让不同的应用服务器协调运作，实现不同服务的通信与整合。在使用 ESB 的系统架构中，各参与方不直接交互，而是通过 ESB 进行交互的。ESB 支持基于内容的路由和过滤，具备复杂数据的传输能力，提供一系列的标准接口。同时，ESB 还提供事件驱动和文档导向的处理模式，以及分布式的运行管理机制。

如图 5.1 所示，追溯以往，ESB 概念的产生过程与消息交换的需求息息相关。

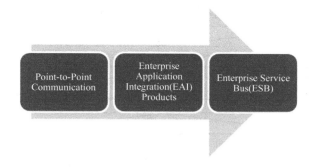

图 5.1　ESB 的产生过程示意图

（1）早期的 IT 系统之间大多采用点对点通信，这种方式适合应用数量不多的系统。随着应用数量的增多，应用之间的对应关系呈现平方级的增长，这对于大企业而言，变得无法管理。

（2）为解决这一问题，20 世纪 90 年代后期，有人提出了企业应用集成（EAI）的概念，能够让企业进行系统扩展。EAI 大多采用 Hub-Spoke 架构，直至今天还有很多企业仍在使用这种架构。所有的通信通过集中器 Hub 进行通信，这给通信效率带来了巨大的改进。但是随着系统变得越来越大，Hub 逐渐变成了瓶颈。

（3）于是 ESB 的概念应运而生。ESB 可以理解为位于所有应用之间的一个消息中介，它将更多低粒度、基础性的功能开放出来，采用开源的思想，为用户提供更加友好的管理界面。用户可以根据自己的需求进行系统的编排，从而大大改善系统的灵活性，能够以较低成本来快速适应不断变化的需求。

ESB 能够为不同服务提供分布式的部署和集中控制，接入 ESB 的服务器在物理上可能相隔很远，但是通过集中管理，这些服务器组成一个 ESB 网络，在逻辑上提供完整的服务。

通过在服务请求者和提供者之间建立消息交互的通道，ESB 对请求者和提供者进行匹配、管理和监控。ESB 本身对请求者和提供者均不可见，请求者无须了解提供者的物理实现；提供者接收到它们需要响应的请求时，也不知道消息的来源。对于服务请求者和提供者的 QoS 要求和功能策略，可以由服务直接实现，也可由 ESB 通过匹配补偿来实现。

1．ESB 典型架构

ESB 可以采用简单的集中式基础架构，也可以采用复杂的分布式基础架构。前者更适合部署在本地集群中，支持系统的高可用性和可伸缩性；后者则适合服务器广泛分布的情况，在更大的地理范围内进行集成。同时，ESB 可以以增量方式来扩展最初的部署，集成进附加的其他系统，或扩展现有基础架构的物理范围。ESB 的基础架构如图 5.2 所示。

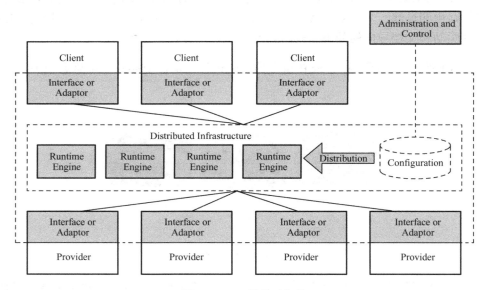

图 5.2　ESB 的基础架构

ESB 是 SOA 的核心构件之一，它定义了消息交换和通信的方式，整合了业界通用标准与客户消息的框架，是 SOA 体系中的消息框架。SOA 的常见组件，如 Service Routing Directory、Business Service Choreographer、B2B Gateway 与 ESB 之间的关系如图 5.3 所示。

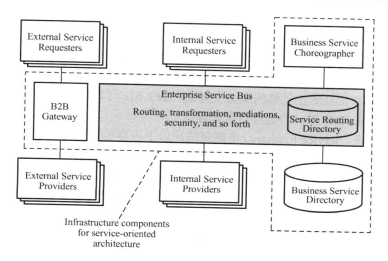

图 5.3　ESB 在 SOA 中的角色

　　ESB 需要某种形式的服务路由目录（Service Routing Directory）来路由服务请求。在有些情况，SOA 可能还有单独的业务服务目录（Business Service Directory），用于实现在组织中的服务重用。WebService 在服务路由目录和业务服务目录的角色中都放置了一个 UDDI 目录，从而 ESB 可以动态地发现和调用服务。

　　Business Service Choreography 的作用是通过若干的服务来组合业务流程，它通过 ESB 调用服务，然后通过 ESB 将业务流程公开为客户端可用的其他服务。

　　B2B Gateway 的作用是使多个组织的服务在受控且安全的方式下相互可用，从而有助于连接到 ESB 上的组件来查看连接到 ESB 的其他组件。

　　ESB 的典型消息交互模式如图 5.4 所示。

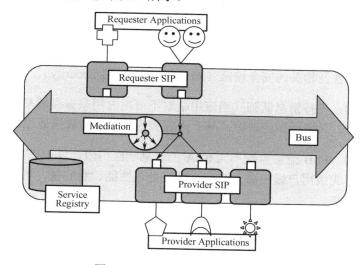

图 5.4　ESB 的典型消息交互模式

ESB 将 SOA 中的各个通信参与方连接起来，处理不同的消息流。消息在 ESB 中进行交互的主要特点包括：

- 参与方可以调用其他参与方提供的服务，其他参与方可以向感兴趣的使用者发布服务信息；
- 端点与 ESB 交互的位置称为服务交互点（SIP），SIP 可以是 Web 服务端点、WebSphere MQ 队列或 RMI 接口的远程对象代理；
- 服务注册表（Service Registry）将捕获描述以下内容的元数据，SIP 的要求和功能（如提供或需要的接口），与其他 SIP 的交互方式（如同步或异步，通过 HTTP 或 JMS），QoS 要求（如可靠交互），以及与其他 SIP 交互的消息（如语义注释）；
- 将总线插入参与方之间，提供了将各参与方的消息交互进行协调的机制；
- 中介功能（Mediation）对请求者和提供者之间动态传递的消息进行操作，对于复杂的交互，可以按顺序将中介连在一起。

2．ESB 主要功能

ESB 的一些具体功能如下所述。

（1）通信：提供消息的路由、服务寻址，支持多种通信技术、协议或标准（如 MQ、HTTP、HTTPS），支持服务的发布/订阅、服务的请求/响应、事件的"发送后不管"（Fire-and-Forget），以及同步、异步的消息传递。

（2）集成：支持对数据库和服务的聚合、服务的映射及协议的转换，支持不同的应用服务器环境（如 J2EE、.NET），提供不同语言（如 Java、C、C++、C#）的服务调用接口。

（3）服务交互：支持 Web 服务接口的定义（如 WSDL），支持替代服务的实现，支持所需服务的消息传递模型（如 SOAP、EAI 中间件），支持服务目录和发现机制。

（4）服务质量：对事务的处理（如原子事务、匹配补偿、WS-Transaction 规范），以及各种消息传递范式（如 WS-ReliableMessaging、EAI 中间件）。

（5）安全性：ESB 包含标准的安全模型，用于身份认证、用户授权和安全审计，支持不可抵赖性、机密性及相关的安全规范（如 Kerberos、WS-Security）。

（6）消息处理：支持消息队列（当应用临时不可用时用来保存消息，起到中介作用）和消息有效性管理，对象标识的映射，基于内容和业务逻辑的数据处理、数据压缩。

（7）服务级别：ESB 能够监视不同 SLA 的消息响应门限，以及在 SLA 中定义的其他特性，向高或低优先级用户做出适当响应，满足处理性能、吞吐量、可用性或其他契约构成的要求或评估方法。

（8）管理和自治：支持服务的注册、预置、记录和监控，以及服务的发现、系统管理工具的集成、自监控和自管理。

（9）基础设施的智能：对服务级别、服务质量、安全性（如 WS-Policy）等策略驱动行为的支持，业务规则的定义，模式的识别。

5.3.2　WSO2 ESB

1．概述

WSO2 ESB 是一种可快速部署、轻量级、适用于不同服务的企业总线，遵循 Apache Software License v2.0 许可证协议。WSO2 ESB 可以实现一系列的企业集成模式（EIP），包括消息过滤、消息路由、格式转换、纯 XML 和文本消息传输、任务调度、日志记录等，并支持多种通信协议、Web 服务规范，以及多种流行语言（如 Java、JavaScript、Ruby、Groovy）。WSO2 ESB 构建在 Apache Synapse 项目上，后者构建在 Apache Axis2 项目上。WSO2 ESB 的所有组件是 OSGi 服务平台的组成部分。

2．系统架构

（1）消息架构。图 5.5 所示为一个请求经过 WSO2 ESB 最终到达目的端点的过程。对于响应的处理，与这个过程类似，只是方向相反。所有的消息、任务、事件都是通过 WSO2 ESB 的控制台进行管理和监控的。

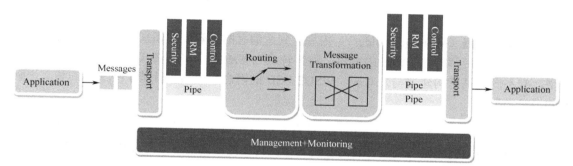

图 5.5　WSO2 ESB 的消息架构

消息架构的基本工作流程如下。

- 应用发送消息给 Transport 组件。
- Transport 组件提取该消息，并发送至消息管道（Pipe）。
- 消息管道进行消息的 QoS 处理，如消息的安全级别、可靠传输等，这个管道是 Axis2 架构的消息流入和流出通道。WSO2 ESB 可以采用两种工作模式：
  ◇ 通过单一管道进行消息传递；
  ◇ 通过不同管道将 Transport 组件与不同的代理服务相连。
- 消息格式转换和路由可以看作一个单元，在 WSO2 ESB 中称为传递框架，它是 Synapse 架构的一个实现。在不同条件下，可以先进行消息格式转换或先进行消息路由。
- 消息进入与目的地相关的管道，管道进行类似的 QoS 处理。
- Transport 组件完成 WSO2 ESB 提出的传输协议转换要求。

（2）组件架构。WSO2 ESB 的组件架构如图 5.6 所示。

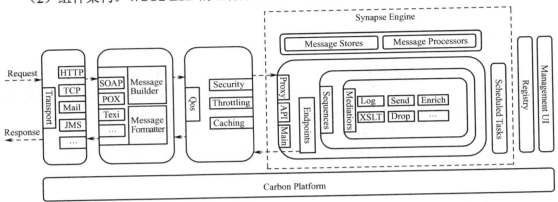

图 5.6　WSO2 ESB 的组件架构

① Transport 组件。支持采用不同协议、不同数据格式的消息，包括 HTTP、JMS、VFS 等，以及特定领域的传输协议。用户可以根据自己的需求，在总线上添加新的 Transport 组件。Transport 组件包括以下两个部分。

消息构建器（Message Builder）：依靠对到达消息的内容类型识别，选择一个合适的消息构建器，然后解析这个消息的内容，将其转换为普通的 XML 格式。对于不同的内容类型，有不同的消息构建器与之对应。WSO2 ESB 的消息构建器支持基于纯文本的和二进制的消息类型。

消息解析器（Message Formatter）：拥有和消息构建器相反的功能，与消息构建器配合使用，根据消息构建器的处理，在消息进入下次传输路由之前，将消息转换为原来的格式。用户可以通过 Axis2 的 API，自定义新的消息构建器和消息解析器。

② QoS 组件。QoS 组件能够实现消息的可靠传递，以及设定消息的安全级别，包括 Apache 提供的 Rampart 和 Sandesha 模块。

③ Synapse 引擎。端点对消息的目的地进行定义（如某个应用或服务），端点可以表示为一个地址、WSDL、负载均衡点。端点的定义与 Transport 组件的定义相互独立，同一端点可以使用多个不同的 Transport 组件。每次进行消息传递配置或代理服务设置时，需要指明使用哪个 Transport 组件，将消息送到哪个端点。

Proxy 服务是一种虚拟化的服务，它对接收到的消息进行处理，然后转发给指定端点的服务，它能够在不改变现有服务的基础上，进行必要的消息格式转换，或引入新的功能。任何可用的 Transport 组件都可以从代理服务收发消息，一个代理服务可以用 URL 访问，也可以用规范的 Web 服务地址。代理服务本身会发布一个 WSDL，客户端连接代理服务就像连接一个真实的 Web 服务一样，任何可用的传输都可以通过这个代理服务来接收和请求消息。

API 相当于部署在 WSO2 ESB 环境中的 Web 应用，每个 API 锚定在一个用户自定义的 URL 上下文中，类似于 Web 应用部署在 Servlet 容器中，对与该 URL 有关的请求进行处理。

API 定义了一个或多个资源，通过特定类型的 HTTP 调用来获取。用户可以采用 REST 方式直接将消息发送至 ESB。

Topics 主题。当给特定主题发布了事先订阅的消息、触发某个事件时，服务能够收到这条订阅消息。

Mediator 传递器。传递器是执行一些特定功能的相对独立的单元，如发送或过滤消息。WSO2 ESB 提供了非常广泛的传递器库，一般传递器会提供基本的消息处理功能，如日志记录、内容传输，同时也存在高级传递器，如用来访问数据库、对信息流添加安全等。用户也可依靠 WSO2 提供的 API 自定义具有特定功能的传递器，可以采用不同的技术，如 Java、JS 脚本、Spring 等。

Sequence 是传递器的配置组件，能够对多个传递器进行统一组织，实现消息的传递和过滤。

Tasks 任务组件可以让用户对 ESB 的作业进行配置，为传递器执行内部和外部的消息传递指令。

④ 内置仓库。ESB 通过内置仓库提供注册服务，内置仓库存储用户用于定义消息架构的配置数据，这些数据也可以存储在远端。

⑤ 图形化用户接口。管理和配置界面为用户提供图形化用户接口（GUI），GUI 建立在一个前端和后端分离的分层架构上，使得用户可以通过一个 GUI 控制台连接多个服务端，监控 ESB 的运行状态，对系统进行综合管理、配置和状态监视。这个基于 WSO2 架构的组件提高了和 OSGi 之间的松耦合，所有的这些组件都建立为 OSGi 包。

ESB 可以部署在集群环境中，采用负载均衡器和高可用性组件，实现宕机切换（Failover），提高系统的可用性。

3．主要功能

（1）支持各种 XML 消息和 Web 服务。内置了对 XML、Namespaces、XPath、XSLT、Xquery 的支持，同时也能支持一些非 XML 格式的内容。所支持的 Web 服务标准包括：

- SOAP 1.1/SOAP 1.2；
- WSDL 1.1/WSDL 2.0；
- WS-Addressing（支持双通道调用）；
- WS-Security with Apache Rampart；
- WS-ReliableMessaging with Apache Sandesha 2；
- WS-Working with Topics and Events with Apache Savan & WSO2 Eventing；
- WS-Policy（支持独立地输入/输出消息策略）；
- MTOM/SwA optimizations for binary messages；
- XML/HTTP（POX）；
- REST formats。

（2）互操作性。基于 Apache Synapse & Apache Axis2 projects，WSO2 ESB 对于主流的 Web 服务栈有较好的互操作性，包括微软的.NET WCF。

（3）高性能。具有高吞吐量、低时延等特点，能够支持千级并发连接，支持大数据量消息的稳定传输。采用了专用 IO 技术和 XML 数据流分析设计，可在稳定运行的同时，根据用户需要进行扩展。

（4）可定制开发，并提供多种内置能力，包括基于内容的路由、服务虚拟化、负载均衡、宕机切换、协议转换、消息格式转换、用户登录和监控、消息拆分、企业应用集成、响应缓存等。

（5）可扩展性。可使用基本的 Java 规范进行扩展，如 POJO 类、Spring 框架、JavaScript、Ruby、Groovy、Apache BSF 脚本语言等。

（6）识别多种通信协议，与现有网络整合，如非阻塞（non-blocking）HTTP 协议传输，采用二进制、文本、SOAP 的 JMS 消息传输，邮件传输（如 POP3、IMAP、SMTP）；支持行业通信协议，如用于金融领域业务集成的金融信息交换协议（FIX）、Apache VFS 文件传输（如 S/FTP、File、zip/tar/gz、WebDAV、CIFS）、高级消息队列协议（AMQP）、用于 Web 服务的哈希二进制协议等。

（7）任务编排。支持对周期性更新的任务管理，将任务编排为简单的复发性任务。

（8）事件驱动架构（EDA）。内置的 Qpid 模块提供事件处理支持，实现企业应用集成（EAI）。经过该模块的事件可以根据需要进行处理，然后分发。

（9）高级消息传递及 EIP。支持对数据库的读写操作，调用 Java/POJO 类或脚本，以及对消息的拆分、组合、缓存、加速等功能；支持大多数的企业集成模式（EIP）。

（10）服务器管理和监控。通过控制台和 JMX，可以对 ESB 服务器进行关机或重启，同时能够获取系统状态、统计图、消息追踪、日志配置等。

（11）图形化控制台。用户可以进行 ESB 服务器的配置、管理、状态监控，还可以对集群中的各个节点进行集中控制。控制模块包括：

- Sequence editor；
- Proxy Service editor；
- Endpoint/Local Entry editor；
- Task scheduler；
- Built-in registry browser；
- Policy editor；
- Predefined security scenarios；
- User stores；
- Keystores；
- Configure data sources；

- Transport management；
- Try-It for services；
- Logs，跟踪统计监视器。

4．用户价值

WSO2 ESB 通过图形化的配置界面和功能模块，为用户搭建 SOA 提供良好的支持，它为用户带来的服务如下。

（1）消息的路由和分发。WSO2 ESB 采用虚拟化方式，提供逻辑目的地到真实目的地的映射，同时内置了事件驱动架构，服务或消息的发布者无须知道订阅者的信息，帮助用户进行消息或服务的寻址。

（2）服务管理。WSO2 ESB 提供了一系列的管理能力，包括状态告警、数据统计、安全审计等。

（3）良好地支持 Web 体系，如基于 HTTP 的代理和缓存。

（4）降低管理和路由 XML 消息的系统开支，易于扩展。当总线等待应用响应时，不关闭 XML 消息的 IO 接口，同时支持流式 XML 消息的发送，不必单独创建一个较大缓存，可以把消息进行分散。

（5）通过集中管控，对分布于系统中的关键组件提供安全控制。

一些典型例子包括：

（1）基于内容的消息路由（CBR）。通过采用哑客户端模式，提供网关的功能，接收所有消息，并基于消息的属性或内容进行调度和路由。

（2）对于单向消息，提供"发送后不管"的发送模式。

（3）将消息路由到位于静态列表或动态列表中的接收端点。

（4）对代理服务的负载进行均衡。

（5）基于优先级的消息调度。

（6）在特定场景下，基于脚本、数据库、加速器、类、事件的一些高级调度策略配置。

（7）支持基于特定模板进行消息的拆分和组合。

用户可以根据自身需求，对数据流向和管理策略进行个性化的配置。

5.3.3　其他的典型 ESB

1. Apache ServiceMix

Apache ServiceMix 是 Apache 基金会下的一个开源 ESB 工具，支持 SUN JSP 208 规范。Apache ServiceMix 同时也是一个独立的 JBI 容器，支持完整的 JBI 规范，拥有自己独立的运行环境，能像应用服务器一样启动，并且支持动态热部署。Apache ServiceMix 包含了许多 JBI 组件，这些组件支持多种协议，如 JMS、HTTP、FTP、FILE，实现了企业集成模式（EIP）。Apache ServiceMix 同时也综合了一些其他开源项目的能力，如 Apache ActiveMQ、Apache CXF、Apache Camel、Apache ODE 及 Apache Geronimo。Apache ServiceMix 技术总结如图 5.7 所示。

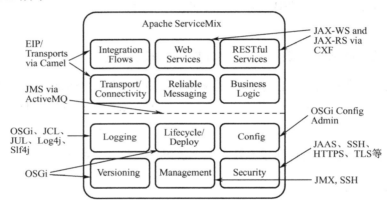

图 5.7　Apache ServiceMix 技术总结示意图

Apache ServceMix 的核心是一个 OSGi 容器，OSGi 容器负责加载和运行动态软件模块。一个 OSGi Bundle 是一个普通的 Java .jar 文件，包含 OSGi 元数据信息、有关该 .jar 中类和资源的信息。ServiceMix 的运行容器是 Apache Karaf，提供部署 OSGi 的动态配置、集中式日志系统和可用于管理的控制台。使用 Karaf 能够管理模块的全部生命周期，不仅支持 OSGi Bundle，也支持普通的 Java .jar 文件和 XML 文件。

Apache ServiceMix 容器运行环境采用内核的架构，并以 Apache Geronimo 关于 J2EE 各方面规范的实现为基础，具有良好的性能。在通信上，它整合了 Apache ActiveMQ，支持多种通信协议（如 HTTP、JMS）；在管理组件上，采用了 JMX 的管理架构，能够通过 Web 形式或 JMX 远程访问形式，对部署在总线上的各种组件进行动态配置和管理。此外，Apache ServiceMix 内核能够整合到操作系统中，作为操作系统对外所提供的服务。区别于其他总线的是，Apache ServiceMix 提供了自己的脚本命令控制台，并通过一些简单命令管理应用组件及内核实例。

Apache ServiceMix 使用 Apache ActiveMQ 提供消息代理能力，能够兼容 JMS 规范，提供远程管理、集群计算，支持系统的高可靠性和宕机切换。Apache ServiceMix 的 Apache Camel 组件提供了一整套的企业应用集成（EIP）服务，支持灵活的消息路由和格式转换，支持 Java 语言及 Spring XML 文档。Apache ActiveMQ 和 Apache Camel 通过 Shell 命令注册到 Karaf，管理嵌入的 JMS 中间件和 Apache Camel 运行环境，并可根据项目需要定制这些功能。

为了支持 Web 服务和 RESTFUL 设计，Apache ServiceMix 使用了 Apache CXF。Apache CXF 是一个 Web 服务的开源框架，支持 JAX-WS 和 JAX-RS 两种标准，以及所有主流的 WS-*规范。

2. Mule ESB

Mule ESB 由 Codehaus 社区提供支持，是一种基于 Java 的轻量级企业服务总线和业务集成平台，能够快速地连接应用程序（如外部系统、内部组件、一段脚本等），具有低耦合性、高扩展性、高可重用性、易于维护等特点。

Mule 支持 20 多种传输协议（如 FTP、UDP、SMTP、POP、HTTP、SOAP、JMS 等），并整合了许多流行的开源项目（如 Spring、ActiveMQ、CXF、Axis、Drools 等）。为保持其轻量级和灵活性，提高效率和易用性，Mule 没有基于 JBI 来构建其架构，但是提供了 JBI 适配器，可以很好地与 JBI 容器整合在一起。Mule 允许开发者快速连接不同的应用，实现数据的转换。从 2005 年发表 1.0 版本以来，Mule 吸引了越来越多的关注者，知名客户包括沃尔玛、惠普、索尼、Deutsche Bank、CitiBank 等。

Mule ESB 的核心组件是 UMO（Universal Message Objects，Mule2.0 之后被 Component 代替），通过 UMO 实现整合逻辑，UMO 可以是 POJO、JavaBean 等。

Mule ESB 的主要功能如下。

（1）服务的创建与管理（Service Creation and Hosting）：用 Mule ESB 作为一个轻量级的服务容器来暴露和管理可重用的服务。

（2）服务调解（Service Mediation）：隐藏服务消息的格式和协议，将业务逻辑从消息中独立出来，并可以实现本地独立的服务调用。

（3）消息路由（Message Routing）：基于内容和规则的消息路由、消息过滤、消息合并和消息重新排序。

（4）数据转换（Data Transformation）：在不同的格式和传输协议之间进行数据转换。

Mule ESB 框架具有高可扩展性，用户可以自定义连接器、拦截器、转换器等连接组件，同时也能把自己所在业务领域的专用组件部署在 Mule 容器中。Mule 框架支持 SOA，能够通过 JMS、WebService、数据库等链接器，无缝整合应用系统；Mule 框架可以独立部署，也可以嵌入式部署；Mule 不是对 JBI 的实现，但提供了 JBI 的扩展；Mule 使用起来比 JBI 要简单（JBI 强制要求使用 SOAP 协议），协议比较灵活。Mule ESB 的系统架构如图 5.8 所示。

消息是 Mule ESB 的重要组成部分，其实现方法主要使用 JMS。Mule 对消息的定义是：

一条消息是一个简单的、可以处理的、在应用程序之间的一个通道（也称为队列）上发送的数据包。Mule ESB 没有规定必须使用哪种消息中间件，可以使用 ActiveMQ 等主流消息中间件或自己的消息中间件 Mule MQ，此外也支持 EJB、Mainframe Applications、WebService、Socket 和文件系统的连接。

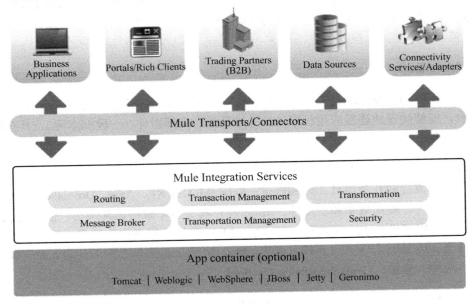

图 5.8　Mule ESB 的系统架构图

当应用程序连接到 Mule ESB 时，它从一个应用程序中读取数据，然后根据需要转换数据，并把数据发送到接收端应用程序。Mule ESB 可以整合所有类型的应用程序，甚至包括没有内置集成的程序，如图 5.9 所示。

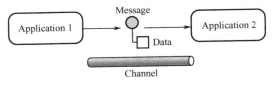

图 5.9　Mule ESB 的消息队列示意图

Mule ESB 和传统 ESB 的区别是：Mule ESB 只有在需要时转换数据；而传统 ESB 必须为每个应用程序创建一个连接到总线的连接，并将传输数据转换成一个单一的共同通信格式，从而耗费大量的消息处理时间。Mule ESB 消除了对单一消息格式的需要，支持多种消息管道，如 HTTP 或 JMS。消息在传输过程中，只有在需要时才进行翻译转换，因此，Mule ESB 可以提高系统性能，降低开发时间。

Mule ESB 支持多种拓扑结构，包括对等网络、C/S、Hub-and-Spoke 等，这些拓扑可以混合在一个企业服务网络，构成丰富的企业信息服务模型，如图 5.10 所示。

同时，Mule ESB 也支持分布式使用和负载均衡，如图 5.11 所示。

Mule ESB 可以部署在 Apache Tomcat、BEA WebLogic、IBM WebSphere、Oracle Application Server、SunOne、Apache Geronimo、JBoss 等 Web 容器或应用服务器上。

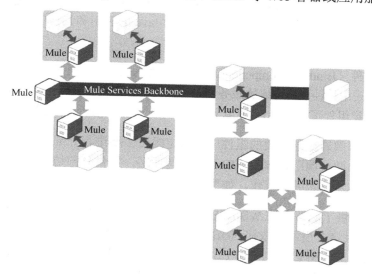

图 5.10　Mule ESB 消息交互模型（1）

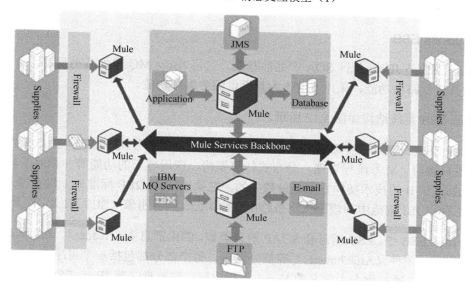

图 5.11　Mule ESB 消息交互模型（2）

3. Open ESB

Open ESB 是 Sun 公司提出的开源 ESB 项目，所有开发人员都来自 Sun。Open ESB 现在是 Java.net 的子项目，能够完整支持 JBI 的规范实现。Open ESB 可运行在由 Sun 支持的 Glassfish 应用服务中，同时 Sun 的 Netbeans IDE 为 Open ESB 提供拖曳式的开发工具，这是其他开源 ESB 无法匹敌的，尽管 Mule 也提供了基于 Eclipse 的插件工具，但目前还不够强大。

Sun 公司提出的 JBI 方案由 JBI 环境和组件组成，组件可以动态地安装到 JBI 环境中，

JBI 中组件主要有以下两类。

（1）服务引擎（Service Engine）：服务引擎既为其他组件提供了业务逻辑和数据转换服务，同时也消费这些服务。服务引擎可以集成基于 Java 的应用和其他资源，也提供 Java API 接口的应用。

（2）绑定组件（Binding Component）：绑定组件为 JBI 环境外的服务提供了连通性，这些外部服务包括采用某种通信协议的服务，以及企业信息系统（Enterprise Information System）提供的服务。绑定组件可以将 Java 环境下不能提供的远程应用或其他资源集成进来。

所有的服务都部署在这两类的组件中。绑定组件主要进行外部的连通，完成一些与协议有关的操作，比如，调用外部的 EJB、JMS 等服务，提供外部访问 JBI 的服务。服务引擎主要完成一些与协议无关的工作，如服务的编排。

Open ESB 提供了能够支持 WS-BPEL2.0 的引擎，这个引擎目前支持 WSDL1.1，暂不支持 WSDL2.0，且这个引擎要依托 NetBean 集成开发平台，能够得到基于 NetBean 的相应开发包和组件包。WS-BPEL2.0 对 BPEL 提供了强大的支持，包括了支持端点状态的监控、多线程执行、业务流程的调试、系统错误的可靠性恢复，以及各个业务流程实例的数据库持久化、负载均衡等。

4．JBoss ESB

JBoss ESB 是 JBoss 社区 SOA 产品的基础，它将 JBoss MQ 作为其消息层，采用 JBoss Rules 为其提供路由功能，采用 jBPM 为其提供服务编排功能。

JBoss ESB 系统结构如图 5.12 所示。

JBoss ESB 提供了很多 EAI 本身所应具有的功能，如业务流程监控、集成开发环境、工作流用户接口、业务流程管理、分布式计算架构、应用容器的功能等。相对于其他总线而言，JBoss ESB 的技术架构方案是最独立的，它除了支持 J2EE 标准外，没有涉及 JBI 规范，也不存在 JBI 规范中的规范化消息路由（NMR）、服务引擎（SE）和绑定组件（BC）。

在 JBoss ESB 中，ESB 消息和 SOAP 消息类似，都由消息头（Header）、消息体（Body）、错误（Fault）、附件（Attachments）等部分组成。每个部分都包括一个可序列化的 Java 对象集合（Map），通过集合中定义的 Name 进行访问。这就意味着 JBoss ESB 消息并不是强类型的，在访问消息时需要注意类型转换。

JBoss ESB 建立在三个核心的结构组件上。

（1）消息监听器和消息过滤器。消息监听器监听消息并进行路由，引导消息到总线；消息过滤器则过滤消息，并将消息路由到另一个消息端点。

（2）一个基于路由服务的目录。

（3）一个消息存储库，用来存储在 ESB 上交换的消息和事件。

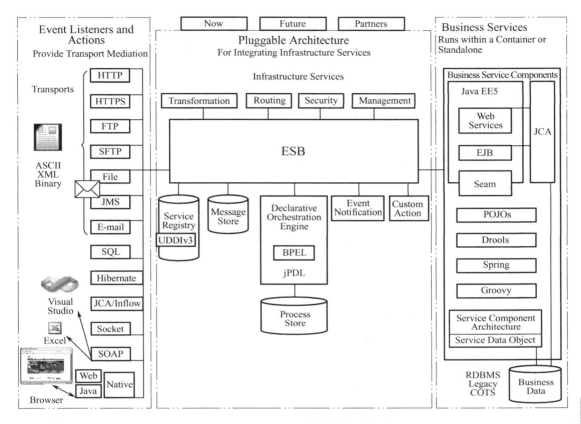

图 5.12　JBoss ESB 系统结构示意图

　　JBoss ESB 的技术架构是相对独立的，它除了支持 J2EE 标准、WebService 外，还支持多种远程调用协议，如 JMS。JBoss ESB 是完全开放源码的免费软件，依托于成熟的 JBoss 社区及周围齐全的开源项目，但相对于 Apache ServiceMix 和 CXF，如果要对 JBoss ESB 进行扩展，可能要花费较多的时间和精力，开发成本也较高。

5.3.4　典型的 ESB 软件对比及小结

　　通过研究前面介绍的 WSO2 ESB、Apache ServiceMix、Mule ESB、Open ESB、JBoss ESB 五种 ESB 开源软件，结合目前业界的实际使用情况，对这五种软件给出对比选型建议，具体对比结果如表 5.2 所示。

表 5.2　五款 ESB 开源软件的对比

	WSO2 ESB	Apache ServiceMix	Mule ESB	Open ESB	JBoss ESB
开发者/提供者	Apache 社区	Apache 社区	Codehaus 社区	Sun 公司	JBoss 社区
规范/协议	构建在 Apache Synapse 项目上，在法律上遵循 Apache Software License v2.0	完整支持 JBI 规范，遵循 Sun JSP 208 规范	没有基于 JBI 规范构建其架构，但是提供了 JBI 适配器与 JBI 容器保持连通性	Java.net 的子项目，完整支持 JBI 规范	除支持 J2EE 标准外，没有涉及 JBI 规范

续表

	WSO2 ESB	Apache ServiceMix	Mule ESB	Open ESB	JBoss ESB
产品描述	WSO2 是基于 Apache Synapse 产品，通过它可以在 Web 服务、REST/POX 服务，以及其他系统间连接、管理和转换服务的交互信息。它还提供了一个基于 AJAX 的管理控制台，对其配置文件进行统计分析和管理（增、删、改等），以及指定执行相应的配置文件（这在开源 ESB 中非常少见）	Apache ServiceMix 是一个独立的 JBI 容器，包含很多 JBI 组件，这些组件支持多种协议，如 JMS、HTTP、FTP、File 等，基于 EIP 实现。此外，Apache ServiceMix 还整合了其他一些开源项目，如 Apache ActiveMQ、Apache CXF、Apahe Camel、Apache ODE 及 Apache Geronimo	Mule ESB 是一个轻量级的、以 Java 为中心的消息框架和整合平台，基于 EIP 的要求进行实现。核心组件 UMO 实现整合逻辑（可以是 POJO、JavaBean），支持 20 多种传输协议，如 File、FTP、UDP、SMTP、POP、HTTP、SOAP、JMS 等。同时整合了许多流行的开源项目，如 Spring、ActiveMQ、CXF、Axis、Drools	Open ESB 可运行在由 Sun 公司支持的 Glassfish 应用服务中，同时 Sun 公司的 Netbeans IDE 为 Open ESB 提供拖曳式的开发工具（Mule ESB 也提供了基于 Eclipse 的插件工具，但目前仍然不够强大）	JBoss ESB 是基于 JBoss 公司的早期 ESB 产品 Rosetta 提出的一个 EAI 系统，JBoss ESB 将 JBossMQ 作为其消息层，采用 JBoss Rules 为其提供路由功能，采用 jBPM 为其提供服务编排功能
优缺点	WSO2 ESB 通过图形化的配置界面和功能模块，为用户搭建 SOA 提供了良好的支持，如消息路由和分发、服务管理、集中管控、系统扩展等。用户可以根据自身需求，对数据流向和管理策略进行个性化的配置	Apache ServiceMix 基于 JBI 规范，支持热部署，支持 Apache Camel 项目，可以通过应用程序接口/DSL 开发集成流程，也支持在 Spring 中使用 XML 配置定义路由和中介规则。但也存在一些不足： ① JBI 规范带来了使用上的烦琐，且 JBI 规范并没有得到业界太多的青睐； ② 过多依赖 XML 的配置； ③ 由于所有消息要进行标准化处理（生成和解析 XML 文件），可能导致性能下降； ④ 关于组件扩展和流程引擎方面的资料不够清晰详细； ⑤ 如果要做总线扩展，需要对源代码和例子有较为深入的学习研究，且首先要对 JBI 规范有较为全面的了解	① 架构简单清晰、容易上手； ② 有非常广泛的传输器、路由器和转换器，易于扩展； ③ Mule ESB 不需要将消息转换成统一的格式，只在需要时进行转换，提高了性能； ④ 开发过程中无须关注 Mule ESB 代码，只需通过配置即可将服务暴露，减少了侵入性； ⑤ 文档清晰而完善。 Mule 存在的一个不足是无法进行新流程的热部署	在 Open ESB 中提供了能够支持 WS-BPEL2.0 的引擎，能够支持端点状态的监控、多线程执行、业务流程调试、系统错误可靠性恢复，以及业务流程实例的数据库持久化、负载均衡。 目前公布的资料较少，特别是在 API 方面几乎没有。如果要对 Open ESB 按照自身要求进行扩展较为困难，需要对 Open ESB 的源代码进行全面分析	相对于其他总线，JBoss 的技术架构方案独立性最强，因为它除了支持 J2EE 标准外，完全没有涉及 JBI 规范，也不存在 JBI 规范中关于规范化消息路由（NMR）、服务引擎（SE）和绑定组件（BC）的概念。JBoss ESB 除了支持 WebService 外，还支持多种远程调用协议，如 JMS。相对于其他总线，如果要对 JBoss ESB 进行扩展，可能要花费较大投入，开发成本较高

续表

	WSO2 ESB	Apache ServiceMix	Mule ESB	Open ESB	JBoss ESB
现有客户	Ebay、Alfa-Bank、Volvo、Lockheed Martin、Cisco、Intermountain Healthcare、UCLA、Thomson Reuters、Trimble 等	FuseSource、ARCTIC. PARK AS、blue elephant systems、Union Investment、Tecsisa、TouK 等	Wal-Mart、CitiBank、Sony、Deutsche Bank、HP 等	—	—

通过上述对比及前面的介绍，我们可以看到，五款软件均满足了在不同应用之间进行消息路由、格式转换、任务调度、服务请求与响应等 ESB 开源软件所需具有的核心功能，总体上差别不大。部分 ESB 软件在人员学习和开发成本、可扩展性、支持热部署等方面存在一些不足。此外，WSO2 ESB 提供了比较友好的图形化界面和拖曳式配置方式，且公布的技术资料和相关文档较为全面、清晰，现有客户分布于各个行业且不乏知名企业，产品适用性较广。因此，建议将 WSO2 ESB 作为物联网开放平台设计和部署中优先选择的对象。

5.3.5 ESB 软件对平台建设的意义

在开放平台设计中，ESB 最重要的作用是作为 SOA 的核心基础设施，将 IT 资源（如数据库、ERP）与应用的业务逻辑（如办公软件、CEP、门户）解耦。所有的应用直接连接到 ESB 上，所有的 IT 资源都被封装为普通的 WebService，从而实现 IT 系统内部的数据高效传输，屏蔽掉一侧的修改对另一侧的影响。为实现这个目的，ESB 将一个个服务端点虚拟化，形成"服务池"，并提供服务代理，从而改变传统的应用与资源之间点对点通信的方式。ESB 对资源和应用的解耦架构如图 5.13 所示。

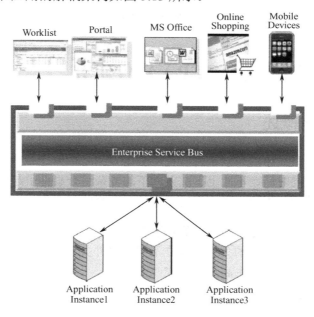

图 5.13 ESB 对资源和应用的解耦架构

ESB 的核心功能包括消息路由和数据转换，它支持多种应用层传输协议（如 HTTP、FTP、SMTP、SOAP），支持数据格式的转换及其路由，支持 XPath 查询语言、XSLT 转换语言、Java、.NET 等多种语言，以及 J2EE 结构、JMS 的热插拔。ESB 能够在高度分布式系统中，实现消息的"投放后不管"，实现消息的异步方式可靠传输；能够在不添加过多硬件的基础上，以较低成本实现对后端系统最大负载和吞吐量的控制。对于较大规模的企业 IT 系统，ESB 可以采用联邦式架构，在每个联邦内部采用不同的连接方式，并且实现联邦之间的消息路由。联邦式 ESB 架构如图 5.14 所示。

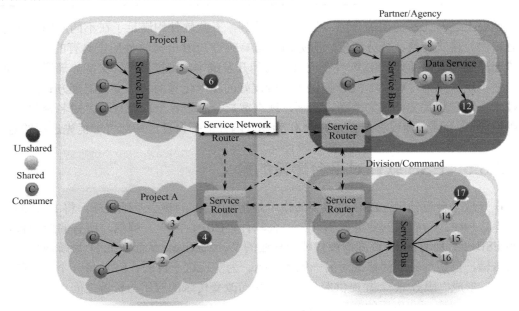

图 5.14　联邦式 ESB 示意图

5.4　复杂事件处理（CEP）软件研究

5.4.1　CEP 概述

在很多情况下，系统中的单一事件往往不会触发用户的一个行为，实际用户行为的触发往往是由一个在不同时间、不同上下文条件下的复杂组合事件引起的。CEP 的作用是从大量的简单业务事件中，提取出更加有用、少量、组合的复杂事件。

复杂事件处理（CEP）是一种新兴的基于事件流的处理技术，它将系统数据看作不同类型的事件，通过分析事件间的关系，建立不同的事件关系序列库，利用过滤、关联、聚合等技术，最终由简单事件产生高级事件或商业流程。

CEP 的主要优势在于：

● 实时反映事物状态的变化；
● 实时进行数据处理，提交处理结果；
● 支持对应用系统的状态监测、原因推断、决策控制等；
● 提高数据处理和使用效率。

在数据库方案中，采用的方法是先存储数据，然后进行查询、处理，根据业务数据的处理进行存储优化。而在 CEP 方案中，采用的方法是随着数据的流动，获取和分析数据，将数据送到查询区域中，整个过程只加载极少量的数据，具有延时极短、实时提交处理结果的特点。CEP 方案与数据库方案对比如图 5.15 所示。

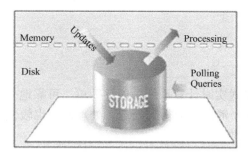 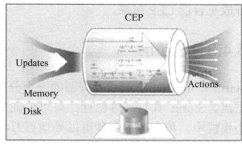

图 5.15　CEP 方案与数据库方案的对比

对用户来说，复杂事件处理往往更能体现业务的价值，这符合 SOA 中的粗粒度思想，即事件的内部实现复杂，而最终事件在业务上的解释很简单。

5.4.2　典型 CEP 软件的对比

从知名度、所在社区、客户类型等角度考虑，本节选取了影响力比较大的 Twitter Storm 和 Yahoo! S4 两款软件作为主要研究对象，两者的对比情况如表 5.3 所示。

表 5.3　Twitter Storm 和 Yahoo! S4 的对比

	Yahoo! S4	Twitter Storm
开源时间	2010 年	2011 年
开发语言	Java	Clojure、Java，核心代码采用 Clojure 编写
结构	去中心化的对等结构	有中心节点 nimbus，但非关键
通信	可插拔的通信层，目前基于 UDP 的实现	基于 Facebook 开源的 Thrift 框架
可靠处理	无，可能会丢失事件	提供对事件处理的可靠保证（可选）
路由	EventType + Keyed Attribute + Value 匹配，内置 Count、Join 和 Aggregate 标准任务	流分组：Shuffle、Fields、All、Global、None、Direct，非常灵活的路由方式
多语言支持	暂时只支持 Java	多语言支持良好，本身支持 Java、Clojure，其他非 JVM 语言通过 Thrift 和进程间通信
并行处理	取决于节点数目，不可调节	可配置 Worker 和 Task 数目，Storm 会尽量将 Worker 和 Task 均匀分布

续表

	Yahoo! S4	Twitter Storm
动态增删节点	不支持	支持
动态部署	不支持	支持
活跃度	低	活跃
应用案例	少	多，如 Taobao、Baidu

通过上表可以看到，Twitter Storm 比 Yahoo! S4 具有更强的灵活性，支持多种语言，消息可靠性更高，应用案例丰富，软件社区活跃度也较高，因此，建议 Twitter Storm 作为物联网开放平台的 CEP 引擎。

5.4.3 Storm

Storm 是由 Twitter 研发并开源的一个分布式实时计算系统，能够简单、可靠地处理大量数据流。Storm 具有高容错性，可以保证每个消息都会得到处理，处理速度也较快，在一个小集群中，每个节点每秒可以处理百万级的消息。

相对于 Hadoop，Storm 可以在保证高可靠性的同时，对大批量数据进行实时处理。Storm 具备以下一些特性。

● 易于扩展，用户可根据需要在 Storm 集群中添加机器，改变对应的拓扑设置。Storm 能够支持集群协调，保证大型集群的正常运转。
● 每条信息都会被处理。
● 容错机制，当拓扑设置递交后，Storm 会一直运行它，直至拓扑设置被废除或关闭。如在执行中出现错误，Storm 也会重新分配任务。
● Storm 的拓扑设置支持不同的语言。

1. 主要思想

Storm 将事件流（Stream）抽象为一个个不间断的无界连续元组（Tuple），每个 Stream 都有一个源头，Storm 将这个源头抽象为原语——管口（Spout），Spout 可以是不断发送推特消息的 Twitter API，也可以是从某个队列中不断读取队列元素并装配成的元组。Storm 将流的中间状态抽象为原语——阀门（Bolt），当流向导向该 Bolt 后，Bolt 能对这些流进行处理，并发送新的流给其他 Bolt。因此，打开特定的 Spout，将 Spout 中流出的 Tuple 导向特定的 Bolt，Bolt 对导入的流进行处理后，再导向其他的 Bolt 或者目的地，这是 Storm 的总体工作过程。Storm 设计思想示意如图 5.16 所示。

做个类比，Spout 就是一个个的水龙头，每个水龙头里流出的水是不同的，应用需要哪种水就要拧开哪个水龙头，然后使用管道将水龙头的水导向一个水处理器（即 Bolt），经过水处理器处理后，再使用管道导向另一个水处理器，或者存入容器中。

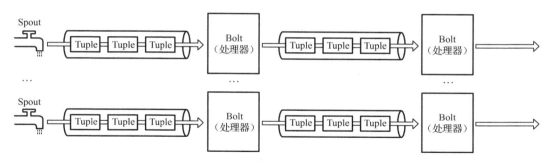

图 5.16　Storm 设计思想示意图 1

为了提高水处理的效率，还可以在同一个水源处接上多个水龙头，并使用多个水处理器，这就是图 5.17 体现的思想。

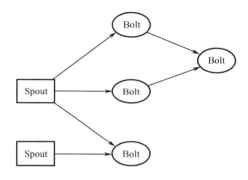

图 5.17　Storm 设计思想示意图 2

这是一张有向无环图，Storm 将这个图抽象为拓扑（Topology）。拓扑是 Storm 中最高层次的一个抽象，一个拓扑是一个流转换图，图中的边表示 Bolt 订阅了哪些流。当 Spout 或 Bolt 发送元组到流时，它会自动将元组发送到每个订阅了该流的 Bolt。对于 Bolt 的处理细节，Storm 中定义了一些 Thrift 结构体，因此用户可以使用不同语言来创建和提交拓扑。

注：Thrift 是一种可伸缩的跨语言服务的软件框架，能够与 C++、C#、Java、Python、PHP、Ruby 等语言无缝结合，支持多种语言之间 RPC 方式的通信。

接着，Storm 将流中的数据抽象为 Tuple，一个 Tuple 实际是一个值列表（value list），list 中的每个 value 都有一个 name，并且该 value 可以是基本类型、字符类型、字节数组或者其他的数据类型。拓扑中的每个节点都要说明它所发射元组的字段 name，其他节点只需要订阅该 name 就可以接收处理。

Storm 中的节点可以并行运算，这取决于用户的设置。Storm 集群在形式上与 Hadoop 类似，但 Hadoop 上运行的是 MapReduce Jobs，Storm 上运行的是 Topologies。MapReduce Jobs 和 Topologies 最主要的区别在于：MapReduce Jobs 最终会结束，而 Topologies 会永远处理消息，直到杀死这个过程为止。

对于运行失败的任务，Storm 会自动重新进行任务分配。此外，即使发生机器宕机、消息丢弃等情况，Storm 也能够确保不会发生数据丢失。

第 5 章

2．架构设计

每个 Storm 集群由一个主节点（Master Node）和一群工作节点（Worker Node）组成，二者通过 ZooKeeper 服务进行协调。Storm 架构设计如图 5.18 所示。

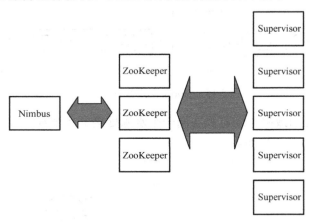

图 5.18　Storm 架构设计示意图

主节点运行一个叫作 Nimbus 的后台程序，类似于 Hadoop 中的 Job Tracker，用于响应分布在集群中的工作节点、分配任务、监测故障。

工作节点运行一个叫作 Supervisor 的后台程序，用于监听分配给它所在机器的任务，基于 Nimbus 分配给它的任务来决定启动或停止工作进程。每个工作节点都是 Topology 中一个子集的实现，一个运行中的 Topology 由许多个跨机器的工作进程组成。

Nimbus 和 Supervisor 之间的所有协调工作都是通过 ZooKeeper 完成的，Nimbus 和 Supervisor 都是快速失败（Fail-Fast）和无状态（Stateless）的。这意味着用户可以杀死 Nimbus 进程和 Supervisor 进程，然后重启，它们将恢复状态并继续工作，就像什么也没有发生一样。这种设计使得 Master 节点不直接和 Worker 节点通信，而是借助一个中介服务 ZooKeeper，从而分离了 Master 节点和 Worker 节点的依赖关系，将状态信息保存在 ZooKeeper 上，以快速恢复任何失败的一方，提高了 Storm 的稳定性。

Storm 实现应用程序实时处理的逻辑被封装进 Topology，Topology 可以理解为一组由 Spout（数据源）和 Bolt（数据操作）通过 Stream Groupings 进行连接的图，具体说明如下。

（1）Spout：Spout 从来源处读取数据，并放入 Topology。Spout 分为可靠和不可靠两种：当 Storm 接收失败时，可靠的 Spout 会对 Tuple 进行重发，不可靠的 Spout 不会考虑接收成功与否，只发射一次。Spout 中最主要的方法是 nextTuple()，该方法会发送一个新的 Tuple 到 Topology，如果没有新的 Tuple 发送，则会简单返回。

（2）Bolt：Topology 中的所有处理都由 Bolt 完成，如数据过滤、聚合、访问文件/数据库等。Bolt 从 Spout 中接收数据并进行处理，如果遇到复杂流的处理也可能将 Tuple 发送给另一个 Bolt 进行处理。Bolt 中最重要的方法是 execute()，以新的 Tuple 作为参数接收。

不管是 Spout 还是 Bolt，如果需要将 Tuple 发送成多个流，都可以通过 DeclareStream() 方法来声明。

（3）Stream Groupings：定义了一个流在 Bolt 之间该如何被切分，Storm 提供的 6 个 Stream Groupings 类型如下所述。

- 随机分组（Shuffle Grouping）：随机分发 Tuple 到 Bolt 的任务，保证每个 Bolt 获得相同数量的 Tuple。
- 字段分组（Fields Grouping）：按照字段分割数据流并分组。例如，根据"user-id"字段，相同"user-id"的元组分发到同一任务，不同"user-id"的元组分发到不同任务。
- 全部分组（All Grouping）：即广播发送，将 Tuple 发送给所有的 Bolt。
- 全局分组（Global Grouping）：Tuple 被分配到 Bolt 的其中一个 Task，再具体一点就是分配给 id 值最低的那个 Task。
- 无分组（None Grouping）：Stream 不关心到底谁会收到它的 Tuple，无分组的效果与随机分组基本相同。有点不同的是，Storm 会把这个 Bolt 放到其订阅者同一个线程中去执行。
- 直接分组（Direct Grouping）：这是一个特别的分组类型，由消息发送者决定让消息接收者的哪个 Task 来接收和处理这个消息。只有被声明为 Direct Stream 的消息流可以声明这种分组方法，而且这种 Tuple 必须使用 emitDirect 方法来发送。消息处理者可以通过 TopologyContext 方法或 OutputCollector.emit 方法来获得处理该消息的任务 id。

用户也可以根据自身需求，通过 CustomStreamGroupimg 接口定制自己需要的分组。

3. 使用案例

Storm 对于实时计算的意义类似于 Hadoop 对于批处理的意义，目前广泛应用在不同企业的 IT 系统中，实现数据实时处理功能。Storm 软件的典型使用案例如表 5.4 所示。

表 5.4　Storm 软件的典型使用案例

公司名称	Storm 应用场景
Twitter	热点发现、实时分析、个性化搜索
Baidu	实时的日志分析处理
淘宝	实时的日志分析处理、个性化推荐
阿里巴巴	恶意交易、预防金融犯罪
FullContact	地址簿的云同步
Infochimps	实时数据收集、转换云服务
Cerner	健康云服务：实时处理诊所的数据流
Aeris Communications	实时数据分析

续表

公司名称	Storm 应用场景
Flipboard	内容检索、实时分析、个性化内容推荐
Ooyala	网络视频服务提供商，用户行为分析
The Weather Channel	从互联网上持续获取气象数据，处理后存入关系型数据库
Klout	计算用户社交网络上影响力指数

5.4.4 CEP 软件对平台建设的意义

CEP 软件采用流计算技术，能够处理持续的海量数据流，可以有效降低数据实时处理的复杂性，实现对连续数据的快速实时分析和处理。CEP 提供对多种终端/传感器的接入支持，具有良好的通信协议和数据格式兼容性。

在物联网开放平台中，数据往往存在着规模庞大、变化快速、异构性强、计算复杂等特点，利用 CEP 软件，能够有效处理海量传感器的接入和数据上报，特别是实时、爆发式上报的数据，并且能够识别和处理不同类型的数据（如文本型、GPS 型、视频型、音频型、图像型），并对数据进行过滤、关联、分类、聚类等操作，提取有用信息，通过简单数据提供对高级事件或商业流程的决策支持。

在应用场景上，CEP 支持数据的实时转换与存储，能够对各类终端/传感器上报的数据进行提取，按照信息中心定义的元数据格式进行转换和存储，作为开放平台的数据来源。CEP 还能支持对外部系统的数据实时同步（如 PM2.5 监控数据采集系统），实时分析各种传感器用户关注的信息、传感数据信息、搜索日志等，并根据相关指标或策略，进行热点推荐。此外，CEP 还可以支持对网络流量、并发数等网络指标状况的实时监控，提早防范非法终端和用户的入侵。

5.5 业务流程管理（BPM）软件研究

5.5.1 BPM 概述

BPM 的全称是 Business Process Management，通过建模、自动化、管理和优化业务流程等方式，打破跨部门、跨系统的业务流程依赖，提高业务效率和效果。

目前的主流 BPM 软件大多遵循 BPMN2.0 规范要求。BPMN（Business Process Model and Notation）是由 BPMI（Business Process Management Initiative）开发的一套标准的业务流程建模符号。BPMI 于 2004 年 5 月发布了 BPMN1.0 规范，于 2005 年 9 月并入 OMG（Object Management Group）组织，OMG 于 2011 年 1 月发布了 BPMN2.0 的规范。

相对于 BPMN 1.0 版本，BPMN2.0 规范最大的区别是定义了规范的执行语义和格式，利用标准图标去描述真实的业务发生过程，保证相同流程在不同流程引擎得到的执行结果一致。

BPMN2.0 的基本流程元素如下。

1．流对象

流对象（Flow Object）是 BPMN 的核心元素，是用来操作数据流的对象，主要是对数据的读写，包括：

（1）Activities。在工作流中，所有具备生命周期状态的都可以称为活动。活动用圆角矩形表示，活动类型包括 Task、Sub-Process，如图 5.19 所示，一个活动可以由多个活动组成。

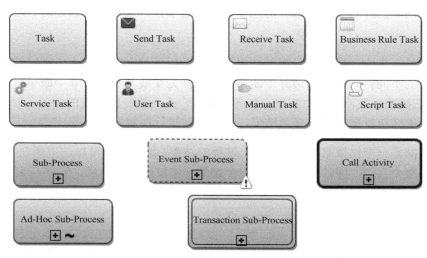

图 5.19　BPMN 主要的活动类型

Task 是一个流程中的关键原子级活动，指一个由人或计算设备完成的活动，它们通过流程组合在一起发挥效用。Task 中的多个实例可以顺序或并行执行。Sub-Process 是一个子流程，在图形下方用一个小加号来区分。Sub-Process 中的开始事件被触发时，事件的子流程就启动了，此时父流程是否终止取决于开始事件是否标注为中断。

（2）Gateways。网关用来决定流程的流转指向，可被用作条件分支或聚合，也可被用作并行执行或基于事件的排他性条件判断。网关用菱形表示，具体符号如图 5.20 所示。

图 5.20　BPMN 网关符号

（3）Events。Event 用圆圈表示，表示流程运行过程中发生的事情。例如，流程的启动、结束、边界条件，以及每个活动的创建、开始、流转等都是流程事件。事件的发生会影响流程的流转，利用事件机制，可以通过事件控制器为系统增加辅助功能，如其他业务系统的集成、活动预警等。事件包含 Start、Intermediate、End 三种类型，如图 5.21 所示。

Start Event   Intermediate Event   End Event

图 5.21　BPMN 事件类型

其中，单圆圈是一个开始事件，表示一个过程的开始，它只有一个唯一的输出顺序流，常用的包括简单的开始事件，带有消息参数的消息事件，表示定时、超时、时间区间的时间事件。

双圆圈是一个中间事件，它将事件附加在任务或子流程的边界上，能够捕获触发器。根据捕获后的不同行为，分为边界中断事件（标注为实线）和边界非中断事件（标注为虚线）。前者在捕获触发器后，中断原有任务的执行，改为执行所触发的任务；后者在捕获触发器后，会继续执行原有任务直至结束，同时开始执行所触发的任务。

满环圆圈是一个结束事件，表示一个过程的结束。结束事件可以结束所在分支的执行，也可以结束整个案例，同时产生并产生一个结果（如发送一个消息、信号）。结束事件只能产生结果、不能捕获触发器，只有输入顺序流、没有输出顺序流。

2．数据对象

数据对象（Data Object）用来描述活动所需的或者所产生的数据，它们用连线与活动连接起来。数据对象如图 5.22 所示。

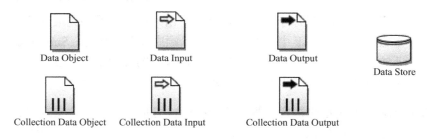

图 5.22　BPMN 数据对象

（1）数据对象（Data Object）：代表过程中流动的信息，如业务文件、E-mail、信件等。

（2）数据输入（Data Input）：整个过程中可以被活动读取的外部数据。

（3）数据输出（Data OutPut）：整个过程的输出数据。

（4）数据存储（Data Store）：存放过程数据的地方，如数据库、文件等。

3．连接对象

连接对象（Connecting Object）将流程对象连接起来，组成业务流程的结构。

（1）顺序流（Sequence Flows）：用实线实心箭头表示，代表流程中将被执行的活动的执行顺序。

（2）消息流（Message Flows）：用虚线空心箭头表示，用来表示两个分开的流程参与者（业务实体或业务角色）之间发送或接收到的消息流。

（3）结合关系（Associations）：用点状虚线表示，用于显示活动的输入和输出。

4．泳道

泳道（Swimlanes）用来区分不同的参与者、功能和职责。

（1）池（Pools）：池代表流程中的一个参与者，主要用于两个独立的参与者或实体之间的物理划分。各个池中的流程通常有自身的流程，因此顺序流通常不会越过多个池，而消息流可以。

（2）道（Lanes）：道是池的子划分，常用来将活动按照角色进行划分。流程可以在一个池中跨道流转，但是消息流在一个池中通常不跨道流转。

5．描述对象

描述对象（Artifacts）用来扩展基本符号，提供描述额外的上下文。

（1）组（Group）：将一部分元素按逻辑或特定目的进行分组，便于查看和管理，用于描述和解释，不会影响流程的流转。

（2）文本注释（Text Annotation）：提供一些附加性的文本信息给流程图的阅读者。

5.5.2　jBPM

1．概述

jBPM 是一个轻量级、可扩展的工作流引擎，目前的最新版本为 5.0，它基于 BPMN 2.0 规范，采用纯 Java 语言编写，可运行在各类 Java 环境中，通过嵌入到应用或服务中，实现对业务流程的建模、运行，并对业务流程的状态进行全生命周期的监视。

在 jBPM 中，用户通过流程图对业务流程进行建模和描述，能够有效改善业务逻辑的可见性和灵活性。jBPM 具有良好的适应性，支持比较复杂的流程建模。该适应性的前提是流程需求要具备充分的细节信息，以便能运行在 jBPM 引擎上。对于预设流程，jBPM 能够动态地对一部分流程进行编辑和运行，改变现有流程，也可以对不同的业务流程进行组合，实现流程、规则、事件的集成。

2．软件架构及功能

jBPM 在业务分析人员、开发者、最终用户之间架设了一座桥梁，通过图形化的托盘使得业务流程更易于被业务使用者理解。jBPM 具有下面一些特点。

- 基于 Eclipse 插件和 Web 服务的编辑器，支持通过图形的拖曳方式创建业务流程。
- 提供基于 JPA/JTA 的实体对象持久化和分布式事务处理，其中，JPA 支持 XML 和 JDK5.0 注解两种元数据的形式，元数据描述对象和表之间的映射关系，框架据此将实体对象持久化到数据库表中；JTA 允许应用程序执行分布式的事务处理。
- 支持对流程实例、任务列表的管理及上报。
- 可通过流程仓库及相关的知识部署个性化的业务流程。
- 提供历史流程的日志记录、查询、监视、分析。
- 能够与 Seam、Maven、Spring、OSGi 等软件相集成。

图 5.23 是 jBPM 的组件架构示意图。

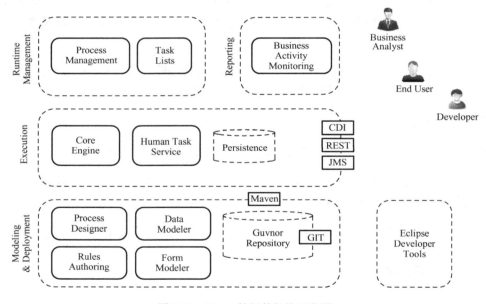

图 5.23　jBPM 的组件架构示意图

（1）Execution。

Core Engine 是 jBPM 软件的核心部分，它是轻量级的工作流引擎，使用纯 Java 语言开发。用户可以将该组件嵌入应用中作为组成部分之一，或者作为一种服务部署在云端，通过基于 Web 的界面或远程 API 进行连接和调用。主要特点包括：

- 支持 BPMN 2.0 技术规范对于业务流程建模和运行的要求。
- 具有良好的性能和可扩展性。
- 轻量级，几乎可以部署在任何支持 Java 运行环境的设备上，不需要 Web 容器。
- 通过默认的 JPA/JTA 实现，支持可插拔的数据持久化和事件处理。

- 作为一种通用的流程引擎，能够扩展并支持新的节点类型，以及其他的编程语言。
- 可以监听不同的事件。
- 支持将正在运行中的业务流程实例迁移到更新的版本中。

Human Task Service 组件是可选部分，如果在业务流程中存在有人参与的任务，就需要使用该组件。它完全可插拔，默认的实现方式是基于 WS Human Task 规范，对任务列表、任务规模、流程升级、流程代理、基于规则的任务设计等多种功能进行全生命周期的管理。

Persistence 组件是可选部分，其作用是在运行环境中，实时存储业务流程实例中的各种状态信息，记录安全审计信息。

历史日志能够存储引擎中所有业务流程运行的信息，包括活跃的和已完成的流程实例的当前状态与历史状态（Persistence 组件只能存储所有设备流程实例的当前状态），可以通过日志查询与流程实例运行相关的信息，可用于监控、分析等。

应用程序可以通过 Core Engine 的 Java API 与之建立连接，或者将应用自身作为一系列的 CDI 服务，并采用远程 REST/JMS API 方式与 Core Engine 建立连接。其中 CDI（上下文依赖注入）是 Java EE 6 平台的一种技术特性，在企业层和 Web 层之间架起一座桥梁，通过 EJB、JPA 等技术，对事务性资源提供支持。

在 jBPM5 中，引入了规则引擎 Drools，规则引擎负责整个流程引擎的运转。同时，知识仓库的存在让面向流程的知识管理有了更直观的认识，事实上 jBPM 的代码操作几乎都是从知识库类开始的。

（2）Modeling & Deployment。基于 Web 的建模和部署工具允许用户对业务流程，以及其他相关的数据模型和规则进行建模、仿真和部署。其中，Process Designer 用于在基于 Web 环境下对业务流程进行设计和仿真；Data Modeler 允许非技术用户在业务流程中查看、修改和创建数据模型；Form Modeler 与 Data Modeler 的功能类似；Rules Authoring 允许用户定义不同类型的业务规则，从而对不同业务进行整合。上述这些资源在 Guvnor Repository 中进行统一存储和管理，Guvnor Repository 通过 GIT（开源的分布式版本控制系统）开放给外界，进行版本管理、构建和部署。

Process Designer 面向业务的使用者，允许用户在基于 Web 的环境中对业务流程进行建模，采用图形化的编辑器进行查看和编辑，并且支持与 Eclipse 插件的环境互通，以及流程的仿真。

Data Modeler 面向非技术用户，用来查看、编辑和创建与流程相关的数据模型。通常，对于流程或数据的分析需要首先获取一个流程或应用的需求，将其转化为一种互相关联的数据结构。Data Modeler 工具为建立物理和逻辑的数据模型提供可视化支持，同时不需要额外的开发技能，为流程的自动化提供支持。

Form Modeler 是一种规则化的编辑器，用户能够创建列表来捕捉和显示流程或任务运行中的信息，同时不需要任何编码或模板标记。它采用 WYSIWYG 环境（所见即所得）对任务规格进行建模，支持数据模型和 Java 对象的自动生成、Java 对象的数据绑定等。用户界面同时面向业务流程分析员和开发者，进行任务规格的创建和测试。

（3）Runtime Management。Runtime Management 是基于 Web 的管理控制台，允许用户对业务流程、运行环境及任务列表进行统一管理，如发起新流程、检查运行中的实例。Reporting 组件支持业务活动监视功能以及监视报告查看。它主要包括：

- 流程实例管理：启动新的流程实例，获取运行中流程实例的列表，通过可视化方式检测特定流程实例的当前状态。
- 人工任务的管理：获取所有当前已分配或可能需要任务的列表，并且完成列表上的任务。

（4）Business Activity Monitoring（BAM）。在 jBPM 6.0 版本中，BAM 工具允许非技术用户（业务经理、数据分析师等）采用可视化方式构建业务运行状态显示面板，相对于早期版本，大大简化了开发业务活动监控功能，以及上报解决方案的操作。主要特点包括：

- 可视化的显示面板配置（采用拖曳方式）。
- 数据可以导出为 Excel 文件或 CSV 格式。
- 数据的搜索和过滤。
- 从外部系统中进行数据提取。
- 可插拔的图库。

（5）Eclipse Developer Tools。Eclipse 开发工具是 Eclipse IDE 的扩展，面向开发人员，提供 Eclipse IDE 的一系列插件，提供图形化的业务流程编辑器和测试能力，允许用户采用拖曳的方式创建业务流程，进行测试和故障排查。主要特点包括：

- 创建新工程的向导。
- BPMN 2.0 流程的图形化编辑器。
- 支持插入特定领域的业务节点。
- 对不同版本 jBPM 的支持。
- 支持图形化方式查看所有运行中的某个会话的流程实例，以及当前状态呈现。

5.5.3　Activiti BPM

1. 概述

Activiti BPM 开源项目由 Alfresco 软件公司在 2010 年启动，是一项基于 Apache 许可证的项目，目前的最新版本为 5.0。Activiti BPM 是面向 Java 开发者的轻量级开源软件，提供对 BPMN2.0 标准的支持。相对于 jBPM，二者的核心引擎类似，Activiti 提供了更多、更复杂的互操作性和顶层设计工具。

Activiti BPM 的主要用户涵盖教育、航空航天、旅游服务等不同行业的诸多国外企业，如 Canadian Museum for Human Rights、EuroStar、iMinds、PGA TOUR、Saks Fifth Avenue、

Church Pension Group 等。

2. 软件架构及功能

Activiti BPM 的组件架构如图 5.24 所示。

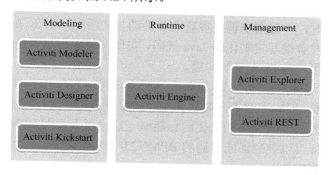

图 5.24　Activiti BPM 的组件架构示意图

（1）Activiti Engine。Activiti Engine 是 Activiti BPM 的核心引擎，支持对象的配置，提供各类服务的 API 用于业务调用。Activiti Engine 架构如图 5.25 所示。

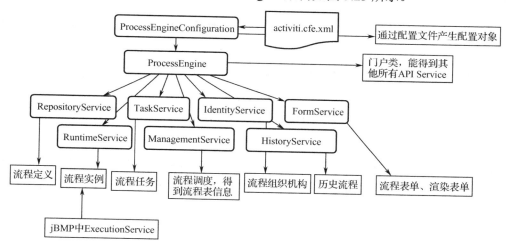

图 5.25　Activiti Engine 架构示意图

Activiti Engine 的主要特点包括：

- 能够在一项事务中将用户的介入与流程的升级结合起来。
- 可以运行在任何 Java 环境中（如 Spring、JTA）。
- 易于安装和启动。
- 支持云端的可扩展性。
- 易于添加新的定制化活动类型，使用专用的流程语言。
- 异步事务的连续性。
- 隐藏的事件监听模块，将软件的技术实现细节与业务层面的设计解耦合。
- 支持对流程运行的独立测试。

同时还支持一些能够改善非技术用户和技术开发者合作的特性，包括：

- 通过事件监听模块，技术开发者可以在不影响现有对外呈现的业务流程图的基础上，通过专门的 Java 代码或脚本，对业务流程环节的实现进行优化。
- 支持定制化的业务活动。当非技术用户创建的业务活动无法与 IT 系统中现有的活动类型匹配时，一般要求调整现有业务活动与之匹配。但在 Activiti 中，还有一种方式是由开发者编写定制化的 Java 代码，实现非技术用户所描绘的业务行为，从而简化非技术用户与 IT 人员的沟通。
- 采用 BPMN 快捷图标的方式。相对于早期的 jPDL 语言，BPMN 标准改进了可读性，虽然有些冗长，但标准对于开源软件非常重要，因此对于冗长的问题，引入了 BPMN 快捷图标的方法。BPMN 的快捷图标能够一定程度上起到 BPMN2.0 XML 的作用，这些快捷图标可以被翻译成普通的 BPMN2.0 XML 文件，其作用主要是提高 XML 语言描述的紧凑性。

此外，流程虚拟机也是 Activiti Engine 的组成部分，其作用是使插入新的活动类型、特征更加方便，并且支持流程语言。目前 Activiti 社区比较推荐的流程语言是 jPDL4，用户也可以根据需要构建特定领域所需的流程语言。

（2）Activiti Explorer。Activiti Explorer 是为用户提供接入 Activiti Engine 运行环境的 Web 应用，支持任务管理、流程实例检查、浏览根据历史统计数据生成的报告等功能，具体如下。

任务管理：支持查看个人任务列表、潜在任务列表、创建新任务、通过提交任务数据完成任务、重新为任务指派其他用户、查看其他与该任务有关的人员、创建子任务及分工的功能。对于管理人员，还可以查看任务列表中涉及的下属；对于开发人员和系统管理员，还可以查看流程实例的细节。

报告生成：所有与流程实例相关的事件都会存储在流程历史的数据库中，这些信息对业务使用者非常重要，例如，每项活动中所花的平均时间、每个国家的平均交易额。

管理特征：显示 Activiti Engine 是否启动或存在故障，管理和查看已部署的资源，管理流程定义，查看业务运行日志（如平均多久产生一个事务，是否存在多次失败的作业，原因何在，不同作业是否存在相似的故障）。

基于表格的流程设计：Kickstart 是一个简单的流程设计工具，用户通过它可以构建简单的流程，设计基于表格的视图，从而不需要额外的编辑器就能设计流程。

（3）Activiti Modeler。Activiti Modeler 体现了将 BPM 流程尽可能简化的思想，能够采用图形化的方式编辑符合 BPMN2.0 标准的流程，并存储在服务端数据库中。Activiti Modeler 为用户提供了一种管理 Activiti 工程的 Web 环境，它的控制板可以进行定制化的设计。

（4）Activiti Designer。Activiti Designer 是一个 Eclipse 插件，允许用户在 IDE 环境中对 BPMN2.0 流程进行建模，并内置了支持 Activiti Engine 的一些模块。Activiti Designer 提供很多插入点，用户可以在 BPMN2.0 流程中加入自定义的模块，用于特定的业务领域。

5.5.4　Fixflow

1．概述

Fixflow 最早源自方正国际于 2000 年研发的 Founder Fix（方正飞鸿）流程管理软件。在 BPMN2.0 标准推出以后，Fixflow4.0 版本从底层开始进行了全新设计，新版本软件继承了老版本的优势，并吸纳了 jBPM3、Activiti5、BonitaBPM 等国际开源流程引擎的精髓。在 Founder Fix BPMCS 开发平台发布后，经过一些大型企业项目的历练，流程引擎的扩展体系逐渐完善，5.0 版本成为一个独立的开源社区项目。

Fixflow 由开源联盟组织（FOSU，一个由在中国使用 Fixflow 开源流程引擎的企业用户组成的联盟）进行社区化管理，引擎底层支持 BPMN2.0 国际标准，同时提供了强大的中国式流程流转处理。引擎采用"微内核+插件"形式设计，提供灵活的扩展模式。Fixflow 的建模采用基于 BPMN2.0 标准的 Eclipse 设计器和基于 Web 的流程设计器，不仅为审批流程提供了解决方案，还为复杂业务流程编排提供了强大的支持。

2．软件架构及功能

Fixflow 的微内核采用令牌驱动机制，避免了指令和消息的重复发送，API 层借鉴了 Activiti 的设计，是基于 BPMN2.0 标准要求的语义设计的。Fixflow 架构如图 5.26 所示。

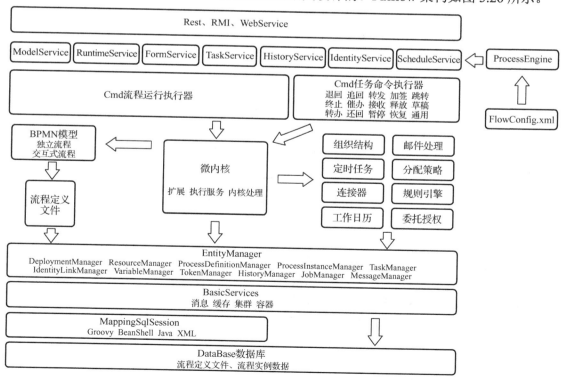

图 5.26　Fixflow 架构示意图

Fixflow 内核支持典型的 BPM 功能如图 5.27 所示，主要包括：

● 组织结构和权限管理；
● Web 流程设计和 Eclipse 建模仿真；
● 流程数据分析；
● 配置工作日历，发起定时任务；
● 支持消息服务。

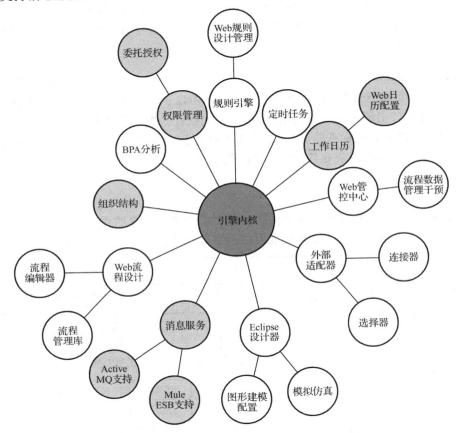

图 5.27　Fixflow 功能示意图

Fixflow 的主要特点包括：

● 基于国际业务流程标准 BPMN2.0；
● 支持复杂的中国式的流程流转处理；
● 支持 Groovy、BeanShell 等多种动态语言；
● 具有强大的基于 BPMN2.0 建模的 Eclipse 插件设计器；
● 基于 Web 的流程设计和管控中心；
● 强大灵活的扩展模式；
● 专门用于集成的 BPM 产品；
● 基于图形化设计的外部系统调用连接器。

图 5.28 是 Eclipse 业务模型设计器，图 5.29 是基于 Web 的业务流程设计器界面。

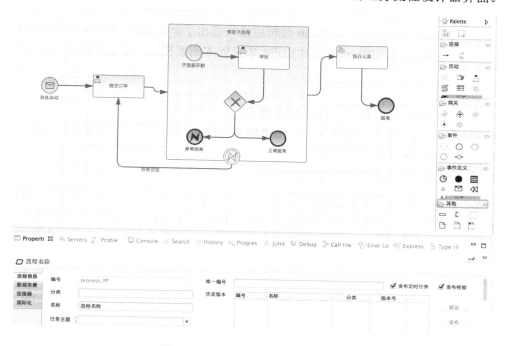

图 5.28　Eclipse 业务模型设计界面

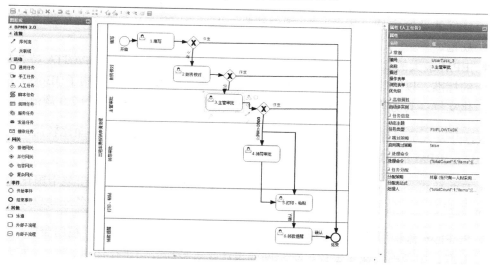

图 5.29　基于 Web 的业务流程设计界面

5.5.5　典型 BPM 软件的对比及小结

首先对 jBPM 和 Activiti BPM 进行总结：它们都是目前国内外最常见的两款开源工作流引擎，两者的发展史都是来自于一个叫 Tom Baeyens 的人，两者的风格有很多相似，而 Activiti 更像 jBPM 的后续发展。

在创建者 Tom Baeyens 离开 JBoss 后，jBPM 的新版本 jBPM5 完全放弃了 jBPM4 的基础代码，而是基于 Drools Flow 工作流引擎重新再来，目前官网已经推出了 jBPM6 Beta 版本。同时，Tom Baeyens 加入 Alfresco 公司后很快推出了新的基于 jBPM4 的开源工作流系统 Activiti5。可以推测，JBoss 内部对 jBPM 未来版本的架构实现很可能产生了严重分歧。

二者的相似点：

- 都符合 BPMN2.0 规范，遵循 ASL 协议；
- 都源自 JBoss 公司（Activiti5 是 jBPM4 的衍生，jBPM5 基于 Drools Flow）；
- 都很成熟，从无到有逐步发展。
- 都有对人工任务的生命周期管理。

此外，从两者的架构图中可以看出，作为一个工作流引擎所应具备的成分——设计器、控制台、流程引擎、引擎数据库，两者都具备，从目前业界来看，它们的架构在后续的各个工作流引擎版本中都没有颠覆性的变化。

二者的不同点：

- Activiti5 和 jBPM5 的一点区别是，jBPM5 是基于 WebService HumanTask 标准（WS-HT 规范）来描述人工任务和管理生命周期的。
- 从技术组成来看，Activiti 的优势之一是采用了 PVM（流程虚拟机），支持除 BPMN 2.0 规范之外的流程格式，因此与外部服务有良好的集成能力，延续了 jBPM3、jBPM4 良好的社区支持，服务 API 接口清晰。Activiti 的不足是持久化层没有遵循 JPA 规范。
- jBPM 最大的优势是采用了 Apache Mina 异步通信技术，采用 JPA/JTA 持久化方面的标准，以功能齐全的 Guvnor 作为流程仓库，有 RedHat（收购了 JBoss）的专业化支持；其劣势在于对自身技术依赖过紧，且目前仅支持 BPMN 2.0 规范。

根据开发人员的反馈，两者也是各有所长。Activiti 上手比较快，界面比较简洁、直观，值得一试；jBPM 的 API 现有体系比较难理解，待后续版本重新评估。

接下来对 Fixflow 进行简要分析。如上所述，Fixflow 是开源工作流引擎中国化的产物，Fixflow 构建在前人的肩膀上，其设计思想主要来源于 Activiti，同时具备一些自身优势。

- FixFlow 流程引擎源于 BPMCS 平台，已有十多年的发展历史，福田康明斯、世纪互联、中国邮政储蓄银行、华东勘测设计院等多加公司正在使用。
- 提供本地化的技术支持和维护团队，沟通更加方便。
- 作为国内首家全面支持 BPMN2.0 的开源工作流引擎，任何标准化设计器设计出来的 BPMN 配置文件都可以直接复制至 FixFlow 里直接使用；同时，FixFlow 也是国内首家使用脚本语言作为核心的开源工作流引擎，流程运转的维护难度大大降低。
- 根据开发人员的反馈，FixFlow 的 API 学习周期较短，易用性良好，系统集成难度低于其他各开源工作流引擎；同时，对于一些中国式的工作管理流程（如多部门会签、任意节点退回等），国外的工作流引擎必须经过复杂的二次开发和逻辑封装才能支持，而 FixFlow 能够提供原生支持，大大简化了开发工作的难度。

因此，综上所述，从学习和开发成本、技术支持和维护、资料的全面性、系统的易用性等角度考虑，建议将 FixFlow 作为物联网开放平台设计和部署中优先选择的工具。

5.5.6　BPM 软件对平台建设的意义

BPM 通过一套标准化的语义和模型定义，以及可视化的开发和配置工具，为开放平台的不同用户提供了业务流程开发和管理的工具。根据平台建设的目标，平台架构师能够运用 BPM 的流程定义，将平台需求快速转化为工程化的业务流程模型，通过分析和建模，进行平台架构和功能模块的设计。借助 BPM 软件的标准化模型，平台开发者可以大大提高与需求方的沟通效率，定义流程的流转规则，根据不同流程的要求，设计为由人工审批或者自动化流转，并提高关键功能模块（例如，平台功能的升级、应用上下线的流程设计、平台状态监控）的开发效率，以及与需求的契合性。在进行应用开发时，应用开发者利用 BPM软件在流程处理方面的强大能力，能够快速对不同物联网应用的业务逻辑进行建模，提高应用的开发、测试和上线的效率，实现业务逻辑的敏捷开发和部署。平台管理员利用 BPM可以更加高效地完成对应用的审核、发布、版本管理等工作，完成相应流程的审批和转发。

此外，BPM 能够固化一些关键业务流程和通用业务流程，记录及控制工作时间，满足平台的管理需求和服务质量需求。BPM 以流程处理为导向，自动串联起不同行业、地域、领域的人员，实现协同工作，并且将流程的运转以数据、图片、报表等方式呈现出来，分析流程定义的好坏，为流程优化和决策提供科学依据。

5.6　消息队列（MQ）软件研究

5.6.1　MQ 概述

消息队列（MQ）是分布式应用、进程或进程内不同线程之间进行消息交换的一种技术，是一种消息中间件。消息队列通常采用典型的生产者-消费者模型，核心作用是解耦合，生产者和消费者彼此没有直接依赖。消息队列可以将同步方式转化为异步方式，不同应用程序不需要同时与消息队列交互，可以各自独立运行，消息会保存在队列中，直到接收者取回它为止。在异构网络环境下的分布式应用，可以实现对共享信息的统一管理，提供公共的信息交换机制。

消息队列中的消息包含了事件的详细信息（如发生时间、输入装置种类、特定输入参数），通常驻留在内存或磁盘上，用于存储这些信息，直到它们被应用程序或进程读走为止。消息队列的 API 调用被嵌入到应用程序中，消息可以发送到内存或磁盘上的队列，或者从队列读出。消息队列可以在应用中执行多种功能，如请求服务、交换信息、异步处理等。

消息队列的基本组成包括：

（1）队列管理器。队列管理器是 MQ 中的上层概念，用于提供和管理基于队列的消息服务。

（2）消息。在 MQ 中，将应用程序交由 MQ 传输的数据定义为消息。用户可以自定义消息的内容，对消息进行广义的理解。例如，各种类型的数据文件、某个应用向其他应用发出的处理请求等都可以作为消息。消息由以下两部分组成。

① 消息描述符（Message Descriptor）：用来描述消息的特征，如消息的优先级、生命周期、消息 ID。

② 消息体（Message Body）：即用户数据部分。

在 MQ 中，消息分为两种类型，非永久性（Non-Persistent）消息和永久性（Persistent）消息。

- 非永久性消息存储在内存中，是为提高性能而设计的。当系统掉电或 MQ 队列管理器重新启动时，将不可恢复。当用户对消息可靠性要求不高，而侧重系统的性能表现时，可以采用该类型消息。例如，发布股票信息时，由于不断地更新，每若干秒就会发布一次，新的消息会不断覆盖旧的消息。
- 永久性消息存储在硬盘上，记录数据日志，具有高可靠性，在网络和系统发生故障的情况下确保消息无丢包和重复的情况。

（3）队列。队列是消息的存放地，队列会一直存储消息，直到消息被应用程序处理为止。队列的典型工作方式如下。

- 程序 A 形成对消息队列的调用，将调用告知消息队列，准备好要投向程序 B 的消息；
- 消息队列发送此消息到程序 B 驻留的系统，并将它放到程序 B 对应的队列中；
- 一段时间后，程序 B 从它的队列中读取并处理此信息。

由于采用了一定的程序设计思想及内部工作机制，MQ 能够在各种网络条件下保证消息的可靠传递，可以克服网络链路质量差或不稳定的因素。在传输过程中，如果通信线路出现故障或远端主机发生故障，本地的应用程序不会受到影响，可以继续发送数据，而无须等待网络故障恢复或远端主机正常后再重新运行。

在 MQ 中，队列包括多种类型，如本地队列、远程队列、模板队列、动态队列等。

本地队列又可分为普通本地队列和传输队列，普通本地队列是应用程序通过 API 对其进行读写操作的队列；传输队列可以理解为存储-转发队列。例如，进程将某个消息交给 MQ 准备发送到远程主机时，若网络发生故障，MQ 会把消息放在传输队列中暂存，当网络恢复时，再发往远程主机。

远程队列是目的队列在本地的定义，类似于一个地址指针，指向远程主机上的某个目的队列。远程队列仅仅是个定义，不占用实际的磁盘空间。

模板队列和动态队列是 MQ 的一个特色，它们的典型用途是对系统扩展。用户可以创建一个模板队列，当今后需要新增队列时，每打开一个模板队列，MQ 便会自动生成一个动态队列。用户还可指定该动态队列为临时队列或永久队列，临时队列可以在关闭的同时将其删除，永久队列则可以永久保留。

（4）通道。通道是 MQ 的队列管理器之间传递消息的管道，是建立在物理网络连接之上的一个逻辑概念。MQ 中有三种通道类型：消息通道、MQI 通道和 Cluster 通道。消息通道用于在 MQ 的服务器之间传输消息，该通道是单向的，有发送（Sender）、接收（Receive）、请求者（Requestor）、服务者（Server）等不同类型，供用户在不同情况下使用；MQI 通道供 MQ Client 和 MQ Server 之间通信和传输消息使用，它的传输是双向的；Cluster 通道供位于同一个 MQ 集群内部的队列管理器之间通信所用。

消息队列的主要通信模式如下。

（1）点对点通信：这是最传统和最常见的通信方式，支持一对一、一对多、多对多、多对一等多种配置方式，支持树状、网状等多种拓扑结构。

（2）多点广播：多点广播使用一条 MQ 指令将单一消息发送到多个目标站点，并确保为每一站点消息发送的可靠性。除了多点广播，MQ 还具有智能消息分发功能，在将一条消息发送到同一系统上的多个用户时，MQ 将消息的一个复制版本和该系统上接收者的名单发送到目标系统，目标系统在本地复制这些消息，并将它们发送到名单上的队列，从而尽可能地减少网络的传输量。

（3）发布/订阅（Publish/Subscribe）模式：发布/订阅模式使消息的分发可以突破目的队列地理指向的限制，使消息按照特定的主题或内容进行分发，用户或应用程序可以根据主题或内容接收所需要的消息。发布/订阅功能使得发送者和接收者之间的耦合关系变得更为松散，发送者不必关心接收者的目的地址，而接收者也不必关心消息的发送地址，只是根据消息的主题进行消息收发。

（4）集群（Cluster）：为简化点对点通信模式中的系统配置，MQ 提供集群的解决方案。当集群内部的队列管理器之间通信时，不需要两两之间建立消息通道，而是采用集群通道与其他成员通信，从而简化系统配置。此外，集群中的队列管理器之间能够自动进行负载均衡，当某一队列管理器出现故障时，其他队列管理器可以接管它的工作，从而提高系统的可靠性。

5.6.2　RabbitMQ

1. 概述

RabbitMQ 是一个开源的 AMQP 实现，服务器端用 Erlang 语言编写，支持多种客户端，如 Python、Ruby、.NET、Java、JMS、C、PHP、ActionScript、XMPP、STOMP 等，支持 AJAX。RabbitMQ 用于在分布式系统中存储和转发消息，在易用性、扩展性、高可用性等方面表现不俗。

高级消息队列协议（Advanced Message Queuing Protocol，AMQP）是应用层协议的一个开放标准，用于面向消息的中间件设计。消息中间件主要用于组件之间的解耦，消息的发送者无须知道消息使用者的存在，反之亦然。AMQP 的产生背景是因为在后摩尔定律时代分布式处理逐渐成为主流，业界需要一套标准来解决分布式计算环境中节点之间的消息通信。Apache 基金会旗下的 AMQP 1.0 标准逐渐得到业界认可，AMQP 的主要特征是面向消息、队列、路由（包括点对点和发布/订阅）、可靠性、安全。

2．软件结构

Connection、ConnectionFactory、Channel 是 RabbitMQ 对外提供的 API 中最基本的对象。Connection 是 RabbitMQ 的 Socket 链接，封装了 Socket 协议相关的部分逻辑；ConnectionFactory 用来生成 Connection；Channel 是开发者与 RabbitMQ 打交道的最重要接口，大部分的业务操作，包括定义 Queue、定义 Exchange、绑定 Queue 与 Exchange、发布消息等，都是在 Channel 接口中完成的。在客户端的连接里，可以建立多个 Channel，每个 Channel 代表一个会话任务。

在图 5.30 中，Queue 是 RabbitMQ 的内部对象，是消息队列的载体，每个消息都会被投入一个或多个队列中用于存储。RabbitMQ 中的消息都只能存储在 Queue 中，生产者（图中的 ClientA/B）生产消息并最终投递到 Queue 中，消费者（图中的 Client1/2/3）从 Queue 中获取消息并消费。多个消费者可以订阅同一个 Queue，这时 Queue 中的消息会被平均分发给多个消费者进行处理，而不是每个消费者都收到所有的消息并处理。

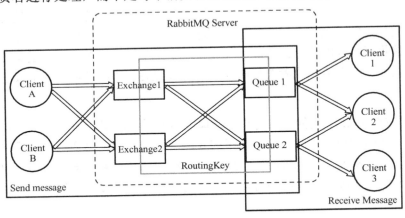

图 5.30　RabbitMQ 的软件结构图

Exchange 是消息交换机，它指定消息按什么规则、路由到哪个队列。在实际使用中，生产者并不直接将消息投递到 Queue 中，而是发送到 Exchange，由 Exchange 按照规则将消息路由到一个或多个 Queue 中，或者丢弃。RabbitMQ 中通过 Binding 对象将 Exchange 与 Queue 关联起来，这样 RabbitMQ 就知道如何将消息正确地路由到指定的 Queue。在绑定 Exchange 与 Queue 的同时，一般会指定一个 BindingKey。此外，消费者将消息发送给 Exchange 时，一般会指定一个 RoutingKey。当 BindingKey 与 RoutingKey 相匹配时，消息将会被路由到对应的 Queue 中。在绑定多个 Queue 到同一个 Exchange 时，这些 Binding 允许使用相同的 BindingKey。BindingKey 并不是在所有情况下都生效，它依赖于 Exchange 的类型。

RabbitMQ 中的 Exchange 有四种类型，不同类型有不同的路由策略。RabbitMQ 常用的 Exchange Type 包括 fanout、direct、topic、headers 四种，下面分别介绍。

（1）fanout 类型的 Exchange 路由规则会把所有发送到该 Exchange 的消息路由到所有与它绑定的 Queue 中，而不考虑 BindingKey。

（2）direct 类型的 Exchange 路由规则会把消息路由到那些 RoutingKey 与 BindingKey 完全匹配的 Queue 中。

（3）针对 direct 类型的路由规则需要完全匹配 RoutingKey 与 BindingKey，这种严格的匹配方式在很多情况下不能满足实际业务需求。topic 类型的 Exchange 在匹配规则上进行了扩展，它将消息路由到 RoutingKey 与 BindingKey 相匹配的 Queue 中，但这里的匹配规则有些不同，它约定：

- RoutingKey 为一个句点号 "." 分隔的字符串，被句点号 "." 分隔的每一段独立的字符串称为一个单词，如 stock.usd.nyse、nyse.vmw、quick.orange.rabbit。
- BindingKey 与 RoutingKey 一样也是句点号 "." 分隔的字符串。
- BindingKey 中可以存在两种特殊字符 "*" 与 "#"，用于模糊匹配，其中 "*" 用于匹配一个单词，"#" 用于匹配多个单词（可以是零个或一个）。

（4）headers 类型的 Exchange 不依赖于 RoutingKey 与 BindingKey 的匹配规则来路由消息，而是根据发送消息内容中的 headers 属性进行匹配的。在绑定 Queue 与 Exchange 时指定一组键值对，当消息发送到 Exchange 时，RabbitMQ 会取到该消息的 headers（也是一个键值对的形式），对比其中的键值对是否完全匹配 Queue 与 Exchange 绑定时指定的键值对，如果完全匹配，则将消息路由到该 Queue；否则不路由到该 Queue。

3. 消息处理

RabbitMQ 本身是基于异步的消息处理，生产者发送消息到 RabbitMQ 后不知道消费者处理的情况，甚至不知道有没有消费者来处理这条消息。在实际应用场景中，用户很可能需要一些同步处理，需要同步等待服务端将消息处理完成后再进行下一步处理，所以用到了远程过程调用（Remote Procedure Call，RPC），RabbitMQ 能够支持 RPC。

RabbitMQ 中实现 RPC 的机制如下。

（1）客户端发送请求时，在消息属性（Message Properties，AMQP 协议定义了 14 种属性，这些属性会随着消息一起发送）中设置了两个值——replyTo 和 correlationId。replyTo 是一个 Queue 名称，用于告诉服务器处理完成后将通知消息发送到这个 Queue 中；correlationId 是此次请求的标识号，服务器处理完成后需要将此属性返还，客户端将根据这个 ID 了解哪条请求被成功执行，哪条执行失败。

（2）服务器端收到消息并处理。

（3）服务器端处理完消息后，将生成一条应答消息到 replyTo 指定的 Queue，同时带上 correlationId 属性。

（4）客户端之前已订阅 replyTo 指定的 Queue，从中收到服务器的应答消息后，根据其中的 correlationId 属性分析哪条请求被执行了，然后根据执行结果进行后续业务处理。

在实际应用中，存在消费者收到 Queue 中的消息，但没有处理完就宕机，导致消息丢失的情况。为此，系统可以要求消费者在处理完消息后发送一个回执给 RabbitMQ，RabbitMQ 收到消息回执后才将该消息从 Queue 中移除；如果 RabbitMQ 没有收到回执并检测到消费者的 RabbitMQ 连接断开，则 RabbitMQ 会将该消息发送给其他消费者（如果存在）处理。RabbitMQ 不存在超时的概念，一个消费者处理消息时间再长也不会导致该消息被发送给其他消费者，除非它的 RabbitMQ 连接断开。存在的一个问题是，如果开发人员处理完业务逻辑后，忘记发送回执给 RabbitMQ，就会导致 Queue 中堆积的消息越来越多，因此需要有特定机制来避免这个问题。

对于 RabbitMQ 服务器重启造成消息丢失的问题，可以将 Exchange、Queue 或 Message 设置为可持久化，将数据写到磁盘上。对于一些小概率丢失事件，如 RabbitMQ 服务器已经接收到生产者的消息，但还没来得及持久化该消息时 RabbitMQ 服务器就断电了，这就需要相关的事务处理机制来进行管理。

此外，对于多个消费者同时订阅同一个 Queue 中消息的情况，Queue 中的消息会被平摊给多个消费者。这时如果每个消息的处理时间不同，就有可能导致某些消费者一直在忙，而另一些消费者很快就处理完手头工作并一直空闲的情况。可以通过设置 prefetchCount 属性来限制 Queue 每次发送给每个消费者的消息数，消费者处理完已发送的消息后 Queue 会再次给该消费者发送这个数量的消息，直到没有可发送的消息为止。

5.6.3　MetaQ

1. 概述

MetaQ（全称是 Metamorphosis）是一个高性能、高可用、可扩展的分布式消息中间件，采用纯 Java 语言开发，遵循 Apache 2.0 开源协议。MetaQ 没有完全遵循 JMS 关于消息中间件的规范，使用起来更加灵活。在消费模型上，MetaQ 只采用了发布-订阅的消费模型；在消息类型上，只定义了 Message 消息类型；MetaQ 对所有消息都采用持久化的策略，也没有采用 JMS 对生产者和消费者的 API 定义。

MetaQ 的主要特点如下。

- 消息存储顺序写、吞吐量大、可用性高；
- 生产者、服务器和消费者都可采用分布式；
- 客户端采用 Pull 方式进行数据批量拉取；

- 数据迁移、扩容对用户透明；
- 消费状态保存在客户端；
- 提供事务支持，包括本地事务和 XA 分布式事务；
- 支持异步复制和同步复制，消息可靠性高；
- 当消费消息失败时，支持本地恢复；
- 支持多种 Offset 方式存储（数据库、磁盘、ZooKeeper），可通过自定义实现；
- 支持 Group Commit，提升了数据的可靠性和吞吐量；
- 支持消息广播模式；
- 具有一系列的配套项目，如Python/Ruby/C/C++客户端、Twitter Storm 的 Spout、Tail4j。

2. 软件结构

MetaQ 的服务端称为 Broker。在使用中，用户根据消息的主题，定义不同的 Topic，并在服务端进行配置。消息生产者（Producer）发送消息到某个 Topic 下，消息消费者（Consumer）从某个 Topic 消费消息。同一个 Topic 下面还分为多个分区，每个分区都组织成一个文件列表，消息消费者拉取数据时需要知道数据在文件中的偏移量，这个偏移量就是所谓的 Offset。Offset 是绝对偏移量，服务器会将 Offset 转化为具体文件的相对偏移量。MetaQ 的部署结构如图 5.31 所示，图中的 ZooKeeper（ZK）集群主要用来解决分布式应用中经常遇到的一些数据管理问题，如统一命名服务、状态同步服务、集群管理、分布式应用配置项的管理等。

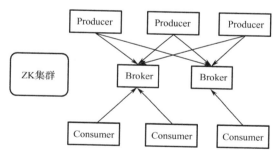

图 5.31　MetaQ 的部署结构

3. 消息存储和消费

MetaQ 服务器收到消息生产者发送的消息并做必要的校验和检查之后，第一件事就是写入磁盘，写入成功后返回应答给消息生产者，表示消息已经确认发送到服务器并被服务器接收、存储。整个发送过程是一个同步的过程，每条发送结果为成功的消息，服务器都会写入磁盘。

在可靠性方面，MetaQ 服务器通常组织为一个集群，一条从消息生产者过来的消息按照路由规则存储到集群中的某台机器。消息消费者一条接一条地处理消息，只有在成功处理一条消息后才会处理下一条。如果在处理某条消息失败后，会重试处理这条消息（默认最多 5 次），超过最大次数后仍无法处理，则将消息存储在消息消费者的本地磁盘，由后台线程继续重试，而主线程继续处理后续的消息。因此，只有在确认成功处理一条消息后，

MetaQ 的消息消费者才会继续处理另一条消息，由此保证消息处理的可靠性。

消息消费者的另一个可靠性关键点是 Offset 存储，也就是拉取数据的偏移量。目前 MetaQ 提供以下存储方案：默认存储在 ZooKeeper 上，ZooKeeper 通过集群来保证数据的安全性；连接到 Mysql 数据库，通过建立一张特定的表来存储，完全由数据库保证数据的可靠性；文件存储，将 Offset 信息存储在消息消费者的本地文件中，Offset 会定期保存。

在实际使用中，消息中间件经常出现消息堆积，这就要求 Broker 具有消息存储能力。消息存储结构决定了消息的读写性能，对整体性能有很大的影响。MetaQ 是分布式的，多个 Borker 可以为一个 Topic 提供服务，一个 Topic 下的消息可以分散存储在多个 Broker，它们是多对多的关系，如图 5.32 所示。

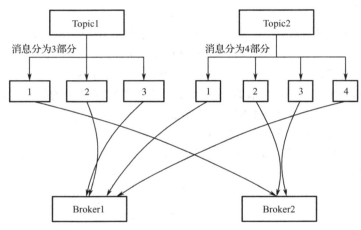

图 5.32　MetaQ 的消息存储结构

其中，MetaQ 对消息的定义包括：

- ID：消息的唯一标识，由系统自动产生，用户无法设置，在发送成功后由服务器返回，发送失败则返回 0。
- Topic：消息的主题，订阅者订阅该主题后即可接收发送到该主题下的消息。
- Data：消息的有效载荷，即消息内容，MetaQ 不会对消息内容进行修改。
- Attribute：消息属性，可选，发送者可通过设置消息属性让消费者过滤。

MetaQ 将消息存储在文件中，每个文件的大小可以进行配置，最大为 1 GB。文件名为该文件的起始字节，长度为 20 字节，不足处在前面补 0。例如，文件最大尺寸为 1 KB，有三个文件，则文件名为 00000000000000000000、00000000000000001024、00000000000000002048。如果写入新消息时超过当前文件大小，则会自动新建一个文件。不同 Topic 的消息可以存储在同一个文件中。

当需要读取指定 Topic 的当前消息时，需要用到索引文件。Broker 将消息存储到文件后，会将该消息在文件的物理位置、消息大小、消息类型封装成一个固定大小的数据结构，称为索引单元，大小为 16 KB，消息在物理文件的位置称为 Offset。多个索引单元组成一个索引文件，索引文件默认固定大小为 20 MB。和消息文件一样，文件名是起始字节位置，写满后，产生一个新的文件。

MetaQ 的一个突出特点是：消费模型不是由生产者推送的，而是由消费者不停拉取的。消费者每次拉取一批消息，处理完毕后再去拉取下一批。这里存在实时性和吞吐量的矛盾：如果每次批量拉取的消息数量过少，会提高实时性，但会减少吞吐量；如果每次批量拉取的消息数量过大，则实时性会降低，但吞吐量上升。根据 MetaQ 的消息存储结构，消费端拉取消息时，需要消息主题、逻辑队列序号、索引起始位置、消息最大长度、当前请求序列号、消费者分组名称等参数。

4．负载均衡

前面提到，一个 Topic 下的消息可以分布在多个 Broker 上，体现为多个 Broker 配置 Topic，并且每个 Broker 最少有一个分区。例如，有一个 Topic 名为 t1，两个 Broker 名为 b1、b2，每个 Broker 都为 t1 配置了两个分区，那么 t1 一共有四个分区：b1-1、b1-2、b2-1、b2-2。生产者和消费者对 Topic 发布消息或处理消息时，目的地都是以分区为单位的。当一个 Topic 的消息量逐渐变大时，可以将 Topic 分布在更多的 Broker 上。某个 Broker 上的分区数越多，意味着该 Broker 承担的任务更繁重，分区数可以认为是权重的表现。

生产者在通过 ZooKeeper 获取分区列表之后，会按照 Broker ID 和分区号的顺序排列组织成一个有序的分区列表，发送消息时按照从头到尾循环往复的方式选择一个分区来发送，这是默认的分区策略。如果用户要实现自己的负载均衡策略，可以通过 PartitionSelector 接口实现，并在创建 Producer 时传入。当 Broker 因为重启或故障等因素无法服务时，Producer 会通过 ZooKeeper 感知到这个变化，将失效的分区从列表中移除。

消费者的负载均衡主要是指单个消费者分组内（Group）的情况，它和 Topic 的分区数目紧密相关。一般地，如果分组内的消费者数目比总的分区数目多，则多出来的消费者不参与消费；如果分组内的消费者数目比分区数目小，则有部分消费者要额外承担消息的消费任务，当分区数量足够多时，可以认为负载是平均分配的。

5．适用场景

相对于一些企业级应用的消息中间件（如 HornetQ、ActiveMQ），MetaQ 更加适合于大规模分布式系统和互联网应用。互联网应用通常面对的是海量数据，为了处理大量请求，通常采用集群处理方式，这是 MetaQ 的长处。对于规模不大、单机应用的场景，由于 MetaQ 是分布式的消息中间件，需要依赖 ZooKeeper 进行协调和调度，机制相对复杂，反而容易出现问题。

MetaQ 的典型业务场景包括：

- 日志传输，高吞吐量的日志传输；
- 消息广播；
- 数据的顺序同步和复制功能；

- 分布式环境下（Broker、Producer、Consumer 都为集群）的消息路由，对顺序和可靠性有极高要求的场景；
- 作为一般 MQ 来使用的其他功能。

MetaQ 在淘宝每日有十亿级别的消息流转，在支付宝有百亿级别的消息流转（作为 Storm 的 Spout 源），在阿里 B2B 也有部分应用，主要用于异步消息解耦、Mysql 数据复制、收集日志等场景。

5.6.4　ZeroMQ

1．概述

ZeroMQ 简称 ZMQ、0MQ，是一个轻量级的消息处理队列库或消息内核，处于会话层之上、应用层之下，可在多个线程、内核和主机之间弹性伸缩。ZeroMQ 可使用 C、C++、Python、.NET、Fortran、Java 等不同语言，可运行在 Linux、MacOS、Windows、Solaris 等不同的操作系统上。

相对于 RabbitMQ，ZMQ 不是一个传统意义上的消息队列服务器，可以类比为一个底层的网络通信库，在 Socket API 之上做了一层封装，将主机、进程、线程等不同节点之间的通信抽象为统一的 API 接口，用户不需要自己的 Socket 函数调用就能完成复杂的网络通信，使 Socket 编程更加简洁、高效。ZeroMQ 跟 Socket 的区别是：普通 Socket 是点对点的关系，ZMQ 可以是多对多的关系。点对点连接需要显式地建立连接、销毁连接、选择协议（TCP/UDP）、处理错误等，而 ZMQ 屏蔽了这些细节，让网络编程更为简单。

2．软件工作模式

ZMQ 提供了三种基本的通信模型：Request-Reply、Publisher-Subscriber 和 Parallel Pipeline。

（1）Request-Reply。ZMQ 的 Request-Reply 通信模型如图 5.33 所示，该模型由 Client 发起请求，并等待 Server 回应请求。请求端发送一个"Hello"消息，服务端回应一个"World"。请求端和服务端都可以是 1:N 的情况。通常把 1 认为是 Server，N 认为是 Client。ZMQ 可以很好地支持路由功能（实现路由功能的组件叫作 Device），通过加入若干路由节点，把 1:N 扩展为 $N:M$。

在上述过程中，服务端收到信息前，程序是阻塞的，等待客户端连接上来。服务端收到信息后，发送一个"World"给客户端，完成一问一答。

ZMQ 仅仅知道消息的字节数，并不清楚消息的具体数据格式，因此用户需要对数据格式负责，确保服务端能够识别这种数据格式，如 XML、JSON、Protocol Buffer、Thrift 等。

（2）Publisher-Subscriber。在订阅模式中，由一个节点提供信息源，其他订阅该节点的节点接收来自该信息源的广播信息，如图 5.34 所示。

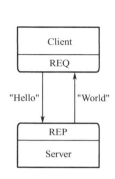

图 5.33　ZMQ 的 Request-Reply 通信模型

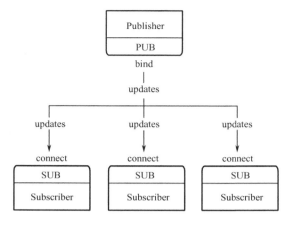

图 5.34　ZMQ 的 Publisher-Subscriber 通信模型

例如，在天气预报订阅服务中，服务器端生成随机数 zipcode、temperature、humidity，分别代表城市代码、温度值和湿度值，然后服务端不断地广播消息，而客户端通过设置过滤参数，接收特定城市代码的天气信息，并做后续处理。

在该模式中，客户端需要设置一个过滤值，相当于设定一个订阅频道，否则收不到消息。服务器端会不断地广播消息，如果中途有 Subscriber 退出，并不影响它继续广播，当 Subscriber 再连接上来后，收到的是后来发送的新消息。因此，晚期加入或中途离开的订阅者会丢失掉部分消息。在实际使用中，即使订阅者早早与发布者建立连接，也会由于建立连接需要一定时间，从而丢失掉发布者的第一条消息。此外，如果 Publisher 中途离开，所有的 Subscriber 会被阻塞，等待 Publisher 再次上线后，继续接收消息。

（3）Parallel Pipeline。在并行管道模式中，服务端将任务按照一定策略推送到不同的节点，节点拉取信息并做处理后，返回给服务端汇总。

例如，需要统计各台服务器的工作日志，将统计任务分发到各个节点机器上，最后收集统计结果进行汇总，如图 5.35 所示。可以看到，Ventilator 节点使用 SOCKET_PUSH 方法，将任务分发到 Worker 节点上。Worker 节点使用 SOCKET_PULL 方法从上游接收任务，并使用 SOCKET_PUSH 将结果汇集到 Sink。这里的任务分发要有一个负载均衡的路由功能，Worker 节点可以随时自由加入，Ventilator 节点可以均衡地将任务分发出去。

此外，ZMQ 还支持多客户端-多服务器的多连接工作模式。例如，假设 N 个客户端同时访问 1 个服务端（N:1），如图 5.36 所示，Client 有 R1、R2、R3、R4 四个任务，只需要一个 ZMQ 的 Socket，就可以连接 4 个服务，自动均衡地分配任务（R1、R4 分配到了节点 A，R2 为节点 B，R3 为节点 C）。进一步地，ZMQ 还可以处理 N:M 的情况，通过一个中间节点 Broker，实现负载均衡的功能。这里 Broker 需要监听端口，接收从多个 Client 发送过来的数据，并将数据转发给 Server。Server 需要连接 Broker，接收需要处理的数据。

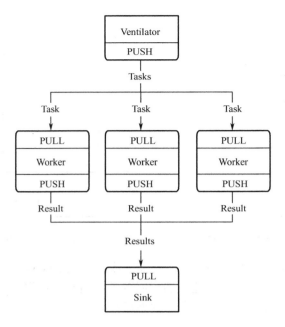

图 5.35　ZMQ 的 Parallel Pipeline 通信模型

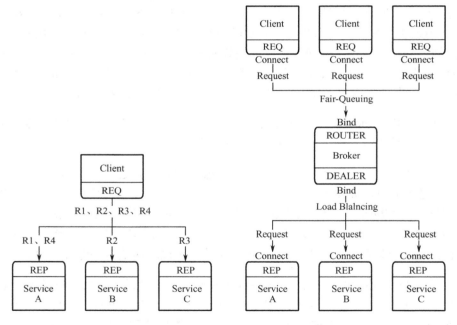

图 5.36　ZMQ 的多服务器工作模式

3．主要特点及应用

与其他消息队列相比，ZeroMQ 有以下一些特点。

（1）点对点模式无中间节点。传统的消息队列都需要一个消息服务器来存储和转发消息，而 ZeroMQ 放弃了这个模式，把重点放在点对点的消息传输。ZeroMQ 能够在发送端缓存消息，并提供用于设置缓存量的相关接口。同时，ZeroMQ 也支持传统的消息队列，通过 zmq_device 模块实现。

（2）更加关注消息的收发模式。在点对点传输消息时，ZeroMQ 将通信模式做了归纳，支持常见的订阅模式、分发模式，支持多种的消息配对模式（如 PUB and SUB、REQ and REP、REQ and XREP、XREQ and REP、XREQ and XREP、XREQ and XREQ、XREP and XREP、PUSH and PULL、PAIR and PAIR），任何一方都可以作为服务端。

（3）以统一接口支持多种底层通信方式（线程间、进程间、跨主机通信），如果需要把本机多进程的软件放到跨主机的环境里运行，通常要将 IPC 接口用套接字重写一遍，非常麻烦。使用 ZeroMQ 可以只对通信协议进行修改，其他代码不需要改动，如果这个是从配置文件里读取的，则程序可以完全不需修改，直接把文件复制到其他机器上就可以了。

（4）异步，强调性能。ZeroMQ 的设计追求消息发送的简洁高效，它采用异步模式发送消息，会单独创建 I/O 线程来实现，所以消息发送调用之后不需要立刻释放相关资源，而是把资源释放函数交给 ZeroMQ，由 ZeroMQ 在消息发送完成后自己释放。

ZeroMQ 能够让开发者用串行的思路写异步的消息处理程序，并在此基础之上提炼出了常见的消息模式。ZeroMQ 提供简洁的接口，通过接口调用能够完成异步消息发送、故障恢复、磁盘缓存等功能。ZeroMQ 用很少的接口封装复杂逻辑的一个问题是：当用户的业务场景跟库的设计者设想的业务场景一样时，使用非常方便；但当业务有差别或对细节有要求时，开发者的工作量会大大增加。

5.6.5　典型 MQ 软件的对比及小结

表 5.5 是三款典型消息队列开源软件的对比。

表 5.5　三款 MQ 开源软件的对比

	RabbitMQ	MetaQ	ZeroMQ
最新版本	3.4.1	1.4.6.2	4.1.0
开发者/提供者	Pivotal Software, Inc.	淘宝	iMatix Corporation
所用语言	Erlang	Java	C/C++
规范/协议	Mozilla Public License	Apache Software License 2.0	Lesser General Public License
消息持久化	支持	支持	不支持
消息中间件	是	是	否
事务处理	支持	支持	不支持
性能	低，取决于集群规模、存储磁盘等的性能（参考值：一万条消息/秒）	较高，取决于集群规模、存储磁盘等的性能。MetaQ 在淘宝每日有十亿级别的消息流转，在支付宝有百亿级别的消息流转，在阿里 B2B 也有部分应用	高，取决于集群规模、存储磁盘等的性能（参考值：十万条消息/秒）
稳定性	高，适合于企业级应用	高，适合高可靠性、可用性、对数据传输顺序有较高要求的系统	稳定性较差，容易出现消息丢失

续表

	RabbitMQ	MetaQ	ZeroMQ
适用场景	对消息可靠性要求高，不允许消息丢失	高吞吐量的日志传输，消息广播，大规模的分布式系统（Broker、Producer、Consumer 都为集群）的消息路由	高吞吐量，低延迟，文档比较丰富

在上述三种典型 MQ 开源软件中，RabbitMQ 是基于 AMQP 协议实现的，采用代理架构，消息在发送到客户端之前可以在中央节点上排队，用户可以在消息生产者和队列间自由配置路由规则。RabbitMQ 支持交换机和队列间的持久化，当服务端重启后，原有的生产者或消费者仍然连接到该队列。RabbitMQ 易于使用和部署，适用于很多场景，如消息路由、负载均衡、消息持久化等，开发成本较低，但由于中央节点造成的时延，以及消息的封装，存在可扩展性差、响应速度慢等问题。

MetaQ 的主要思想是消息生产者创建消息并发送到 MetaQ 服务器，服务器将消息持久化到磁盘，消息消费者从 MetaQ 服务器拉取消息，提交给应用消费。相对于 RabbitMQ、ActiveMQ 等，MetaQ 弱化了 Broker 的功能，将消息的出错、重试等机制放在了客户端，使 Broker 的处理逻辑尽量简单，提高数据传输和处理的速度。同时 MetaQ 还支持分布式事务，支持 XA 规范，但对系统性能有些影响。

ZeroMQ 是一个轻量级的消息系统，没有中间件架构，部署简单，适用于高吞吐量、低时延的场景。ZeroMQ 不是一个传统意义的消息队列服务器，更像一个底层的网络通信库，在 Socket API 上做了一层封装，将网络通信、进程通信和线程通信抽象为统一的 API 接口。ZeroMQ 的传输性能很好，但由于在 TCP 之上加了一层封装，通信方式与很多网络应用不兼容（如 HTTP），使得其较高的传输性能在使用中很难推广。

综上所述，三款软件都能支持多种编程语言，提供丰富的 API 供开发者调用，有大量的开发指导文档，都能满足进程或线程间的消息存储和传输等消息队列的基本功能。同时，ZeroMQ 的传输性能更好，对消息做了高度封装，开发和部署的工作量较小，因此在初期阶段，建议将 ZeroMQ 作为物联网开放平台设计和部署中优先选择的工具。

5.6.6　MQ 软件对平台建设的意义

消息队列是开放平台上一种独立的系统软件或服务程序，能够为不同硬件、不同操作系统、不同语言的应用提供消息传递和队列管理功能。对于分布式应用程序，通过消息队列能够实现应用程序之间的互联和互操作性，实现资源的共享和系统的高效运行。

在平台中，消息队列为构造以同步或异步方式实现的分布式应用提供了松耦合的方法。消息队列为开发者提供了公用于所有环境的 API，当分布式应用程序中嵌入该 API 后，消息队列就会执行特定的消息通信功能，如请求服务、消息交换、异步处理等，将消息发送到内存或磁盘的队列中或者从这里读出，实现信息的交换。

消息队列能够将消息发送到目的地，也能处理一些基本的网络问题，如网络阻塞、临时中断，但不对消息的具体格式、消息的解析进行处理。

5.7　本章小结

　　本章对物联网开放平台需要用到的 ESB、CEP、BPM、MQ 四类开源软件的功能、特点、架构进行了介绍，并对每类开源软件分别选取了几款业界流行的典型软件进行重点研究，包括设计思想、软件结构、工作模式、主要特点、适用场景等，在此基础上进行对比研究，给出相对通用化的选型建议，以及该类软件对平台研发和建设的主要作用。

　　事实上，物联网开放平台所需要的开源软件并不只有上述四类，其他还包括非关系型数据库、Web 容器、多维缓存等。使用者需要结合具体的业务需求和场景，做进一步分析和选择。开源软件选型的考虑因素还包括：版本的更新次数、新版本的特性和发展方向、开源社区的活跃度、业界企业的支持情况，以及软件的性能、实时性、学习成本、部署成本等。如前文所述，开源软件的主要作用是让后来的开发者能够充分复用已有的开发成果和智慧资源，将精力更多地集中在平台特色功能或业务逻辑本身上，在现有基础上做进一步延伸和发展，避免重复劳动，实现开放平台的高效开发和迭代式演进。

第**6**章

物联网开放平台高效通信协议研究

6.1　引言

物联网应用涉及各种各样终端与云端的交互，不同的通信协议对系统的稳定性和后续延展性影响深刻。目前主流的物联网通信协议包括 IBM 的 MQTT、IETF 的 CoAP，以及 OMA 的 LightweightM2M 等，在协议架构、协议功能、协议特点、报文结构、资源模型、安全机制等方面深入研究。分析比较各协议优缺点，推荐各协议的应用场景，并提出在协议接入选型、协议自主研发、协议推广方面进行借鉴，对物联网开放平台中机器通信协议的选型、研发及推广具有重要的指导意义。

6.2　IBM MQTT

6.2.1　概要

消息队列遥测传输（Message Queuing Telemetry Transport，MQTT）是 IBM 开发的即时通信协议，它是一种轻量级的以"发布&订阅"方式工作的 CS 架构的协议。MQTT 协议的主要特征是开放、简单、轻量级和易于实现，这些特征使得它适用于受约束的应用环境，如

- 网络受限：网络带宽较低且传输不可靠。
- 终端受限：协议运行在嵌入式设备上，嵌入式终端的处理器、内存等是受限的。

通过 MQTT 协议，目前已经扩展出了数十种 MQTT 服务器端程序，可以通过 PHP、Java、Python、C、C#等语言向 MQTT 发送消息。此外，国内很多企业都在广泛使用 MQTT 作为 Android 手机客户端与服务器端推送消息的协议，其中 Sohu、Cmstop 手机客户端中均使用 MQTT 协议进行消息推送。Facebook 在 iOS 应用中也采用 MQTT 协议更新通知、消息和书签等。

由于开放源代码、耗电量小等特点，MQTT 非常适用于物联网领域，如传感器与服务器的通信、传感器信息采集等。

MQTT 协议的基本特征包括：

（1）发布&订阅的消息机制使得一对多的消息分发变得非常简单，而且应用的设计和消息的分发相互独立。

（2）MQTT 协议承载在 TCP/IP 协议上。

（3）提供三种不同 QoS 的消息传递机制。

① 最多一次（At Most Once）：此时消息在 TCP/IP 网络上以 Best Effort 的方式传输，数据包重复或丢失是存在的，重复消息将在接收端被丢弃。这种 QoS 的机制可以用在不断上报和发布数据的传感器应用场景，针对此类场景，当接收到新传感器采样数据后，老旧数据的重要性就降低了。

② 最少一次（At Least Once）：此时接收方一定能收到消息，但是可能多次收到重复的消息。

③ 有且仅有一次（Exactly Once）：此时保障接收方一定能收到消息，而且只收到一次。这种机制适用于账单生成系统，重复和丢失消息都会导致计费错误。

（4）消息的开销很小，消息头的固定报文头长度采样 2 字节，且协议在设计时考虑了最小化使用网络资源。

（5）为异常离线的终端提供订阅消息缓存。

6.2.2 消息格式

每个 MQTT 命令消息的消息头包含一个固定的报文头，有些消息还需要一个可变的报文头，以及一个 Payload。MQTT 消息格式如图 6.1 所示。

固定报文头 Fixed Header	可变报文头 Variable Header	Payload
必有	有的消息包含	有的消息包含

图 6.1 MQTT 消息格式

1. 固定报文头（Fixed Header）

图 6.2 给出了 MQTT 消息的固定报文头，固定报文头的字节数固定为 2 字节。第 1 个字节包含 4 个字段：Message Type、DUP Flag、QoS Level 和 RETAIN；第 2 个字节的使用方式稍微复杂一些，将在后面解释。

bit	7	6	5	4	3	2	1	0
byte 1	Message Type				DUP Flag	QoS Level		RETAIN
byte 2	Remaining Length							

图 6.2　MQTT 固定报文头

Message Type 是一个 4 bit 的无符号整数，其含义如表 6.1 所示。

表 6.1　Message Type 的值及其含义

符　号	值	解　释
Reserved	0	保留不用
CONNECT	1	客户端请求连接到服务器
CONNACK	2	客户端已经连接到服务器的确认消息
PUBLISH	3	发布消息
PUBACK	4	发布确认，用于应答 QoS Level=1 的 PUBLISH 消息
PUBREC	5	发布确认，用于应答 QoS Level =2 的 PUBLISH 消息
PUBREL	6	二次确认，用于应答 PUBREC 消息
PUBCOMP	7	收到所发布的消息（确认第 3 部分的接收）
SUBSCRIBE	8	终端订阅请求
SUBACK	9	订阅确认
UNSUBSCRIBE	10	终端取消订阅
UNSUBACK	11	取消订阅确认
PINGREQ	12	Ping 请求
PINGRESP	13	Ping 应答
DISCONNECT	14	客户端断开连接
Reserved	15	保留不用

　　DUP Flag 为 1 bit，用来表示是否为重复发送。当客户端和服务器需要重新发送 PUBLISH、PUBREL、SUBSCRIBE 或 UNSUBSCRIBE 消息时就将此标志位置为 1。DUP Flag 适用于 QoS Level 值大于 0（需要安全机制），且需要 ACK 确认的消息。如果 DUP Flag 被置为 1，那么在可变报文头中会包含一个 Message ID。消息接收者检测到 DUP Flag 值为 1，提示接收方这个消息有可能已经被接收过（即此消息是被重复发送的）。

　　QoS Level 标志位的含义如图 6.3 所示，QoS Level 为 2 bit，表示消息所使用的 QoS 级别。

QoS Value	bit 2	bit 1	Description		
0	0	0	At Most Once	Fire and Forget	≤1
1	0	1	At Least Once	Acknowledged delivery	≥1
2	1	0	Exactly Once	Assured delivery	=1
3	1	1	Reserved		

图 6.3　QoS 标志位的含义

RETAIN 为 1 bit，这个标志位只用于 PUBLISH 消息。当客户端发送一个 PUBLISH 消息给服务器时，如果 RETAIN 标志位为 1，那么服务器在将消息分发给当前的订阅者后应该保留这个消息。

当一个新的订阅者订阅某一个主题，如果 RETAIN 字段被设置，则此主题最后保留的消息会被发送给此订阅者；如果没有任何保留的消息，则不会发送。

某客户端发送 PUBLISH 消息给服务器且 RETAIN 值为 1，在服务器转发此 PUBLISH 消息给订阅了该消息的其他客户端时，如果订阅建立的时间在服务器收到 PUBLISH 消息之前，服务器应该将转发消息中 RETAIN 值设为 0；如果订阅建立的时间在服务器收到 PUBLISH 消息之后，服务器应保持转发消息中 RETAIN 值为 1。因此，客户端能够根据 RETAIN 的值判断所收到的 PUBLISH 消息是寄存在服务器上的有关以前某个时刻的信息，还是有关当前的实时信息。

保留的消息在服务器重启后应继续保留（持久保存保留消息）。

如果关于同一个话题（Topic），服务器收到另一个 RETAIN=1 的消息，那么原先的消息将被覆盖；如果关于同一个话题，服务器收到一个 RETAIN=1 但 Payload 长度为 0 的消息，那么服务器会删除此主题的保留消息。

下面来看消息头中的第 2 个字节，这个字节的含义是 Remaining Length，它表示除了固定报文头外本消息的剩余部分的字节数，包括可变报文头和 Payload。此字节的编码方式较为特殊，每个字节的 7 位用于编码 Remaining Length 数据，第 8 位表示在下面还有更新值。每个字节编码 128 个值和一个延续位。例如，数字 64，编码为 1 个字节，十进制表示 64，十六进制表示 0x40。数字 321（=65+2×128）编码为 2 个字节，重要性最低的放在前面，第 1 个字节为 65+128=193，第 2 个字节为 2。如果最高位被设置，则表明后续至少还有 1 个字节。

字节的最后 1 bit 用来指示紧跟在后面的一个字节是否仍然表示 Remaining Length，且最多可以用 4 个字节来表示剩余长度（第 4 个字节的最后 1 bit 必须为 0）。如果只用 1 个字节来表示剩余长度，则消息的剩余长度最大为 $2^7-1=127$ 个字节；如果最多用 4 个字节来表示剩余长度，则剩余长度最大为 $2^{(32-4)}-1=268435455$ B（256 MB）。这也就是说，MQTT 消息的最大长度为 268435460 B（加上 2 B 的固定消息头和 3 B 的延长的 Remaining Length 部分）。

Remaining Length 值范围如表 6.2 所示，表中显示了增加字节数后 Remaining Length 所表示的值。

表 6.2　Remaining Length 值范围

Digits	From	To
1	0（0×00）	127（0×7F）
2	128（0×80，0×01）	16383（0×FF，0×7F）

Digits	From	To
3	16384（0×80，0×80，0×01）	2097151（0×FF，0×FF，0×7F）
4	2097152（0×80，0×80，0×80，0×01）	268435455（0×FF，0×FF，0×FF，0×7F）

分别表示：

- 1 个字节时，从 0 到 127；
- 2 个字节时，表示从 128 到 16383；
- 3 个字节时，表示从 16384 到 2097151；
- 4 个字节时，表示从 2097152 到 268435455。

将十进制数字按照可变长度编码规范进行编码的算法如下。

```
digit = X MOD 128
X = X DIV 128
// if there are more digits to encode，set the top bit of this digit
if（X > 0）
digit = digit OR 0x80
endif
'output' digit
while（X> 0）
```

MOD 在 C 语言中是模运算符号，DIV 是整数除（/ in C），OR 是位或操作（| in C）。

对 Remaining Length 域进行解码的算法如下。

```
multiplier = 1
value = 0
do
digit = 'next digit from stream'
value +=（digit AND 127）* multiplier
multiplier *= 128
while（（digit AND 128）!= 0）
```

AND 是位与操作（& in C）。当算法结束时，value 以字节为单位包含了 Remaining Length。

Remaining Length 编码不是可变报文头的一部分，编码 Remaining Length 所用的字节数不会添加到 Remaining Length 的值中。可变长度扩展字节（Extension Bytes）是固定报文头的一部分，而不是可变报文头的一部分。

2. 可变报文头

某些类型的 MQTT 消息会携带可变报文头，可变报文头位于固定报文头和 Payload 之间，可变报文头携带的信息如下所述。

（1）协议名称（Protocol Name）：在 CONNECT 消息中的可变报文头是一个以 UTF 编码的字符串。

（2）协议版本（Protocol Version）：在 CONNECT 消息中的可变报文头采用 8 bit 的无符号整型来表示协议的版本号，当前的版本号为 0x03。

（3）连接标志（CONNECT Flag）：CONNECT 消息中的可变报文头的长度为 1 个字节，包含多个标志位：Clean Session、Will Flag、Will QoS、Will Retain、Password Flag、User Name Flag，如图 6.4 所示。

bit	7	6	5	4　3	2	1	0
	User Name Flag	Password Flag	Will Retain	Will QoS	Will Flag	Clean Session	Reserved

图 6.4　CONNECT Flag 的标志位

① Clean Session：1 bit，若 Clean Session=0，当客户端离线时，服务器需要存储客户端的订阅信息；若 Clean Session=1，当客户端离线之后，服务器不需要保存有关会话的任何信息。典型的情况下，客户端会选择其中一种模式，而且不会改变，选择哪种模式主要取决于应用的需求。Clean Session=0 的客户端不会错过任何 QoS=1 或 QoS=2 的消息，即使它暂时离线也会在下次上线时收到这些消息；QoS=0 的消息只发送一次，所以它离线的时候就会错过 QoS=0 的消息。Clean Session=1 的客户端每次重新上线时都必须重新订阅特定的话题，而且只要离线就会错过所有的消息。

② Will Flag：1 bit，当服务器与客户端通信时遇到 I/O 错误或客户端没有在生命周期内与服务器通信时，那么由服务器代替客户端发布一个消息，这时 Will Flag 需置 1（客户端非自愿离线的情况，如果客户端发送 DISCONNECT 消息自愿离线，则不会触发任何 Will Flag=1 的消息）。如果 Will Flag=1，那么在 CONNECT Flag 中 Will QoS 和 Will Retain 将进一步说明对 QoS 和服务器持有消息的要求。在 Payload 中必须包含 Will Topic 和 Will Message 两个字段。

③ Will QoS：2 bit，当 Will Flag=1 时用来指示对 QoS 的要求；如果 Will Flag=0，则 Will QoS 的值将被忽略。

④ Will Retain：1 bit，当 Will Flag=1 时用来指示服务器是否需要保存这个由服务器代表客户端发布的消息；如果 Will Flag=0，Will Retain 的值将被忽略。

⑤ User Name Flag 和 Password Flag：各占用 1 bit，User Name Flag=1 表示在 CONNECT 消息的 Payload 中包含用户名信息；Password Flag=1 表示在 CONNECT 消息的 Payload 中包含密码信息。

（4）Keep Alive Timer：此字段出现在 CONNECT 消息的可变报文头中，Keep Alive Timer 的值定义了服务器接收客户端消息的最大时间间隔。如果服务器在 Keep Alive Timer 定义的时间间隔内没有收到客户端发送的消息，则服务器可以判断客户端可能已掉线。为保持在线状态，客户端应在 Keep Alive Timer 定义的时间间隔内向服务器发送消息，如果没有待发送的数据信息，则客户端向服务器发送 PINGREQ 消息，服务器回复 PINGRESP 消息。如果服务器在 Keep Alive Time 的 1.5 倍时间内都没有收到客户端的消息，则服务器主动断开与客户端的连接，其效果等同于服务器收到了客户端的 DISCONNECT 消息。如果客户端向服务器发送了 PINGREQ 消息却没有收到服务器回复的 PINGRESP 消息，则客户端应关闭 TCP/IP 连接。Keep Alive Timer 使用 16 bit 表示（单位为秒），它最大可表示的值约为18 小时，0 表示客户端不会离线。

（5）Connect Return Code：这个字段出现在 CONNACK 消息的可变报文头中，长度为1 个字节，0 表示接入成功，具体含义如表 6.3 所示。

表 6.3　返回代码的含义

序　号	Hex	含　义
0	0x00	Connection Accepted
1	0x01	Connection Refused：unacceptable protocol version
2	0x02	Connection Refused：identifier rejected
3	0x03	Connection Refused：server unavailable
4	0x04	Connection Refused：bad user name or password
5	0x05	Connection Refused：not authorized
6~255		Reserved

（6）Topic Name：此字段出现在 PUBLISH 消息的可变报文头中，表示信息管道的键值，服务器根据 Topic Name 将消息分配到不同的信息管道中，而订阅者则根据 Topic Name 判断它们需要接收哪些信息管道中的消息。

3．Payload

（1）CONNECT 消息的 Payload：包含一个或多个以 UTF-8 编码的字符串，一个标识客户端的唯一的 ID，以及 Will Topic、Will Message、User Name、Password。除了客户端ID 之外，其他字段都是可选的，它们是否出现取决于 CONNECT 消息的可变报文头中的标志位。

（2）SUBSCRIBE 消息的 Payload：包含一个客户端要求订阅的 Topic Name 列表，以及要求的 QoS 级别（以 UTF-8 编码的字符串）。

（3）SUBACK 消息的 Payload：包含授权的 QoS 的级别，其排列的顺序与 SUBSCRIBE消息中 Topic Name 消息排列的顺序相同。

（4）PUBLISH 消息的 Payload：只包含应用相关的数据。

4．消息 ID

消息 ID 出现在以下消息的可变报文头中：PUBLISH、PUBACK、PUBREC、PUBREL、

PUBCOMP、SUBSCRIBE、SUBACK、UNSUBSCRIBE、UNSUBACK，且消息 ID 只出现在 QoS Level=1 或 QoS Level=2 的消息中。采用 16 bit 无符号整数来表示消息的 ID，在发送序列中的消息 ID 必须是独一无二的，每发送一个消息，对应的消息 ID 递增加 1。

客户端和服务器独立维护自己的消息 ID，例如，允许客户端发送一个 ID=1 的 PUBLISH 消息同时收到一个 ID=1 的 PUBLISH 消息。注：ID=0 则表示为无效消息。

5. UTF-8 编码

在 MQTT 中，以 UTF-8 的方式对字符串进行编码，在字符串的前面使用 2 个字节来表示字符串的长度（字符串的长度是指字节数而不是字符个数）。例如，"OTWP" 字符串采用 UTF-8 的方式编码如 6.5 所示。

bit	7	6	5	4	3	2	1	0
byte 1	Message Length MSB (0x00)							
	0	0	0	0	0	0	0	0
byte 2	Message Length LSB (0x04)							
	0	0	0	0	0	1	0	0
byte 3	'O' (0x4F)							
	0	1	0	0	1	1	1	1
byte 4	'T' (0x54)							
	0	1	0	1	0	1	0	0
byte 5	'W' (0x57)							
	0	1	0	1	0	1	1	1
byte 6	'P' (0x50)							
	0	1	0	1	0	0	0	0

图 6.5　以 UTF-8 方式编码字符串 "OTWP"

6.2.3　消息列表

1. CONNECT 消息

该消息由客户端发送到服务器，表示当 TCP/IP 连接建立之后，客户端要求建立与服务器的会话连接。CONNECT 消息的固定报文头如图 6.6 所示。

bit	7	6	5	4	3	2	1	0
byte 1	Message Type (1)				DUP Flag	QoS Level		RETAIN
	0	0	0	1	x	x	x	x
byte 2	Remaining Length							

图 6.6　CONNECT 的固定报文头

在 CONNECT 消息中不使用（置为 0）字段 DUP Flag、QoS Level、RETAIN，Remaining Length 表示后面的是可变报文头和 Payload 的长度（Remaining Length 最多为 4 B）。固定报文头的后面是可变报文头，图 6.7 是一个可变报文头的实例。

	Description	7	6	5	4	3	2	1	0
Protocol Name									
byte 1	Length MSB (0)	0	0	0	0	0	0	0	0
byte 2	Length LSB (6)	0	0	0	0	0	1	1	0
byte 3	'M'	0	1	0	0	1	1	0	1
byte 4	'Q'	0	1	0	1	0	0	0	1
byte 5	'I'	0	1	0	0	1	0	0	1
byte 6	's'	0	1	1	1	0	0	1	1
byte 7	'd'	0	1	1	0	0	1	0	0
byte 8	'p'	0	1	1	1	0	0	0	0
Protocol Version Number									
byte 9	Version (3)	0	0	0	0	0	0	1	1
Connect Flags									
byte 10	User Name Flag (1) Password Flag(1) Will RETAIN (0) Will QoS (01) Will Flag(1) Clean Session (1)	1	1	0	0	1	1	1	x
Keep Alive timer									
byte 11	Keep Alive MSB (0)	0	0	0	0	0	0	0	0
byte 12	Keep Alive LSB (10)	0	0	0	0	1	0	1	0

图 6.7　CONNECT 消息的可变报文头

可变报文头的后面是 Payload，Payload 包含 1 个或多个 UTF-8 方式编码的字符串，Payload 中必须有 Client ID，其他字段是否出现视可变报文头中的标志位而定；如果出现，其顺序必须与下面的叙述保持一致。

（1）Client ID：Client ID 的长度可以是 1～23 个字符，在一个服务器上 Client ID 不能重复。如果 Client ID 的长度超过 23 个字符，则服务器返回 CONNACK 消息中的返回码为 Identifier Rejected。

（2）Will Topic：如果可变报文头中的 Will Flag=1，则 Will Topic 为后续的 UTF-8 编码的字符串。Payload 中的 Will Message 将被发布到由 Will Topic 表示的信息通道中，其 QoS Level 由可变报文头中的 Will QoS 确定。持有状态由可变报文头中的 Will RETAIN 确定。

（3）Will Message：如果可变报文头中的 Will Flag=1，则 Will Message 为后续的 UTF-8 编码的字符串。这个字符串代表了客户端的"遗愿"，如果客户端意外掉线，那么服务器就会把 Will Message 发送到由 Will Topic 表示的信息通道中。虽然 Will Message 是用 UTF-8 编码的字符串，但是服务器发送 Will Message 到 Will Topic 时只发送表示字符的字节，而不包含前两个表示长度的字节。

（4）User Name：如果可变报文头中 User Name Flag=1，则后续的 UTF-8 字符串表示 User Name，User Name 通常用来做鉴权。

（5）Password：如果可变报文头中 Password Flag=1，则后续的 UTF-8 字符串表示接入密码，Password 和 User Name 一起实现鉴权功能。

对应 CONNECT 消息的应答消息是 CONNACK 消息。如果 TCP/IP 连接建立后的一段时间内服务器没有收到 CONNECT 消息，那么服务器就主动关闭 TCP/IP 连接；如果客户端发送 CONNECT 消息后的一段时间内没有收到服务器的 CONNACK 应答消息，那么客户端应主动关闭并重新建立 TCP/IP 连接，然后重新发送 CONNECT 消息；如果 Client ID 已经被其他客户端占用，那么服务器就需要关闭与其他客户端的会话才能与新客户端建立会话；如果客户端发送的 CONNECT 消息无效，那么服务器应关闭会话并且在 CONNACK 消息中反馈无效的原因。

2. CONNACK 消息

CONNACK 消息是服务器发送给客户端的回应 CONNECT 消息的应答消息。图 6.8 是 CONNACK 消息的固定报文头的实例。

bit	7	6	5	4	3	2	1	0
byte 1	Message Type (2)				DUP Flag	QoS Flag		RETAIN
	0	0	1	0	x	x	x	x
byte 2	Remaining Length (2)							
	0	0	0	0	0	0	1	0

图 6.8　CONNACK 消息的固定报文头

图 6.9 是 CONNACK 的可变报文头的实例，DUP、QoS 和 RETAIN 三个字段在 CONNACK 消息的固定报文头中不使用，第 1 个字节保留不用，第 2 个字节表示返回码。

	Description	7	6	5	4	3	2	1	0
	Topic Name Compression Response								
byte 1	Reserved values. Not used.	x	x	x	x	x	x	x	x
	Connect Return Code								
byte 2	Return Code								

图 6.9　CONNACK 的可变报文头

CONNACK 消息不包含 Payload。

3. PUBLISH 消息

客户端使用 PUBLISH 消息向服务器发送信息，以便服务器将这些信息用 PUBLISH 消息分发给那些感兴趣的订阅者。每个 PUBLISH 消息都会与一个 Topic Name（话题）相关联。如果客户端订阅了若干个话题，那么服务器就会将与这些话题相关联的消息分发给客户端。

图 6.10 是一个 PUBLISH 消息的固定报文头的例子。

bit	7	6	5	4	3	2	1	0
byte 1	Message type (3)				DUP Flag	QoS Level		RETAIN
	0	0	1	1	0	0	1	0
byte 2	Remaining Length							

图 6.10　PUBLISH 消息的固定报文头

PUBLISH 消息的可变报文头包含两个部分，Topic Name 和/或 Message ID。Topic Name 是以 UTF-8 方式编码的字符串，表示 PUBLISH 消息对应的话题；Message ID 表示消息的序号（当 QoS Level=1 或 2 时才使用 Message ID）。图 6.11 给出了一个 PUBLISH 消息的可变报文头的例子。

	Description	7	6	5	4	3	2	1	0
	Topic Name								
byte 1	Length MSB (0)	0	0	0	0	0	0	0	0
byte 2	Length LSB (3)	0	0	0	0	0	0	1	1
byte 3	'a' (0x61)	0	1	1	0	0	0	0	1
byte 4	'/' (0x2F)	0	0	1	0	1	1	1	1
byte 5	'b' (0x62)	0	1	1	0	0	0	1	0
	Message Identifier								
byte 6	Message ID MSB (0)	0	0	0	0	0	0	0	0
byte 7	Message ID LSB (10)	0	0	0	0	1	0	1	0

图 6.11　PUBLISH 消息的可变报文头

PUBLISH 消息的 Payload 可以包含任何格式或内容的应用数据，Payload 的长度可以是零，即没有 Payload。

与 PUBLISH 消息对应的应答消息视 QoS 的要求而不同。

（1）如果 PUBLISH 消息的 QoS Level=0，则不需要回复任何应答消息，并且将该消息转发给订阅者。

（2）如果 QoS Level =1，则将 PUBLISH 消息存储到磁盘中，将该消息转发给任何有兴趣的订阅者，同时发送应答消息 PUBACK。

（3）如果 QoS Level =2，则将 PUBLISH 消息存储到磁盘中，发送应答消息 PUBREC，暂时不将消息转发给订阅者。

4．PUBACK 消息

PUBACK 消息是对应 QoS Level =1 时 PUBLISH 消息的应答消息。PUBLISH 消息可能是客户端发送给服务器的，也可能是服务器发送给订阅者的，所以 PUBACK 消息可能是服务器发送给客户端的，也可能是订阅者发送给服务器的。图 6.12 是一个 PUBACK 消息的固定报文头的例子。

bit	7	6	5	4	3	2	1	0
byte 1	Message Type (4)				DUP Flag	QoS Level		RETAIN
	0	1	0	0	x	x	x	x
byte 2	Remaining Length (2)							
	0	0	0	0	0	0	1	0

图 6.12　PUBACK 消息的固定报文头

在这个固定报文头中，QoS Level、DUP Flag、RETAIN 三个字段都没有使用。固定报文头的后面是可变报文头，可变报文头中包含与所应答的 PUBLISH 消息相同的 Message ID。PUBACK 消息的可变报文头如图 6.13 所示。

bit	7	6	5	4	3	2	1	0
byte 1	Message ID MSB							
byte 2	Message ID LSB							

图 6.13　PUBACK 消息的可变报文头

PUBACK 消息不包含任何 Payload，当客户端收到服务器发来的 PUBACK 之后就丢弃被确认的 PUBLISH 消息。

5. PUBREC 消息

PUBREC 消息是对应 QoS Level =2 时 PUBLISH 消息的应答消息。与 PUBACK 消息一样，PUBREC 消息可能是服务器发送给客户端的，也可能是订阅者发送给服务器的。图 6.14 是一个 PUBREC 消息的固定报文头的例子。

bit	7	6	5	4	3	2	1	0
byte 1	Message Type (5)				DUP Flag	QoS Level		RETAIN
	0	1	0	1	x	x	x	x
byte 2	Remaining Length (2)							
	0	0	0	0	0	0	1	0

图 6.14　PUBREC 消息的固定报文头

在这个固定报文头中，QoS Level、DUP Flag、RETAIN 三个字段都没有使用。固定报文头的后面是可变报文头，可变报文头中包含与所应答的 PUBLISH 消息相同的 Message ID。PUBACK 消息的可变报文头如图 6.15 所示。

bit	7	6	5	4	3	2	1	0
byte 1	Message ID MSB							
byte 2	Message ID LSB							

图 6.15　PUBACK 消息的可变报文头

PUBREC 消息不包含任何 Payload。当接收端收到 PUBREC 之后，需要发送包含相同 Message ID 的 PUBREL 给 PUBREC 的发送方。

6. PUBREL 消息

PUBREL 消息是用来应答 PUBREC 消息的，可能是客户端发送给服务器，也可能是服务器发送给订阅者。PUBREL 消息的固定报文头如图 6.16 所示。

其中 QoS Level =1 是因为 PUBREL 还有对应的应答消息 PUBCOMP，DUP Flag 和 RETAIN 都不使用。

bit	7	6	5	4	3	2	1	0
byte 1	Message Type (6)				DUP Flag	QoS Level		RETAIN
	0	1	1	0	0	0	1	x
byte 2	Remaining Length (2)							
	0	0	0	0	0	0	1	0

图 6.16　PUBREL 消息的固定报文头

PUBREL 消息的可变报文头包含与 PUBREC 相同的 Message ID，PUBREL 消息不包含任何 Payload。当服务器收到 PUBREL 消息后，服务器就可以将 PUBLISH（QoS Level =2）消息转发给订阅者，并且发送 PUBCOMP 消息进行确认；当订阅者收到 PUBREL 消息后，订阅者就可以将 PUBLISH（QoS Level =2）消息转发给应用程序，并且发送 PUBCOMP 消息进行确认。

7．PUBCOMP 消息

PUBCOMP 消息是对 PUBREL 消息的确认，这个消息是 QoS Level =2 的消息的最后一次确认。PUBCOMP 消息的固定报文头如图 6.17 所示。

bit	7	6	5	4	3	2	1	0
byte 1	Message Type (3)				DUP Flag	QoS Level		RETAIN
	0	1	1	1	x	x	x	x
byte 2	Remaining Length (2)							
	0	0	0	0	0	0	1	0

图 6.17　PUBCOMP 消息的固定报文头

图 6.17 中，RETAIN、QoS Level、DUP Flag 都不使用。可变报文头中包含与 PUBREL 消息相同的 Message ID，PUBCOMP 消息没有任何 Payload。PUBCOMP 的可变报文头如图 6.18 所示。

bit	7	6	5	4	3	2	1	0
byte 1	Message ID MSB							
byte 2	Message ID LSB							

图 6.18　PUBCOMP 的可变报文头

当客户端接收到 PUBCOMP 消息之后，它就可以丢弃原先的 PUBLISH 消息了，因为该消息已经被发送到接收方而且仅被接收方接收了一次。

8．SUBSCRIBE 消息

客户端使用 SUBSCRIBE 消息向服务器订阅感兴趣的话题，服务器会将特定话题的信息以 PUBLISH 消息形式发送给订阅者。图 6.19 给出了 SUBSCRIBE 消息的固定报文头的一个例子。

在这个例子中，QoS Level=1 表示订阅者要求的 QoS 等级（这个消息中的 QoS Level 表示 SUBSRIBE 消息本身的 QoS），SUBACK 消息通过 Message ID 与 SUBSCRIBE 消息进行配对。例子中的 DUP Flag 置为零表示消息是第 1 次发送，RETAIN 标志位不使用。

bit	7	6	5	4	3	2	1	0
byte 1	Message Type (8)				DUP Flag	QoS Level		RETAIN
	1	0	0	0	0	0	1	x
byte 2	Remaining Length							

图 6.19　SUBSCRIBE 消息的固定报文头

图 6.20 是 SUBSCRIBE 消息的可变报文头的例子,这个可变报文头包含一个 Message ID (原因是 QoS Level=1，如果为 0 则没有 Message ID)。

	Description	7	6	5	4	3	2	1	0
	Message Identifier								
byte 1	Message ID MSB (0)	0	0	0	0	0	0	0	0
byte 2	Message ID LSB (10)	0	0	0	0	1	0	1	0

图 6.20　SUBSCRIBE 消息的可变报文头

SUBSCRIBE 消息的 Payload 包含客户端想要订阅的话题名称的列表，以及每一个话题所对应的 QoS，如图 6.21 所示。

Topic name	"a/b"
Requested QoS	1
Topic name	"c/d"
Requested QoS	2

图 6.21　SUBSCRIBE 消息的话题列表的例子

SUBSCRIBE 消息的话题列表示例如图 6.22 所示。

Name	Description	7	6	5	4	3	2	1	0
	Topic								
byte 1	Length MSB (0)	0	0	0	0	0	0	0	0
byte 2	Length LSB (3)	0	0	0	0	0	0	1	1
byte 3	'a' (0x61)	0	1	1	0	0	0	0	1
byte 4	'/' (0x2F)	0	0	1	0	1	1	1	1
byte 5	'b' (0x62)	0	1	1	0	0	0	1	0
	Requested QoS								
byte 6	Requested QoS (1)	x	x	x	x	x	x	0	1
	Topic Name								
byte 7	Length MSB (0)	0	0	0	0	0	0	0	0
byte 8	Length LSB (3)	0	0	0	0	0	0	1	1
byte 9	'c' (0x63)	0	1	1	0	0	0	1	1
byte 10	'/' (0x2F)	0	0	1	0	1	1	1	1
byte 11	'd' (0x64)	0	1	1	0	0	1	0	0
	Requested QoS								
byte 12	Requested QoS (2)	x	x	x	x	x	x	1	0

图 6.22　SUBSCRIBE 消息的话题列表示例

如果 SUBSCRIBE 消息的话题列表中要求的 QoS 等级被授权，那么后续服务器发送给客户端的 PUBLISH 消息中 QoS 等级要小于或等于所要求的 QoS 级别，这取决于消息发布一方所使用的 QoS 级别。举例来说，一个客户端订阅了一个特定的话题，QoS 等级为 1；然后服务器收到了一个 QoS Level=0 的话题信息，那么这个消息就以 QoS Level=0 的 PUBLISH 消息发送给客户端；如果服务器收到了一个 QoS Level=2 的话题信息，那么这个信息就以 QoS Level=1 的 PUBLISH 消息发送给客户端。也就是说，信息的发布者实际上确定了该信息的 QoS 等级的上限，而信息的接收者却可以降低消息的 QoS 等级以满足自己的需求。

服务器使用 SUBACK 消息来应答 SUBSCRIBE 消息，在客户端接收到 SUBACK 之前，服务器就可以发送 PUBLISH 消息给客户端。

9. SUBACK 消息

服务器发送 SUBACK 消息给客户端以确认收到 SUBSCRIBE 消息，SUBACK 消息包含一个 QoS 等级的列表，列表的顺序与 SUBSCRIBE 消息中订阅话题的顺序相同。SUBACK 消息的固定报文头如图 6.23 所示。

bit	7	6	5	4	3	2	1	0
byte 1	Message Type (9)				DUP Flag	QoS Level		RETAIN
	1	0	0	1	x	x	x	x
byte 2	Remaining Length							

图 6.23　SUBACK 消息的固定报文头

RETAIN、QoS Level、DUP Flag 不使用，可变报文头包含一个与 SUBSCRIBE 消息相同的 Message ID。

SUBACK 消息的 Payload 包含一个被授权的 QoS 等级的列表，列表的顺序与 SUBSCRIBE 消息中订阅话题的顺序相同，使用如图 6.24 所示的方式进行编码。

	Description	7	6	5	4	3	2	1	0
byte 1	Granted QoS (0)	x	x	x	x	x	x	0	0
byte 1	Granted QoS (2)	x	x	x	x	x	x	1	0

图 6.24　SUBACK 消息中授权 QoS 的编码方式

1 个 QoS 需要占用 1 个字节，这个字节中的前 6 位为保留位，实际上不使用。

10. UNSUBSCRIBE 消息

客户端使用 UNSUBSCRIBE 消息来取消订阅，图 6.25 给出了 UNSUBSCRIBE 消息的固定报文头的例子。其中 QoS Level=1，用于确认的 UNSUBACK 消息的 Message ID 与 UNSUBSCRIBE 消息的 Message ID 相同，RETAIN 字段不使用。UNSUBSCRIBE 消息的固定报文头如图 6.25 所示。

bit	7	6	5	4	3	2	1	0
byte 1	Message Type (10)				DUP Flag	QoS Level		RETAIN
	1	0	1	0	0	0	1	x
byte 2	Remaining Length							

图 6.25　UNSUBSCRIBE 消息的固定报文头

图 6.26 给出了 UNSUBSCRIBE 消息的可变报文头的例子，可变报文头包含一个 Message ID。

	Description	7	6	5	4	3	2	1	0
	Message Identifier								
byte 1	Message ID MSB (0)	0	0	0	0	0	0	0	0
byte 2	Message ID LSB (10)	0	0	0	0	1	0	1	0

图 6.26　UNSUBSCRIBE 消息的可变报文头

UNSUBSCRIBE 消息的 Payload 包含一个用 UTF-8 编码的字符串列表，内容为取消订阅的话题名称的列表，如图 6.27 所示。

Topic Name	"a/b"
Topic Name	"c/d"

图 6.27　UNSUBSCRIBE 消息的 payload

编码后的 Payload 如图 6.28 所示。

	Description	7	6	5	4	3	2	1	0
	Topic Name								
byte 1	Length MSB (0)	0	0	0	0	0	0	0	0
byte 2	Length LSB (3)	0	0	0	0	0	0	1	1
byte 3	'a' (0x61)	0	1	1	0	0	0	0	1
byte 4	'/' (0x2F)	0	0	1	0	1	1	1	1
byte 5	'b' (0x62)	0	1	1	0	0	0	1	0
	Topic Name								
byte 6	Length MSB (0)	0	0	0	0	0	0	0	0
byte 7	Length LSB (3)	0	0	0	0	0	0	1	1
byte 8	'c' (0x63)	0	1	1	0	0	0	1	1
byte 9	'/' (0x2F)	0	0	1	0	1	1	1	1
byte 10	'd' (0x64)	0	1	1	0	0	1	0	0

图 6.28　UNSUBSCRIBE 消息的 Payload

11．UNSUBACK 消息

服务器使用 UNSUBACK 消息来确认已收到 UNSUBSCRIBE 消息，UNSUBACK 消息的固定报文头如图 6.29 所示。

bit	7	6	5	4	3	2	1	0
byte 1	Message Type (11)				DUP Flag	QoS Level		RETAIN
	1	0	1	1	x	x	x	x
byte 2	Remaining length (2)							
	0	0	0	0	0	0	1	0

图 6.29　UNSUBACK 消息的固定报文头

其中 RETAIN、QoS Level、DUP Flag 都不使用，UNSUBACK 消息的可变报文头包含与 UNSUBSCRIBE 消息相同的 Message ID，UNSUBACK 消息没有 Payload。

12．PINGREQ 消息

PINGREQ 消息是客户端用来检测服务器是否在线的消息，图 6.30 为 PINGREQ 消息的固定报文头。

bit	7	6	5	4	3	2	1	0
byte 1	Message Type (12)				DUP Flag	QoS Level		RETAIN
	1	1	0	0	x	x	x	x
byte 2	Remaining Length (0)							
	0	0	0	0	0	0	0	0

图 6.30　PINGREQ 消息的固定报文头

其中 DUP Flag、QoS Level、RETAIN 都不使用，PINGREQ 消息没有可变报文头，也没有 Payload。

13．PINGRESP 消息

PINGRESP 消息是服务器用来应答 PINGREQ 消息的，它表示服务器仍然在线，PINGRESP 消息的固定报文头如图 6.31 所示。

bit	7	6	5	4	3	2	1	0
byte 1	Message Type (13)				DUP Flag	QoS Level		RETAIN
	1	1	0	1	x	x	x	x
byte 2	Remaining Length (0)							
	0	0	0	0	0	0	0	0

图 6.31　PINGRESP 消息的固定报文头

DUP Flag、QoS Level、RETAIN 都不使用，PINGRESP 消息没有可变报文头，也没有 Payload。

14．DISCONNECT 消息

客户端使用 DISCONNECT 消息来通知服务器它将断开 TCP/IP 连接，服务器收到 DISCONNECT 消息之后也应主动断开 TCP/IP 连接。DISCONNECT 消息的固定报文头如图 6.32 所示。

bit	7	6	5	4	3	2	1	0
byte 1	Message Type (14)				DUP Flag	QoS Level		RETAIN
	1	1	1	0	x	x	x	x
byte 2	Remaining Length (0)							
	0	0	0	0	0	0	0	0

图 6.32　DISCONNECT 消息的固定报文头

其中 DUP Flag、QoS Level、RETAIN 都不使用，DISCONNECT 消息没有可变报文头和 Payload。

6.2.4　协议流程

1. Qos 等级及流程

MQTT 是根据定义在 QoS 中的等级传递消息的，等级描述如下。

（1）QoS Level 0：最多一次（At Most Once Delivery），类似无须应答的发送，消息的传递完全依赖底层的 TCP/IP 网络，协议里没有定义应答和重试。消息要么只会到达服务端一次，要么根本没有到达。

图 6.33 描述了 QoS Level 0 的协议流。

Client	Message and direction	Server
QoS = 0	PUBLISH ---------->	Action: Publish message to subscribers

图 6.33　QoS Level 0 的协议流

（2）QoS level 1：至少传递一次（At Least Once Delivery），服务器的消息接收由 PUBACK 消息进行确认。如果通信链路异常、发送设备异常，或者指定时间内没有收到确认消息，发送端会重发这条在消息头中设置 DUP Flag 位的消息。

消息到达服务器至少一次，SUBSCRIBE 和 UNSUBSCRIBE 消息使用的 QoS 级别为 1，QoS 级别为 1 的消息的消息头中都有一个 Message ID。

图 6.34 显示了 QoS Level 1 协议流，如果客户端没有收到 PUBACK 消息（在应用中定义的时间范围内，或者检测到一个失败且通信会话被重启），客户端可能重发这条设置了 DUP Flag 标志的 PUBLISH 消息。

（3）QoS Level 2：只传递一次（Exactly Once Delivery）。在 QoS Level 1 之上的附加协议流能够确保重复的消息不会被传递给正在接收的应用程序。当不允许出现重复消息时，这就是最高级别的传递。这会增加网络流量，但是通常来讲是可接受的，因为消息很重要。

Client	Message and Direction	Server
QoS = 1 DUP = 0 Message ID = x **Action**: Store message	PUBLISH --------->	**Actions:** • Store message • Publish message to subscribers • Delete message
Action: Discard message	PUBACK <+---------	

图 6.34 QoS level 1 的协议流

一个 QoS Level 2 的消息在消息头中有一个 Message ID。QoS Level 2 协议流如图 6.35 所示，PUBLISH 被接收者处理的流程有两种语义。不同的流程，消息何时可以对订阅者可见的时间点就不同。语义的选择完全由实施决定，且不会影响 QoS Level 2 协议流的效果。

Client	Message and direction	Server
QoS = 2 DUP = 0 Message ID = x **Action**: Store message	PUBLISH --------->	**Action**: Store message **Actions:** • Store message ID • Publish message to subscribers
	PUBREC <---------	Message ID = x
Message ID = x	PUBREL --------->	**Actions:** • Publish message to subscribers • Delete message **Action**: Delete message ID
Action: Discard message	PUBCOMP <---------	Message ID = x

图 6.35 QoS level 2 的协议流

如果检测到了异常或者超时，协议流会从最后一个没被确认的消息开始重试 PUBLISH 或 PUBREL。附加的协议流保证了消息只会传递给订阅者一次。

（4）Assumptions for QoS Levels 1 and 2。任何网络中都可能发生设备或通信链路的失败，链路的一端可能不知道另一端发生了什么，这些被称为"可疑（In Doubt）"窗口。在这些场景中，必须对消息传递相关的设备和网络的可靠性做一些假设。MQTT 假设客户端和服务器通常都是可靠的，通信链路可能是不可靠的。如果客户端设备发生故障，将是灾难性而不是一个暂时性的故障，从设备恢复数据的可能性非常低，有些设备是非易失性（Non-Volatile）存储，如 Flash ROM，在客户端设备上提供更持久的存储可以保护大多数重要的数据不受某些异常的影响。除了基本的通信链路异常外，异常模式矩阵也变得很复杂，很多场景都是 MQTT 无法处理的。

2. 消息重发

尽管 TCP 通常能够保证数据包的传递，但在某些特定场景下，可能无法接收 MQTT 消息。在这种场景下，MQTT 消息会期望有一个响应（QoS Level>0 PUBLISH、PUBREL、SUBSCRIBE、UNSUBSCRIBE），如果响应在特定时间内没有收到，发送者可以重试发送，这时发送者应该在消息上设置 DUP 标识。

重试的次数是一个可配置的选项，应该保证消息在发送过程中不会超时。例如，在一个网速很慢的网上发送一个大消息所花费的时间自然会比在快速网络上发送一个小消息所花费的时间长。多次重试发送一个超时的消息经常会使事情变得更糟，所以，在多次重试的情况下，应当采用增加超时时间值的策略。当客户端重连时，如果没有被标记为干净会话（Clean Session），那么客户端和服务端都应该重传任何之前正在传递（In-Flight）的消息。

6.2.5 MQTT 开源实现——Mosquitto

Mosquitto 是一款实现了 MQTT v3.1 的开源消息代理软件，提供轻量级的、支持可发布/可订阅的消息推送模式，使设备对设备之间的短消息通信变得简单，例如，现在广泛应用的低功耗传感器、手机、嵌入式计算机、微控制器等移动设备。一个典型的应用案例就是 Andy Stanford-ClarkMosquitto（MQTT 协议创始人之一）在家中实现的远程监控和自动化。Mosquitto 包括服务端和客户端。

Mosquitto 程序安装说明如下。

- mosquitto：代理主程序。
- mosquitto.conf：配置文件。
- mosquitto_passwd：用户密码管理工具。
- mosquitto_tls：为 SSL/TLS 提供初步备份。
- mosquitto_pub：用于发布消息的命令行客户端。
- mosquitto_sub：用于订阅消息的命令行客户端。
- mqtt：MQTT 的后台进程。
- libmosquitto：客户端编译的库文件。
- mosquitto_pub：客户端可发布一条消息到指定主题。

用法：

```
mosquitto_pub [-d] [-h hostname] [-i client_id] [-I client id prefix] [-p port number] [-q message QoS]
[--quiet] [-r] { -f file | -l | -m message | -n | -s} [-u username [-P password] ] [ --will-topic topic [--will-payload
payload] [--will-qos qos] [--will-retain] ] -t message-topic
```

选项：

```
-d，--debug
```

开启 debug 选项。

-f，--file

把一个文件作为消息的内容发送，支持 txt 文件，不支持 doc 等其他格式的文件。

-h，--host

说明所连接的域名，默认是 localhost。

-i，--id

客户端的 ID 号，如果没有指定，默认的是 mosquitto_pub_加上客户端的进程 ID，不能和--id_prefix 同时使用。

-i，--id-prefix

指定客户端 ID 的前缀，与客户端的进程 ID 连接组成客户端的 ID，不能和"--id"同时使用。

-l，--stdin-line

从终端读取输入发送消息，一行为一条消息，空白行不会被发送。

-m，--message

从命令行发送一条消息，-m 后面是要发送的消息内容。

-n，--null-message

发送一条空消息。

-p，--port

连接的端口号，默认是 1883。

-P，--pw

指定密码，用于代理认证，使用此选项时需要有效的用户名。

-q，--qos

指定消息的服务质量，可以为 0、1、2，默认是 0。

--quiet

如果指定该选项，则不会有任何错误被打印，这排除了无效的用户输入所引起的错误消息。

-r，--retain

如果指定该选项，该条消息将被保留作为最后一条收到的消息，下一个订阅消息者将至少能收到该条消息。

-s，--stdin-file

从标准输入接收传输的消息内容，所有输入作为一条消息发送。

-t，--topic

指定消息所发布到的主题。

-u，--username

指定用户名用于代理认证。

--will-payload

指定该选项时，如果客户端意外和代理服务器断开，则该消息将被保留在服务端并发送出去，该选项必须同时使用"--will-topic"指定主题。

--will-qos

指定 Will 的服务质量，默认是 0，必须和选项"--will-topic"同时使用。

--will-retain

指定该选项时，如果客户端意外断开，已被发送的消息将被当成 retained 消息，必须和选项"--will-topic"同时使用。

--will-topic

客户端意外断开时，Will 消息发送到指定的主题。

sub_client 客户端可以订阅一个或多个主题的消息，用法如下。

mosquitto_sub [-c] [-d] [-h hostname] [-i client_id] [-I client id prefix] [-k keepalive time] [-p port number] [-q message QoS] [--quiet] [-v] [-u username [-Ppassword]] [--will-topic topic [--will-payload payload] [--will-qos qos] [--will-retain]] -t message topic ...

命令：

mosquitto_sub

订阅到主题，接收到消息时打印。

选项：

-c，--disable-clean-session

禁止"-clean-session"选项，即如果客户端断开连接，这个订阅仍然保留，以便接收随后的 QoS Level 为 1 和 2 的消息；当该客户端重新连接之后，它将接收已排在队列中的消息。建议使用此选项时，客户端 ID 选项设为"--id"。

-d，--debug

开启 debug 选项。

-h，--host

说明所连接到的域名，默认是 localhost。

-i，--id

客户端的 ID 号，如果没有指定，默认是 mosquitto_pub_ 加上客户端的进程 ID，不能和 "--id_prefix" 同时使用。

-i，--id-prefix

指定客户端 ID 的前缀，与客户端的进程 ID 一起组成客户端的 ID，不能和 "--id" 同时使用。

-k，--keepalive

给代理发送 PING 命令（目的是告知代理该客户端连接保持且在正常工作）的间隔时间，默认是 60 s。

-p，--port

说明客户端连接到的端口，默认是 1883。

-P，--pw

指定密码，用于代理认证，使用此选项时需要有效的用户名。

-q，--qos

指定消息的服务质量，可以为 0、1、2，默认是 0。

--quiet

如果指定该选项，则不会有任何错误被打印，这排除了无效的用户输入所引起的错误消息。

-t，--topic

指定订阅的消息主题，允许同时订阅多个主题。

-u，--username

指定用户名，用于代理认证。

-v，--verbose

消息打印，若指定该选项，打印消息时前面会打印主题名——"主题 消息内容"；否则，只打印消息内容。

--will-payload

指定该选项时，如果客户端意外和代理服务器断开，则该消息将被保留在服务端并发送出去，该选项必须同时用 "--will-topic" 指定主题。

--will-qos

指定 Will 的服务质量，默认是 0，必须和选项"--will-topic"同时使用。

--will-retain

指定该选项时，如果客户端意外断开连接，已被发送的消息将被当成 retained 消息，必须和选项"--will-topic"同时使用。

--will-topic

客户端意外断开时，Will 消息发送到指定的主题。

6.2.6　MQTT 小结

由于 MQTT 协议具有开销小、有多级别 QoS 机制等特点，在物联网领域的机器之间的通信扮演着重要的角色。MQTT 最早于 1999 年提出，经过多年的发展与完善，协议本身已相对成熟，并拥有众多成功案例，尤其适合手机客户端与服务器端推送消息，以及环境监测等应用场景。另外，在协议标准化方面，MQTT 已被 oneM2M 标准化组织接受成为指定的映射协议之一，并正在推进协议映射的具体工作。

6.3　IETF：CoAP

6.3.1　协议介绍

CoAP 是 Constrained Application Protocol 的缩写，它是一种应用于互联网的传输协议，之所以称之为受限的（Constrained）协议，主要是指在终端节点和网络能力两个方面受限。典型的能力受限的终端是只具有 8 bit 的微控制器和小容量的 ROM&RAM，典型的能力受限的网络是 6LoWPAN，这种网络通常有较高的误包率，典型的传输速率在 10 kbps 数量级。CoAP 是为了物联网终端的数据传输而设计的。

CoAP 协议标准的制定由 IETF 的 CoRE 工作组负责，目前仍处于起草阶段，但主要内容已经完成，也已经启动了 Release1 的审批发布流程，目前已经发布正式 Release1版本。

图 6.36 给出了 CoAP 的应用场景，图中有左右两朵云，左侧的云表示传统互联网的网络环境，在这个环境中有普通的终端节点和服务器节点，采用 HTTP 协议进行互连；右侧的云表示受限制的环境（终端能力受限、网络能力受限），CoAP 就是为这个受限制的环境中的节点互连而设计的。

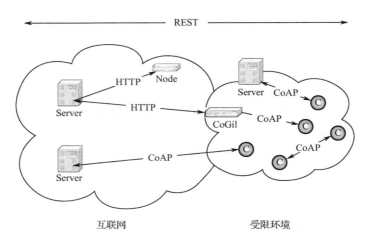

图 6.36　CoAP 的应用场景

为了使受限环境与互联网环境之间的互联变得简单，CoAP 在设计时刻意模仿了 HTTP 的设计，特别是和 HTTP 一样都采用了 RESTFUL 的接口设计方式（REST 是目前互联网普遍使用的网络架构，满足该架构的设计方案都称为 RESTFUL 方案）。这种刻意模仿所带来的一个直接的好处是互相翻译 HTTP 和 CoAP 的报文时会比较容易，这显然有利于互联网与物联网的互联。

CoAP 具有以下特点。

- 满足 M2M 需求的受限网络协议；
- 基于 UDP，可支持单播和组播；
- 支持异步的消息交互；
- 简洁的报文头设计；
- 支持 URI 和 Content-type；
- 支持简单的代理和缓存；
- 支持与 HTTP 的无状态映射；
- 安全机制采用 DTLS。

6.3.2　协议栈结构

图 6.37 所示为 CoAP 的协议栈结构，CoAP 的上层是具体的物联网应用，下层是 UDP 协议。CoAP 层定义了请求/应答模型和 CoAP 消息。CoAP 采用 DTLS 来实现底层的安全机制。

6.3.3　消息格式

CoAP 采用只有 4 B 的短消息头，消息头后面通常会跟一些 Option 字段，之后就是消息的 Payload，请求和应答消息都采用这种消息结构。

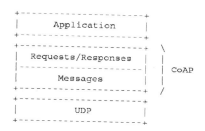

图 6.37   CoAP 协议栈结构

图 6.38 给出了 CoAP 消息的格式定义。

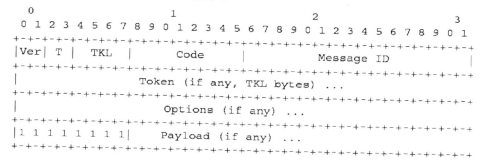

图 6.38   CoAP 消息格式定义

其中字段的含义如表 6.4 所示。

表 6.4   CoAP 消息的字段含义

Ver（Version）	指示版本号，2 bit 无符号整型		
T（Type）	指示消息类型，2 bit 无符号整型。一共有 4 种消息：Confirmable(0)消息，简写为 CON；Non-Confirmable(1)消息，简写为 NON；Acknowledgement(2)消息，简写为 ACK；Reset(3)消息，简写为 RST。CON 消息要求接收方返回 ACK 消息，如果发送方收不到 ACK 消息，那么发送方就重新发送 CON 消息，直到接收到 ACK 消息或达到最大重发次数为止。NON 消息不要求 ACK 消息，所以原则上来说发送方不知道 NON 消息是否被成功接收，但是这并不影响 NON 消息的使用，这就好像你向别人提问，对方虽然没有首先确认他收到了你的问题，但是他直接告诉了答案，同样也能说明他已经收到了你的问题		
TKL（Token Length）	指示 Token 的长度，4 bit 无符号整型。Token 的长度可以是 0~8 B		
Code	指示消息对应的接口方法，8 bit 无符号整型。这 8 bit 被人为地分为两段，前 3 bit 为一段，后 5 bit 为一段，可以表示为 c.dd 的形式，其中 c 是 0~7 的数字，而 dd 是 00~31 的数字。c=0 表示这个消息是一个请求消息（Request），c=2 表示该消息是一个成功的应答消息（Response），c=4 表示该消息是一个客户端的错误应答消息，c=5 表示该消息是服务器端的错误应答消息。dd 表示消息的细节信息。0.00 表示空消息		
Message ID	指示消息的序号，16 bit 无符号整型，可以用来检测重复的消息		
Token	Token 的长度可以是 0~8 B。Token 是用来将请求和应答配对的标识，对应一个请求消息的应答消息必须使用与请求消息相同的 Token 值		
Options	Token 的后面可能会跟 0 个到多个 Options		
Payload	Payload 跟在 Options 后面，但是在 Payload 的前面必须有 1 字节的 Payload 标识，0xFF		

第6章

其中 Code 的值关系到消息对应的方法，需要详细地解释一下。Code 可以表示为 c.dd 两段，其具体对应的含义如表 6.5 所示。

表 6.5　Code 代表的含义

0.00	表示 CoAP 消息是一个空消息	
0.01～0.31	表示 CoAP 消息是一个请求消息	0.01：Get 方法
		0.02：Post 方法
		0.03：Put 方法
		0.04：Delete 方法
		0.05～0.31：保留不用。
2.01～2.05	表示成功应答	2.01：Created
		2.02：Deleted
		2.03：Valid
		2.04：Changed
		2.05：Content
3.00～3.31	保留	
4.00～4.15	因为客户端原因产生的错误	4.00：Bad Request
		4.01：Unauthorized
		4.02：Bad Option
		4.03：Forbidden
		4.04：Not Found
		4.05：Method Not Allowed
		4.06：Not Acceptable
		4.12：Precondition Failed
		4.13：Request Entity Too Large
		4.15：Unsupported Content Format
5.00～5.05	因为服务器端原因产生的错误	5.00：Internal Server Error
		5.01：Not Implemented
		5.02：Bad Gateway
		5.03：Service Unavailable
		5.04：Gateway Timeout
		5.05：Proxying Not Supported

知道了 CoAP 的消息格式之后，我们就可以举例来说明 CoAP 的消息是如何使用的。

6.3.4　请求与应答

图 6.39 和图 6.40 分别给出了可靠消息传输和非可靠消息传输的两个例子，其中 CON

表示 Confirmable 消息，NON 表示 Non-Confirmable 消息。

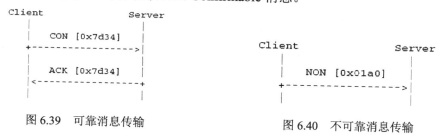

图 6.39　可靠消息传输　　　　　　　图 6.40　不可靠消息传输

ACK 表示 Acknowledgement 消息，CON 消息要求接收方发送 ACK 消息来确认，而 NON 消息不要求接收方进行确认。图 6.39 中的[0x7d34]是消息的 Message ID，因为 ACK 消息的 Message ID 与 CON 消息的 Message ID 相同，所以该 ACK 消息是对 CON 消息的确认。

CoAP 的 ACK 消息不仅用来表示接收方已经收到了发送方所发送的消息，而且 ACK 消息还可以用来直接携带应答的内容。这种设计是因为物联网应用的消息一般情况下比较短小，与其使用一个新的消息来应答，不如将应答内容直接携带在 ACK 消息中更有效。当然 CoAP 也支持将应答消息放在一个独立的消息中。如果 ACK 消息携带了应答的内容，那么这种方式的应答被形象地称为 Piggy-Backed 应答，图 6.41 就给出了这样的例子。

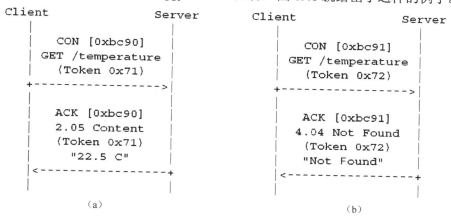

图 6.41　Piggy-Back 应答

在图 6.41（a）中，客户端发送了一个 CON 消息（Type = 0），该消息的 Message ID = 0xbc90，该消息对应 GET 方法（Code=0.01），访问资源 URI = /temperature（表示读取温度数值），Token = 0x71。服务器的应答是一个 ACK 消息（Type = 2）且 Message ID 与 CON 消息的 Message ID 相同，该消息首先表示了服务器收到了客户端的请求，Code = 2.05 表示应答包括具体内容，Token 与 CON 消息的 Token 相同，表示对 CON 消息的应答，22.5 C 是一个字符串，作为消息的 Payload，表示温度的值为 22.5℃。图 6.41（b）是一个失败的例子，Code = 4.04 表示资源 URI 的值在服务器上找不到（这是服务器原因产生的错误），Not Found 是一个字符串，作为消息的 Payload。

图 6.42 显示了另一种应答方式，应答的内容不携带在 ACK 消息中，而是使用另一个消息来携带应答内容。这种情况通常是因为服务器端需要一定的时间才能得到应答内容，

所以服务器端只好先使用 ACK 消息通知客户端它已经收到了客户端的请求,然后等应答内容准备好之后再用一个消息发送给客户端。图 6.42 中服务器发送给客户端的 CON 消息的 Message ID 与前一个客户端到服务器的 CON 消息的 Message ID 是不同的,但是它们的 Token 是相同的,这表示后一个 CON 消息是对前一个 CON 消息的应答,而两个 ACK 消息只表示对收到发送方 CON 消息的确认。

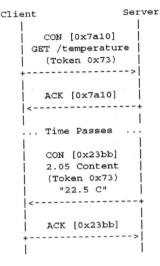

图 6.42　CON 请求与应答

图 6.43 显示了使用 NON 消息发送请求时的情况,NON 消息不要求接收方返回 ACK 消息,但是接收方还是可以使用一个 NON 消息来返回应答内容(注意这两个 NON 消息的 Token 值是相同的)。

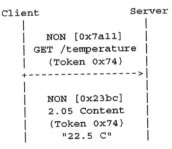

图 6.43　NON 请求与应答

6.3.5　URI 方案

coap-URI = "coap: " "//" host [": " port] path-abempty ["?" query]

CoAP 消息的 URI 可以表示为上面的方式,"coap: //"表示这是一个 CoAP 协议的 URI; "host" 表示主机的地址,如果主机的地址是用 IP 地址表示的,那么服务器可以直接访问这个 IP 地址,如果主机的地址是用主机名表示的,那么需要类似 DNS 一样的服务将主机名翻译为主机 IP 地址；"port"指示了访问的 UDP 端口，CoAP 协议默认的端口号是 5864；"path-abempty"用来指示主机上存在的资源，使用多个斜杠"/"来表示资源的层级路径；"query"表示对资源的参数描述，不同的参数描述之间采用"&"符号隔开，参数描述一般采用"key=value"的方式来描述。

coaps-URI = "coaps：" "//" host ["：" port] path-abempty["?" query]

采用安全机制的 CoAP 消息的 URI 可以表示为上面的方式，不同点是必须使用"coaps：//"，而不是"coap://"。

CoAP 消息使用 Options 来表示 URI，一个 URI 可以分拆成多个 Options，多个 Options 也可以组合成一个 URI。

6.3.6　业务发现

由于物联网的应用常常没有人的参与或者人的参与较少，所以业务的自动发现就变得很重要，因为它可以提高物联网业务的自动化水平。

业务发现是指客户端主动发现服务器和服务器所提供的服务。如果一个客户端知道了一个指向服务器资源的 URI 地址，那么这个客户端就知道了这个服务器的地址，它也就发现了这个服务器。另一种方式是组播的方式，客户端可以向一个组播地址发送消息，所有响应该消息的服务器都将被客户端发现。

要支持业务发现功能，服务器必须开放默认端口 5683，并且在这个端口上配置特殊资源，该资源的目的就是为了指引客户端访问服务器上的其他资源。

6.3.7　组播机制

CoAP 支持客户端向一个 IP 组播发送请求，有关组播的实现方案可以查看 IETF 相关资料。如果 CoAP 服务器希望客户端能够发现自己和自己提供的服务，那么 CoAP 服务器就可以加入一个或多个"CoAP 全节点组播地址"，并且监听默认端口。如果服务器收到一个组播请求，那么服务可以响应这个请求，从而使自己被客户端发现。

组播请求消息的特征就是使用了组播地址而不是单一节点的地址，而且组播请求消息必须使用 NON 消息承载，不能使用 CON 消息承载。单播情况下，如果接收方收到一个 NON 消息并且发生错误，那么它应该返回一个 RST 消息给发送方，但是在组播情况下并非如此，服务器不会发送任何 RST 消息，这是为了避免多个服务发送大量的 RST 消息从而造成 RST 的风暴，而且发送方应该避免使用与任何单播消息相同的 Message ID。

还有一个重要的特点是，组播请求消息不能使用 DTLS 提供的安全机制，也就是说组播消息只能承载在 UDP 上而没有任何安全机制的保障，这是 CoAP 协议的现状。

当服务器收到一个组播请求时，如果它没有什么可应答的内容（判断服务是否有可应答的内容的过程参见 RFC6690），那么服务器就应该直接忽略这个组播请求而不做任何响应。如果服务器确定了可以做出应答，它也不应该立刻发送应答消息，而是要等待一段时间，这一段时间称为组播应答休闲时间。休闲时间的长度是根据特定公式计算出来的，其中包含一定的随机因素，使得所有的服务器不会在同一时间发送组播应答。

6.3.8　安全机制

CoAP 使用 DTLS 实现安全保障，DTLS 是 Datagram Transport Layer Security 的缩写，它是为了应对在 UDP 上的安全需求而生的，如图 6.44 所示。传统的 TLS（Transport Layer Security）是最为广泛部署的协议，它用来保障网络安全通信。TLS 通过向应用层和网络层之间插入 TLS 来保证应用的安全。然而，TLS 通常建立在 TCP 之上，因此不能用来保证 UDP 通信的安全。但是 DTLS 与 TLS 是相似的，DTLS 可以看成 TLS 对 UDP 优化后的升级版本。

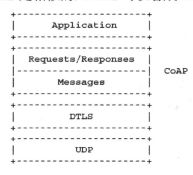

图 6.44　使用 DTLS 的协议栈

如果使用了 DTLS，那么通信的协议栈看起来就会像图 6.44 所示的那样，DTLS 插入在 CoAP 与 UDP 协议之间。

在通信时要通过"握手"过程首先建立 DTLS 连接，一旦连接建立之后，DTLS 带来的开销是很小的，大约每个数据报文有 13 B 的开销。DTLS 一共提供了 3 种安全模式，分别是 PreSharedKey、RawPublicKey、Certificate，具体的实现机制就不在此叙述了。

图 6.45 给出了 DTLS 通过握手建立连接的过程，从图中可以看出来这是一个三次握手的过程。

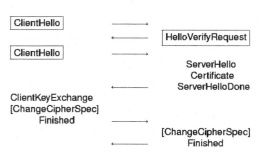

图 6.45　DTLS 的握手过程

6.3.9　交叉代理

在 CoAP 协议中，交叉代理（Cross Proxying）实际上是指从 HTTP 到 CoAP 或者反向的协议翻译。CoAP 可以理解成 HTTP 的一个功能子集，所以从 CoAP 到 HTTP 的协议翻译是比较容易理解的。实现了从 CoAP 到 HTTP 的翻译，就可以使 CoAP 的客户端访问 HTTP 服务器的资源；实现了从 HTTP 到 CoAP 的翻译，就可以使 HTTP 的客户端访问 CoAP 服务器的资源。交叉代理是对"物联网是互联网的延伸"的一种诠释。

6.3.10　CoAP 小结

CoAP 设计的初衷是为了在受约束的网络和终端环境下传输物联网应用数据，所以 CoAP 的设计做了一些特别的考虑，它的数据包很小，再加上严格的重传机制，使得 CoAP 特别适合在带宽不高、终端能力受限的网络中使用。

CoAP 的优点是：数据包小、传输灵活、实现简单，具有设计完善的请求应答模型和重传机制。CoAP 和 HTTP 存在一定的对应关系，二者之间的互译较为简单，这为物联网和互联网的对接提供了很好的标准化基础。

CoAP 的缺点是：在业务发现、组播和安全方面的设计仍不完善。CoAP 没有说明如何解决在移动环境下经常遇到的 IP 切换问题，这一问题需要在其他层的协议中去解决。另外，CoAP 目前使用 DTLS 作为一个子层来解决安全需求，但是这一方案对于物联网应用来说并不完美。

CoAP 只是一个传输层的协议，它不能处理具体的业务逻辑，所以 CoAP 必须和应用层协议配合使用。下面即将介绍的 OMA-LightweightM2M 标准就在传输层使用了 CoAP 协议。

6.4　OMA-LightweightM2M

OMA（Open Mobile Alliance）是一个致力各种应用层协议的国际标准化组织，其中的 DM 组（终端管理组，Device Management Work Group）是工作成效卓越的一个标准化小组，由这个小组研发的终端管理协议目前已经广泛应用在各类终端上，全球超过 40%的终端采用了 DM 的终端管理协议。轻量级 M2M（Lightweight M2M）就是由这个小组研发的，目前 Lightweight M2M（后面简写为 LWM2M）版本是 1.0，已被接受为 oneM2M 的指定映射协议之一。

LWM2M 与传统 DM 协议的主要区别在于：它主要解决的是资源受限类终端的管理问题和 M2M 业务通信问题。区别于传统的手机终端，资源受限类终端一般只有非常简单的处理器，非常有限的内存和输入/输出资源，相比传统的手机终端功能要简单得多。

6.4.1　协议架构

LWM2M 是一个基于 CS（Client-Server）架构的协议，在协议中定义了两个实体，LWM2M Client（以下简称客户端或 Client）和 LWM2M Server（以下简称服务器或 Server）。

图 6.46 给出了 LWM2M 的整体架构，其中由虚线框表示的 M2M APP（M2M 应用）不属于协议的内容，协议定义了客户端和服务器之间的 4 个接口。

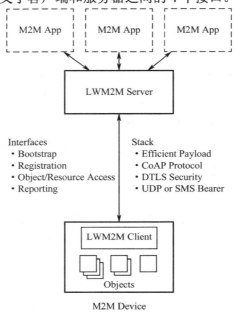

图 6.46　LWM2M 的协议架构

图 6.47 给出了使用 LWM2M 时的协议栈，LWM2M 使用 CoAP 作为它的传输层承载协议，而 CoAP 和 DTLS 承载在 UDP 和 SMS 上。

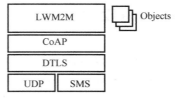

图 6.47　LWM2M 协议栈

下面介绍 LWM2M 所定义的 4 个接口。

6.4.2　接口设计

1．初始化接口（Bootstrap）

图 6.48 给出了初始化接口的示意图，根据发起初始化的实体不同，一共有 4 种初始化

模式。

- 厂家预配置初始化；
- 基于智能卡的初始化；
- 客户端发起初始化；
- 服务器发起初始化。

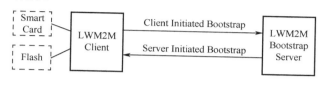

图 6.48　初始化接口

初始化所要做的事情是设置客户端所需要的基本资源，包括服务器信息、安全信息、访问控制信息，可能还有其他的信息，但是上述三项信息是初始化过程通常要设定的。这些信息可能来自终端生产厂家的预配置，也可能来自智能卡，由客户端发起请求服务器设置，或者由服务器主动进行设置，所以就有了 4 种初始化模式。在实际初始化的过程中，这些模式是有优先顺序的。

（1）基于智能卡初始化：如果客户端支持智能卡，那么客户端就应该首先从智能卡中读取初始化信息，然后将初始化信息写入客户端；如果终端不支持智能卡或智能卡没有提供初始化信息，就尝试使用厂家预置的初始化信息。

（2）厂家预配置初始化：是指终端的生产厂家在终端出厂时就内置的初始化信息。这样在客户端在启动时，如果没有智能卡提供初始化信息，那么终端就可以使用厂家预置的信息进行初始化。

（3）客户端主动发起初始化：如果客户端上没有任何服务器的信息，或者客户端向服务器发起注册请求却不断失败，那么客户端就向初始化服务器请求初始化信息。注意这里的初始化服务器（LWM2M Bootstrap Server）而不是 LWM2M Server，通常由终端厂家或者运营商部署提供，这样当终端不能根据其他信息初始化时还可以主动向初始化服务器请求初始化信息。客户端发起的初始化流程如图 6.49 所示。

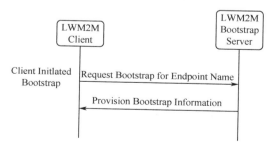

图 6.49　客户端发起初始化

（4）服务器端发起初始化：在初始化服务器主动发起初始化之前，必须保证初始化服务器了解终端的地址信息和客户端是否已经准备好接收初始化设置，而这一具体的过程依赖于具体的实现，因此不在本协议考虑的范围内。

服务器端发起的初始化流程如图 6.50 所示。

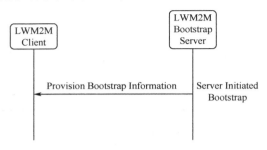

图 6.50　服务器端发起初始化

下面总结初始化模式的优先顺序如下。

（1）如果终端支持智能卡，那么就尝试从智能卡中读取初始化信息并使用基于智能卡初始化的模式。

（2）如果不能使用智能卡进行初始化，那么就尝试使用厂家预置的初始化信息。

（3）如果客户端在前面两个步骤中得到了任何服务器的地址，那么客户端就向服务器发起注册请求；如果注册请求失败，或者客户端并没有从前面两个步骤中得到任何服务器的地址，或者客户端在规定的时间内没有收到任何服务器主动发起的初始化信息，那么客户端就向初始化服务器请求初始化信息。

2. 注册接口（Registration）

图 6.51 给出了注册接口的示意图，一共有 3 种操作，分别是注册、更新和注销。

图 6.51　注册接口

注册消息的参数列表如表 6.6 所述，这个参数列表给出了注册消息需要携带的信息，其中客户端名称和对象资源列表是注册消息时必须携带的。

表 6.6　注册消息携带的信息

参　　数	是否必需	默认值	说　　明
Endpoint Client Name	Yes		客户端的名称，用来在服务器和初始化服务器上标识客户端
Lifetime	No	86400	已注册的客户端必须在 Lifetime 所表示的时间周期内向服务器发送更新消息，如果服务器未收到更新消息，那么服务器将主动取消客户端的注册信息。1 天=86400 秒

续表

参　数	是否必需	默认值	说　明
LWM2M Version	No	1.0	协议的版本号
Binding Mode	No	U	U 表示使用 UDP 承载，S 表示使用 SMS 承载，Q 修饰前一个字符，表示是否支持队列模式。例如，UQS 表示支持有队列模式的 UDP 承载和无队列模式的 SMS 承载
SMS Number	No		即蜂窝网络使用的 MSISDN 号，当这个参数存在时，表示终端可以收发短信
Object&Instance	Yes		客户端支持的对象资源列表

图 6.52 给出了一个完整的从注册到注销流程的示意图，图中"ep=node1"表示 Endpoint Client Name 为 node1；"</1/1>，</2/1>，</3/1>，</3/2>"表示客户端支持的对象资源列表；"2.01 Created"是 CoAP 消息的响应代码，表示服务器已收到注册消息并成功完成注册。后续客户端按照 Lifetime 约定的时间向服务器发送 Update 消息，当终端要退出时向服务器发送 De-register 消息，这就是从注册到注销的整个流程。

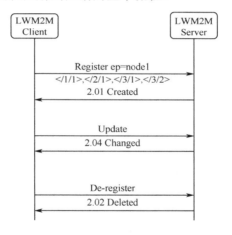

图 6.52　注册注销流程示意图

3．资源访问接口（Object & Resource Access）

图 6.53 给出了资源访问接口的示意图，一共有 5 种操作，分别是读、写、执行、新建、删除，服务器通过这 5 种方式访问客户端的资源。

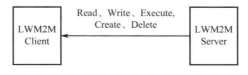

图 6.53　资源访问接口

资源的组织模型和 LWM2M 的客户端都有哪些资源将在后面讨论，这里重点阐述资源访问的流程。对于客户端和服务器来说，资源是一个外延比较广泛的概念，例如，客户端的存储、输入/输出接口、显示器、传感器等都可以称为客户端的资源。协议使用 URI 路径来指示资源的地址。

LWM2M 约定客户端的资源可能有三种访问属性：可读（R）、可写（W）、可执行（E）。客户端通过资源访问控制列表来控制不同的服务器对客户端资源的访问权限，例如，一个资源对服务器 A 是可读、可写的，但是对服务器 B 只是可读的。一个资源可能同时拥有三种属性。

图 6.54 给出了 LWM2M 的资源访问示意图，图中的 Read、Write、Execute、Create、Delete 是逻辑操作的名称，后面跟随的是描述资源地址的 URI。如果操作成功则客户端返回成功。

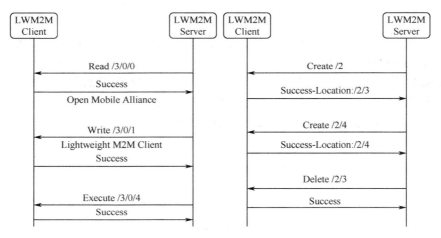

图 6.54　资源访问流程示意图

读、写、执行、新建、删除这 5 个操作是进行物联网业务的基本逻辑操作。例如，一个"URI:/lamp/swith"对应一个灯的开关，那么服务器读取这个客户端资源的值就可以知道灯的状态，服务器写这个客户端资源的值就可以改变灯的开关状态。另外，一些较为复杂的动作可以用执行某个资源的方式来完成。例如，可以设置一个名称为 Reboot 的资源，这个资源的属性是可执行的，那么服务器要求客户端执行 Reboot 这个资源就等于要求客户端重启动。

4．数据上报接口（Reporting）

图 6.55 给出了数据上报接口的示意图，一共有三种操作，分别是观察、取消观察、通知。

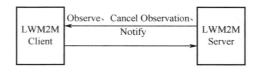

图 6.55　数据上报接口

观察操作是指服务器对客户端上的某一资源进行观察，如服务器监视客户端的温度传感器的读数。图 6.56 给出了一个观察和通知的流程，假如图中的"/4/0/2"就是指向这个温度传感器读数的 URI。服务器要求观察这个资源，那么客户端就会按照观察的参数的要求周期性地使用通知消息将温度的读数发送给服务器。观察操作可以使用的参数有最小报告周期、最大报告周期、最大报告门限和最小报告门限，可以通过选择观察的参数来灵活地配置数据上报的方式。如果服务器不再需要观察某个资源，那么可以使用取消观察操作来取消对资源的观察。

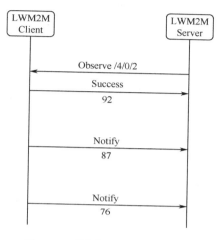

图 6.56　观察与通知流程示意图

5. 接口设计小结

下面将全部接口和对应的操作列在表 6.7 中，从表中可以看出 4 个接口分别对应了 13 种操作。

表 6.7　LWM2M 的接口与操作

接口	方向	逻辑操作
设备发现和注册	上行	注册、更新、重新注册
消息请求	上行	请求消息
消息发出	下行	消息写入
设备管理与服务使能	下行	读、创建、删除、写入、执行
消息上报	下行	消息等待、消息取消等待
消息上报	上行	消息到达通知

6.4.3　资源组织

LWM2M 以对象（Object）的方式来组织资源（Resource），最直观的理解方式是将对象理解为资源的组。一个对象包含多个资源，一个资源属于某个对象。对象可能有多个实例，资源也可能有多个实例，所以实际上需要 4 个数字才能准确地表示一个资源"/ObjectID/ObjectInstanceID/ResourceID/ResourceInstanceID"，这个字符串实际上就是这个资源的 URI。LWM2M 资源的组织方式如图 6.57 所示。

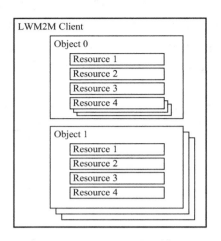

图 6.57　资源的组织方式

　　下面就来看一下 LWM2M 都定义了哪些对象和资源，这些对象和资源都保存在客户端上。表 6.8 列出了 LWM2M 定义的对象，并简单地描述了设置这些对象的目的，这里没有列出对象包含的资源，详细的资源列表可以在 LWM2M 的技术标准的文本中查到。

表 6.8　LWM2M 的对象列表

对　　象	对象 ID	说　　明
LWM2M Server Access Security	1	用来管理服务器接入的安全模式，管理有关初始化服务器的信息
LWM2M Server	2	用来管理存储在客户端的有关 LWM2M 服务器的信息，包含更新周期、承载方式等
Access Control	3	用来管理服务器访问客户端资源的权限
Device	4	用来管理终端的属性配置，包含固件、版本号、终端序列号、电源状态等
Connectivity	5	用来管理终端的网络连接，包含当前网络承载方式、链路质量等
Firmware	6	用来管理终端的固件
Location	7	用来管理终端的地址位置，包含经纬度、速度、时间戳等
Connectivity Statistics	8	用来统计终端的通信流量等信息

6.4.4　CoAP 承载

　　6.4.2 节给出了 LWM2M 的 13 种逻辑操作，LWM2M 使用 CoAP 作为它的传输层，所以这 13 种逻辑操作需要映射为 CoAP 的消息，本节将说明是如何进行映射的。

　　表 6.9 列出了如何映射初始化接口的 2 个逻辑操作。Request Bootstrap 操作被映射为 CoAP 消息的 POST 方法，使用 URI 来携带操作所需要的参数，表格中的 URI 只携带了一个参数，即客户端的名称。Write 操作被映射为 PUT 方法，同样使用 URI 来携带

参数。

表 6.9　初始化接口逻辑操作的映射

Operation	CoAP Method	URI	Success	Failure
Request Bootstrap	POST	/bs?ep={Endpoint Client Name}	2.04 Changed	4.00 Bad Request
Write	PUT	/{Object ID}/{Object Instance ID}/ {Resource ID}	2.04 Changed	4.00 Bad Request

表 6.10 列出了如何映射注册接口的 3 个逻辑操作。

表 6.10　注册接口逻辑操作的映射

Operation	Method	URI	Success	Failure
Registration	POST	/rd?ep={Endpoint Client Name}&lt={Lifetime}&sms= {MSISDN}&lwm2m={version}&b={binding}	2.01 Created	4.00 Bad Request
Update	PUT	/{location}?lt={Lifetime}	2.04 Changed	4.00 Bad Request
De-register	Delete	/{location}	2.02 Deleted	4.00 Bad Request

表 6.11 列出了如何映射资源访问接口的逻辑操作。

表 6.11　资源访问接口逻辑操作的映射

Operation	Method	URI	Success	Failure
Read	GET	/{ObjectID}/{ObjectInstanceID}/{ResourceID}	2.05 Content	4.00 Bad Request 4.04 Not Found 4.05 Not Allowed
Write	PUT	/{ObjectID}/{Object InstanceID}/{ResourceID} ?pmin={minimum period}&pmax={maximum period}&gt={greater than}&lt={less than}&st={step}	2.04 Changed	4.00 Bad Request 4.04 Not Found 4.05 Not Allowed
Execute	POST	/{ObjectID}/{ObjectInstanceID}/{ResourceID}	2.04 Changed	4.00 Bad Request 4.04 Not Found 4.05 Not Allowed
Create	POST	/{ObjectID}/{ObjectInstanceID}	2.01 Created	4.00 Bad Request 4.05 Not Allowed
Delete	DELETE	/{ObjectID}/{ObjectInstanceID}	2.02 Deleted	4.00 Bad Request 4.05 Not Allowed

表 6.12 列了如何映射数据上报接口的逻辑操作。

第6章

表 6.12　数据上报接口逻辑操作的映射

Operation	Method	URI	Success	Failure
Observe	GET	/{Object ID}/{Object Instance ID}/{Resource ID}	2.05 Content	4.00 Bad Request 4.04 Not Found 4.05 Not Allowed
Cancel Observation	GET	/{Object ID}/{Object Instance ID}/{Resource ID}	2.05 Content	4.00 Bad Request 4.01 Unauthorized 4.04 Not Found 4.05 Not Allowed
Notify	POST		2.04 Changed	

6.4.5　LWM2M 小结

LWM2M 是一个为轻量级终端和受限网络环境而设计的终端管理协议，它在传输层使用 CoAP 协议，所以 LWM2M 具备 CoAP 所有的优点。LWM2M 定义了进行物联网业务操作的 13 个逻辑命令，以及如何将这 13 个逻辑命令映射到 CoAP 接口的方法。

LWM2M 的优点是：它的整体设计非常简单，清楚地定义了进行物联网业务操作的 13 个逻辑命令，定义了终端资源访问的基本模型。

LWM2M 的缺点是：它主要还是集中在终端管理方面，在安全方面依赖于 CoAP 和 DTLS，没有定义 LWM2M Server 与应用服务器之间的关系。

6.5　协议比较

表 6.13 对 MQTT、CoAP、LWM2M 三种 M2M 通信协议在多个维度进行了分析比较，并根据比较结果推荐各协议的应用场景。

表 6.13　MQTT、CoAP、LWM2M 协议比较

	MQTT	CoAP	LWM2M
提出时间	1999 年	2010 年	2011 年
协议架构	发布&订阅、CS 架构	RESTFUL 架构、URI	RESTFUL 架构、URI
底层承载	TCP	UDP	UDP
消息格式	二进制	二进制	二进制
资源模型	基于 Topic，资源模型单一	基于 Resource 的资源模型	基于 Object、Resource 的层次化资源模性
安全机制	3 种 QoS 级别	DTLS	DTLS+ACL
复杂性	低	中	中

	MQTT	CoAP	LWM2M
开源支持	较广泛,可使用 PHP、Java、Python、C、C#语言实现	少,可使用 C、Java 语言实现	暂无
现有应用	安卓、Sohu、Cmstop、Facebook	很少	暂无
国际标准	oneM2M 指定通信协议	IETF、oneM2M 指定通信协议	OMA、oneM2M 指定管理协议
推荐场景	环境监测、手机 CS 通信	RESTFUL 系统架构,与 HTTP 易于集成	RESTFUL 系统架构,与 HTTP 易于集成,适合终端管理

通过以上比较分析,结论如下:

- MQTT 相对成熟,且协议简单;但消息资源模型单一,使用场景有限。
- CoAP 相对灵活,且通用性高、互联网化;但成熟度低,且相对复杂。
- LWM2M 基于 CoAP,在终端管理方面具有优势。

6.6 本章小结

通过对 IBM MQTT、IETF CoAP、OMA LightweightM2M 三种协议进行深入分析和比较,对物联网开放平台中协议的选型和自主研发提出以下建议。

(1)终端管理和终端安全是运营商提供物联网服务的基础功能,建议接入物联网开放平台的终端都具备终端管理功能,并有安全保障。

(2)物联网开放平台的建设,建议首先考虑采用标准协议,结合(1),宜采用 LWM2M 协议作为开放平台的机器通信协议。

(3)对于自研协议,建议遵循 RESTFUL 架构,并采用二进制编码方式,避免使用复杂的 XML、JSON 进行数据传输;此外,建议支持多种承载机制(UDP、TCP、SMS),以适应不同应用场景。

(4)对于自研协议,建议实现协议栈开源,提供开放 API 接口(RESTFUL),并先期提供 C、Java 语言的 SDK,后期可陆续提供 C++、PHP、Python 等其他语言 SDK。

第 **7** 章

物联网开放平台安全研究

7.1 引言

综合前文所述，业界典型的几个开放平台，分别在安全方面提出了相应的考虑，详见表 7.1 所示。

表 7.1 业界典型开放平台对比

典型开放平台	安全考虑	侧重点
Baidu Inside	按照不同业务服务，分别提供特定的安全保障能力，主要在云存储服务、云消息服务、百度社会化分享、LBS 服务云中涉及安全功能	重点关注业务应用使用逻辑安全，针对关键业务的特殊需求提出安全机制
Jasper Wireless	主要在终端无线接入、平台互联网接入两方面涉及安全功能	重点关注平台接入访问安全
Verizon nPhase	主要在用户账号权限、系统审计追踪方面涉及安全功能	重点关注平台安全管理
华为智慧城市平台	主要在平台网络架构方面提出安全防护方案	重点关注平台网络及架构安全

从表 7.1 可以看出，各个开放平台在安全方面的考虑各有侧重，分别根据平台应用特点提出了一定的安全功能。但是，各个平台都没有提出整体的、系统的安全防护方案。参考以上平台的安全考虑，对物联网开放平台的安全防护方面提出以下建议。

（1）建议针对开放平台自身全面、系统地分析安全威胁；

（2）重点关注平台外部接入安全，终端接入和能力 API 开放；

（3）针对接入的第三方业务，建议全面梳理通用业务的安全威胁，提出关键安全防护方案；针对典型业务，后续可进一步根据需求制订具体业务的安全防护方案。

（4）保障平台基础网络、系统、Web 及运营管理安全，定期进行平台安全评估测试和加固。

7.2　物联网开放平台安全威胁

本章基于物联网开放平台实现技术架构，研究、分析面临的安全威胁及风险。

7.2.1　物联网业务及平台发展趋势

物联网是一种利用局部网络或互联网等通信技术，把传感器、控制器、机器、人员和物等通过新的方式连在一起，形成人与物、物与物的相连，实现信息化、远程管理控制和智能化的网络。物联网是互联网的延伸，它包括互联网及互联网上所有的资源，兼容互联网所有的应用，但物联网中所有的元素（所有的设备、资源及通信等）都是个性化和私有化的。

物联网应用是信息技术与行业专业技术的紧密结合的产物，它将改变人们彼此互动，以及与环境互动的模式。物联网应用层充分体现物联网智能处理的特点，涉及业务管理、中间件、数据挖掘等技术。考虑到物联网涉及多领域、多行业，因此，广域范围的海量数据信息处理和业务控制策略在安全性、可靠性方面面临着巨大挑战，特别是业务控制、管理和认证机制，信息安全和隐私保护，以及大数据处理等安全问题显得尤为突出。

（1）业务控制、管理和认证。由于物联网设备可能是先部署、后连接网络的，而物联网节点通常又是无人值守的，所以如何对物联网设备远程签约鉴权，如何对业务信息进行配置和控制就成了难题。

物联网中存在着多种认证类型，很难直接套用现有的密码协议来解决所有安全认证需求。例如，服务器与节点之间的多对多的认证、节点与终端之间的一对多的认证等。鉴于物联网终端设备并不具备一般性，有些特殊应用很难找到一种现成的协议来直接套用。

同时，传统的认证是区分不同层次的，网络层的认证负责网络层的身份鉴别，业务层的认证负责业务层的身份鉴别，两者独立存在。但是大多数情况下，物联网机器都拥有专门的用途，其业务应用与网络通信紧紧地绑在一起，很难独立存在。

另外，庞大且多样化的物联网必然需要一个强大而统一的安全管理平台，单独的平台会被各式各样的物联网应用淹没，但这样将使如何对物联网机器的日志等安全信息进行管理成为新的问题，并且可能割裂网络与业务平台之间的信任关系，导致新一轮安全问题的产生。

（2）信息安全及隐私保护。在未来的物联网中，每个人，甚至每件物品都将随时随地连接在网络上，随时随地被感知，大量的数据涉及个体隐私问题（如个人出行路线、消费习惯、个体位置信息、健康状况、企业产品信息等），在这种环境中如何确保信息的安全性和隐私性，防止个人信息、业务信息和财产等丢失或被他人盗用，将是物联网推进过程中需要突破的重大障碍之一。

因此，在物联网发展过程中，信息安全和隐私保护是必须考虑的一个问题。如何设计不同场景、不同等级的隐私保护技术将成为物联网安全技术研究的热点问题。

（3）大数据的处理。物联网作为一个新型共享网络平台，其发展建设涉及海量的信息处理和安全。当前的基础建设，从无线网络营运商到数据中心，以及两者之间的所有节点，还不足以承载当 IoT 系统成为主流之后所产生的大量数据流。这其中涉及的不只是从各种设备到云端的数据传输管道，还包括在云端进行所有数据处理与存储的技术。目前的数据中心架构尚没有能力处理那些将被产生且需要处理的异质性大数据。

为了应对以上安全挑战，物联网业务安全主要发展方向和趋势包括：

（1）物联网设备鉴权与管理。物联网终端完成原始数据的采集和预处理，具有种类和功能多样、自身处理能力受限、应用场景复杂、无人值守等特点，面临更加严峻的安全威胁，如物理攻击、假冒终端、终端卡被非法拔出替换等。

为了保障物联网终端和业务安全，需要研究适应性的物联网设备认证鉴权机制，确保接入业务终端的合法性；同时，物联网传感终端数量庞大且无人值守，需要研究适应性的设备管理机制，确保终端接入网络时严格有序、高效可信。

（2）业务与网络统一认证。针对物联网终端和业务应用密切绑定，以及业务应用与网络通信关系密切等特点，需要研究终端设备在接入网络和接入业务方面的统一认证机制。

（3）物联网业务统一安全管理。物联网业务多样化、终端设备数量庞大，需要研究统一的业务安全管理平台，实现对多样化业务高效、安全、集中、可靠的管理。

（4）信息安全与隐私保护。物联网设备的信息和业务数据更贴近用户，更加具有个性化和隐私性，同时物联网传输环境的安全性尚有待提高，因此，物联网用户的信息安全和隐私保护，将是物联网发展过程中最为重要、最受关注的安全问题。

需要研究适应性、定制化的物联网隐私保护机制，保证物联网业务的安全可信，为物联网的业务发展奠定安全基础。

（5）云计算支撑物联网大数据分析与处理。互联网和物联网的根本区别是，互联网处理的主要是"人输入的数据"，而物联网处理的主要是"机器生成的数据"。全世界几十亿双手一天能输入的数据量，可能顶不上一台机器一天自动生成的数据量。

为支持物联网庞大的大数据存储、管理、分析和应用，对云数据中心和云存储提出了更高的要求，需要研究适应性方法，将云计算技术引入大数据应用中。

7.2.2　物联网开放平台安全威胁

根据第 4 章对物联网开放平台架构的分析研究，图 7.1 全面分析了平台可能面临的安全威胁，分别从多个层面梳理了各种可预见的安全威胁，为后续平台的安全加固提供技术依据。

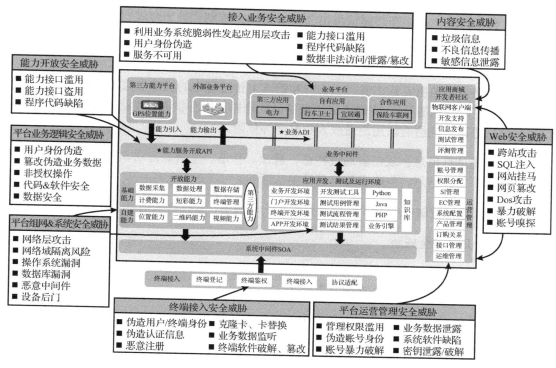

图 7.1　物联网开放平台安全威胁

开放平台面临的安全威胁包括：

● 终端接入安全威胁；
● 能力开放安全威胁；
● 平台业务逻辑安全威胁；
● 接入业务安全威胁；
● 平台组网及系统安全威胁；
● Web 安全威胁；
● 内容安全威胁；
● 平台运营管理安全威胁。

1. 终端接入安全威胁

物联网终端完成原始数据的采集和预处理，具有种类和功能多样化、自身处理能力受限、应用场景复杂、无人值守等特点，面临的安全威胁更加严峻。

（1）物理安全威胁。设备被恶意破坏，无人值守传感节点容易遭到物理破坏攻击。

（2）卡被非法拔出或替换（克隆卡）。攻击者可以采用两种方式：将合法的 USIM 卡插入非法的终端设备中，假冒合法终端设备与业务平台进行通信；克隆一个非法的 USIM 卡插入合法的终端设备，从而与业务平台进行通信。

（3）伪造终端用户。在传感信息由 M2M 终端上传到业务平台过程中，攻击者有可能使用假冒合法的终端设备上传虚假的业务信息，从而使业务平台无法收到正确的业务信息，破坏业务的正常使用，导致业务使用者的隐私泄露和经济损失。

（4）业务数据监听。攻击者可以窃听和解读上传过程中的机密信息（如通信方的 ID、通信密钥、监测数据等），一方面造成相关信息的泄露，从而非法获取业务数据和各类隐私信息；另一方面可能给合法用户造成人身财产等危险。

（5）伪造认证信息。攻击者通过拦截、篡改、伪造、重放等方法，阻止合法认证信息到达接收端，篡改信息、生成虚假信息欺骗认证端。

（6）终端软件被破解/篡改。终端软件被攻击者破解，篡改终端信息并获取业务数据等。

2．能力开放安全威胁

能力开放是物联网开放平台的核心功能，通过能力开放系统向第三方业务平台提供各种能力，能力开放接口的安全保障必不可少。

（1）程序代码缺陷。经第三方能力中心引入开放能力，如果引入能力的程序代码存在安全缺陷，程序代码在第三方环境执行过程中可能被非法篡改，导致其完整性被破坏，从而被攻击者利用，攻击开放平台。

（2）能力授权接口被盗用。系统缺乏对第三方操作请求的核查、控制能力（如进程调用、服务调用、函数调用等），开发者未合法地获取能力使用授权，通过破解、盗用其他合法能力应用的授权码来违规调用能力。

（3）能力授权接口被开发者滥用。开发者将其获得的能力合法使用授权用于其他的未申报业务，如为自己或其他开发者的业务进行代计费。

3．平台业务逻辑安全威胁

（1）用户账户操作，如注册、登录。
- 用户身份伪造：开发者、应用、用户通过伪造身份（冒用他人身份，如身份证号码、手机号、电子邮箱、真实姓名等），进行注册和非法接入开放平台。
- 开发者身份假冒：非法开发者利用开放平台渠道提供非法业务。
- 用户身份假冒：非法用户假冒合法用户的身份与业务平台进行交互，从而绕过计费或从事破坏系统安全的活动。
- 平台身份假冒：非法第三方可能提供假冒的开放平台，为用户提供有损运营商利益的能力服务。

（2）用户业务操作，如订购、退订、变更。

① 嗅探与监听。恶意第三方利用用户数据未经加密即进行传输的漏洞，在网卡或其他网络设备上进行嗅探与监听，截获用户进行业务操作时传输的业务信息，窃取用户业务中的机密信息，或伪造用户业务数据，损害用户利益。

② 篡改业务数据。恶意第三方通过嗅探或监听等方式截获数据包，对数据进行篡改后转发，导致系统处理错误数据，形成错误结果，导致恶意订购、业务滥用，给用户、服务提供方带来损失，或影响业务正常运行。

③ 伪造业务数据。恶意第三方利用缺乏数字签名、HMAC 等将业务数据与身份关联机制的缺陷，伪造用户或系统信息，进行业务订购、订购确认、取消业务等违规操作，违背用户意愿订购或取消业务。

④ 非授权进行业务操作。恶意第三方通过非授权通道（如孤立页面）访问系统，非授权执行业务操作。

（3）平台运行管理。

① 服务不可用。由于系统容错能力差、不能及时应对系统出现的异常，在系统出现异常或错误时使系统崩溃。

② 利用业务系统脆弱性发起应用层的攻击。

③ 关键代码被破解。恶意第三方利用软件未进行必要的安全加固漏洞，对代码进行逆向工程，获取软件保护的机密信息（如主密钥）并破坏整个业务系统的安全机制，导致业务滥用、恶意订购、信息泄露等。

④ 软件安全。恶意开发者对软件进行恶意篡改（如加入木马、广告、吸费代码），用户安装后即可远程控制用户终端，窃取用户机密信息或盗取用户费用，导致业务滥用、信息泄露等。软件设计本身存在缺陷，软件编码中存在缺陷导致系统异常或故障，引起业务中断、业务滥用等。

（4）数据存储、处理及备份。

- 数据非法获取：在应用/平台侧及通信过程中非法获取敏感数据。
- 数据非法篡改：在应用/平台侧及通信过程中非法篡改业务数据。
- 用户隐私泄露：非授权获取用户手机号、位置等用户隐私信息。
- 用户受到骚扰：利用业务流程漏洞等形式对用户执行业务推送等非法操作。

4. 接入业务安全威胁

物联网开放平台可向各种物联网第三方业务提供接入能力，接入开放平台的各种物联网业务均都面临通用的物联网业务安全威胁。同时，接入业务平台也面临着与开发平台相同的业务逻辑安全威胁。

5. 平台组网及系统安全威胁

开放平台在部署建设过程中，应按照通用业务安全要求进行合理组网和安全域划分，部署适当的安全防护设备（如防火墙、IDS 等）保证网络安全；同时，应定期对网络设备设备、操作系统数据库等进行安全评估检测，及时发现设备和系统的安全漏洞并打补丁加

第 7 章

固。组网和系统安全威胁主要涉及以下几个方面。

- 网络层的攻击；
- 网络域隔离风险；
- 平台操作系统的漏洞；
- 数据库的漏洞；
- 设备后门。

6. Web 安全威胁

当前，Web 类应用系统所面临的主要风险如下。

（1）网络层的攻击：利用工具和技术通过网络对系统进行攻击和入侵。互联网的开放性、国际性和自由性决定了 Web 应用系统所面临的、来自网络层面的威胁是非常复杂和严峻的。主要的网络层威胁包括：

① 最高风险：DDOS 攻击，造成网络瘫痪，系统不可用。DDOS 攻击是一种非常典型的网络层威胁，具体可分为两类。

- 带宽耗尽型攻击：通过发出海量数据包，造成设备负载过高，最终导致网络带宽或者设备资源耗尽。通常，被攻击的路由器、服务器和防火墙的处理资源都是有限的，攻击负载之下它们就无法处理正常合法的访问，导致服务被拒绝。
- 应用型攻击：利用诸如 TCP 或 HTTP 协议的某些特征，通过持续占用有限的资源，从而达到阻止目标设备无法处理正常访问请求的目的，如 HTTP Half Open 攻击和 HTTP Error 攻击等。

② 漏洞探测：通过分析已知漏洞，对应用或系统提交特定格式的字符串，并分析返回结果，以确定应用或系统是否存在该漏洞，可利用漏洞获得存在漏洞的设备的控制权，从而进一步攻击系统。

③ 嗅探（账号、口令、敏感数据等）：通过将网卡设置成为混杂模式，使网卡可接收任何流经的数据，造成敏感信息泄露，被人利用控制网络或系统。

（2）应用层攻击：利用 Web 系统的漏洞对应用程序本身进行的攻击。应用层面的脆弱性，主要体现为 Web 应用软件开发特别是架构设计、编码阶段引入的弱点，Web 应用存在的安全威胁如下。

① 最高风险：对应用程序本身的 DOS 攻击，可造成系统瘫痪。攻击者通过构造大量的无效请求或利用系统漏洞构造非法请求，耗尽 Web 服务器或带宽的资源，导致 Web 服务器崩溃，使 Web 服务器不能响应正常用户的访问。

② SQL 注入：由于应用程序对通过 SQL 语句提交的用户输入内容缺乏必要的过滤机制，攻击者可以在输入的内容中加入 SQL 语句及参数，从而实现数据库操作，如查询、插入、修改等，从而获得一些敏感的信息或者控制整个服务器。

③ 跨站攻击：由于开发人员在编程时对一些变量没有做充分的过滤，或者没做任何的过滤就直接在服务器上执行用户提交数据（如 Java Script 等脚本代码），导致跨站攻击，进而泄露敏感信息，被人控制系统，病毒入侵访问者系统等。

- 方式一：在 Web 应用中，当用户提交数据与服务器进行交互时，攻击者将恶意脚本隐藏在用户提交的数据中，破坏服务器正常的响应页面。
- 方式二：通过社会工程学等方法，诱骗用户单击和访问虚假的页面，达到偷窃用户信息、下载恶意脚本等目的。

④ 网站挂马：攻击者在服务器端插入恶意代码，用户访问恶意页面时，网页中植入的恶意代码触发客户端的漏洞，从而自动下载并执行恶意程序，使网站感染木马，对访问者系统进行入侵。

⑤ 获取对 Web 服务的控制权限：攻击者利用安全漏洞访问受限制的目录，并在 Web 服务器的根目录以外执行命令。可进一步利用漏洞，控制服务器，从而进一步对系统进行控制。

⑥ 用户认证暴力破解：因认证强度低于业务安全要求，攻击者可以通过穷举方式自动猜测用户登录身份标识（Credentials）、会话标识（Session Identifiers），以及未公开的目录和文件名（如临时文件、备份文件、日志、配置文件）。

（3）内容安全。

- 网页篡改：利用应用层漏洞等进行网页篡改攻击的行为，网页内容被非法篡改为其他甚至是产生严重社会影响的非法内容。
- 非法内容：如网站论坛中发布了内容不良、攻击他人的违法信息或者恶意程序。

7．内容安全威胁

（1）内容不合规和不良信息的传播。内容提供商、服务商提供利用平台提供的 Web 用户交互界面传播不良信息、非法信息、低俗信息及垃圾信息等，面向公众发布，从而违反国家法律或引起用户投诉。

（2）敏感信息泄露。因缺乏有效的加密机制及安全存储，攻击者可以获取用户鉴权信息、用户隐私数据等敏感信息。

（3）内容完整性。

- 攻击者使用恶意手段对网页内容进行篡改。
- 攻击者在网页中植入恶意代码。
- 相关服务器和用户端网络设备丢失数据。
- 存储介质老化或质量问题等导致不可用，从而使数据丢失。

8．平台运营管理安全威胁

（1）管理权限滥用。管理权限定义不合理，例如，管理员同时具备管理权限与业务审计权限，权限定义过大超过所负责工作需要；系统操作（如审批管理员）权限定义过低，滥用权限进行高安全级的系统操作，导致滥用权限进行业务操作，影响业务正常开展，获取重要信息。

（2）伪造账号身份。恶意第三方可以利用业务系统从外部直接登录的端口，或外部登录存在的安全隐患（如盗用 Cookies），盗用系统用户、业务用户的身份进行登录。

（3）账号暴力破解。针对管理员账号，恶意管理人员可利用认证机制缺乏错误次数限制等的漏洞，通过暴力破解、字典攻击的方式猜测用户的口令，非法使用用户账号登录并进行系统操作。

（4）业务数据泄露。业务管理终端上的间谍软件通过监听键盘输入、端口监听、读取特定文件等方式获取用户或服务器端的机密信息，并发送给攻击者，进而通过贩卖数据或冒充用户登录等方式获取利益。

（5）系统软件缺陷。攻击者利用软件编译机制的漏洞，对代码进行逆向工程，获取软件保护的机密信息（如主密钥）并破坏整个业务系统的安全机制；或者修改软件代码，通过恶意扣费、获取用户机密信息等方式损害用户合法权益，影响业务的正常开展。

（6）密钥泄露/破解。攻击者利用管理端密钥长期不更新的漏洞，用泄露的密钥解密系统的安全数据，进而进行违规操作或贩卖业务数据，损害用户的合法权益。

黑客或攻击者利用密钥生成机制过于简单（例如密钥为连续数字或密钥为用户名的简单变换），通过可获取的密钥或其他信息推测用户密钥信息，进而通过密钥实施鉴权或对机密数据进行解密。

7.2.3　物联网业务安全威胁

在具体的物联网业务中，M2M 终端收集的数据信息经由核心接入网传递到 M2M 平台，在这个过程中，物联网业务将面临多种安全威胁。

首先，攻击者可能假冒 M2M 终端，向 M2M 平台发送虚假的业务数据。

其次，攻击者可能窃听合法终端上传的业务数据，导致业务机密信息的泄露。例如，车务通业务中的调度信息和远程配置信息，攻击者一旦获得这些信息，则可以掌握车辆及其车主的位置等机密信息，造成一定的安全隐患。

再次，攻击者还可能篡改传输过程中的数据信息，使得业务平台收不到准确的业务数据，导致业务不能正常进行，给业务使用者的生命和财产安全带来危害。例如，在电梯卫士业务中，如果敌手篡改传输过程的故障信息，使得平台收不到准确的故障信息，则不能对电梯做出及时的响应措施，可能对电梯中人员生命安全造成威胁。

最后，在某些具体的业务（如爱贝通）中，IMSI 是暴露给外部业务的，并且某些密钥也采取明文下发，这样将会使得攻击者直接获得业务的身份信息或者密钥信息，使得 M2M 终端的身份信息等暴露在攻击者环境下，造成一定的安全隐患。

1. 假冒终端用户

（1）攻击场景。在车务通、电梯卫士、直放站监控系统、船舶 GPS 监控和智能停车系统等物联网业务中，信息由感知层中的传感设备收集并传送到传感网网关（M2M 终端），然后经由网络层发送给业务平台。在传感信息由 M2M 终端上传给业务平台这个过程中，攻击者有可能假冒合法的终端设备上传虚假的业务信息，致使业务平台无法收到正确的业务信息，破坏业务的正常使用，导致业务使用者的隐私泄露和经济损失。具体场景如图 7.2 所示。

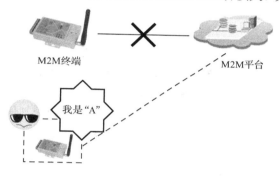

图 7.2 假冒终端用户场景

（2）理论分析。在整个物联网数据传递的过程中，攻击者可以窃取用户终端设备并从中获得用户的合法身份信息，从而轻易地假冒合法用户来参与通信。一旦该攻击得以实现，则会使用户身份隐私、财产、生命安全等受到严重威胁。

（3）安全需求：业务认证。针对"假冒终端用户"中描述的问题，为了保护 M2M 终端传递给业务平台数据的安全，避免攻击者假冒 M2M 终端设备上传虚假的信息，保证业务的顺利实施，M2M 平台需要对 M2M 终端进行认证。

在认证的过程中，为了提高业务效率，降低业务成本，应当在目前已经存在网络层认证的基础上，考虑是否有必要进行业务层的认证。当可以认可网络层认证结果或者可以复用网络层认证结果的时候，就不需要再进行业务层认证。以下两种情况是需要进行单独认证的，这也是我们要着重考虑的情况。

① 根据业务平台的情况：当物联网业务不是运营商自己部署的，且终端签约的物联网业务不是由运营商负责提供的，业务层不能信任网络接入的认证结果。在这种情况下，需要进行业务层的认证。

② 根据业务信息的敏感情况：从业务安全的角度来看，某些比较特殊的业务，是需要进行业务认证的。例如，在金融行业，业务数据十分敏感，并且对安全等级的要求超过了

通常意义上的通信网络的安全等级，因此在这种情况下，就需要提供业务层的认证，如图 7.3 所示。

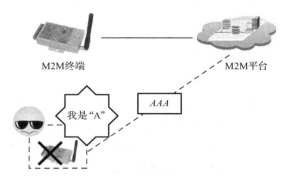

图 7.3　业务层认证安全需求

2．对终端设备的物理攻击

（1）攻击场景。在太湖蓝藻治理、电梯卫士、车务通等业务中，M2M 终端设备一般分布在无人看管的环境中，甚至在敌对的环境中，因此设备容易被攻击者捕获或控制。攻击者可以通过编程接口进入设备内部，利用 UISP 和汇编软件等，获取终端设备的内部存储信息；也可以直接采用物理方法，将 M2M 终端设备连接到控制信号线上，获取信号线上所传输的机密信息或者将自己的数据传入设备中。终端设备的安全威胁如图 7.4 所示。

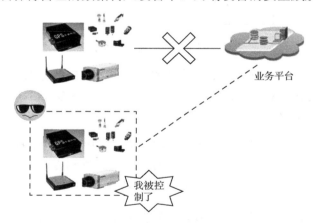

图 7.4　终端设备的安全威胁

在不同的业务中，攻击者对不同终端设备的威胁及攻击形式也是不同的，具体如表 7.2 所示。

表 7.2　威胁及攻击形式

业务类型	设备类型	威胁及攻击形式
太湖蓝藻治理	传感节点	攻击者捕获传感节点，通过 JTAG 接口获取节点中的信息或代码，分析出该节点所存储的 ID、位置、密钥等敏感信息，从而假冒合法节点加入传感网络中；也可以分析出瞬时的水域信息，造成业务机密信息的泄露

续表

业务类型	设备类型	威胁及攻击形式
太湖蓝藻	传感节点	攻击者修改节点中的身份等隐私信息，使得节点以多个身份在传感网中通信；也可以修改水域中的各类指标，加载到节点中，然后发送错误的水域信息至 M2M 平台
	传感网网关	攻击者对开放的网关端口发送 Update 信息，插入、删除路由表和节点密钥等，也可以远程访问以修改网关上存储的程序和机密信息
		攻击者可以用自己的终端设备直接连接网关的信号线，读取其保密数据或将自己的数据传入其中
		攻击者可以在网关工作时，仔细地观察各种参数，利用功率分析法获取机密信息，控制网关后，迫使其做出错误的决定（如允许非法节点的访问），同时修改机密信息，平台则无法得到太湖水域的准确信息，也就不能及时有效采取治理措施
电梯卫士	摄像头	攻击者可以通过硬件、软件接口后门进入摄像头内部，获取存储器芯片上的密钥及电梯的瞬时信息，造成内部芯片上的密钥信息泄露
		攻击者可以修改芯片的内部程序和密钥信息，从而控制摄像头所捕获的图像，即有选择地将图像信息上传至 M2M 平台。这些可能影响电梯的故障信息，造成对电梯的修理延误，从而造成一定的隐患
		攻击者可以通过图片信息了解电梯中常出现的人的信息，进而可以推测出其生活习惯，造成业主的隐私泄露
车务通	车载终端	攻击者通过 RS-232 接口获取或修改 GPS 中的位置信息；通过接口直接连接存储器获取其密钥、身份；改变 GPS 智能软件系统或嵌入终端来获取位置、密钥等信息
		攻击者通过给车载终端连接车载 GPS 干扰器等外接设备，屏蔽 GPS 导航，使其失效，从而可以任意改变车辆的位置信息，并上传虚假的或者错误的位置信息给 M2M 平台

（2）理论分析。攻击者可以轻易通过物理手段使用编程接口进入设备内部，利用 UISP 和汇编软件等获取设备机密信息，对 M2M 终端的物理攻击所造成的安全威胁是最大的，防止物理攻击所采取的保护措施也是最难实现的。

（3）安全需求：设备自身安全。针对"对终端设备的物理攻击"中描述的问题，为了保护终端设备的安全，避免被攻击者捕获后控制，并上传虚假业务信息，保证业务的顺利实施，对于传感节点，我们可以采取定时更新终端设备中存储的密钥的方法，这样即使有一小部分节点被操纵，攻击者也不能或很难从获取的节点信息推导出其他节点的密钥信息。对于传感网网关、摄像头和车载终端，我们采用在其设备的芯片内部对存储器和总线系统进行加密的方式，或者建立安全网关的方法，避免非法的远程访问；也可以用一些物理方法保护设备芯片存储的信息，如提高芯片设计的复杂程度、芯片制造的精细程度等。设备自身安全保护需求如图 7.5 所示。

3. 卡被非法拨出或替换

（1）攻击场景。机卡绑定安全威胁如图 7.6 所示，例如，在电力抄表等业务中，需要把 USIM 卡插入 M2M 终端设备中，才能使得业务顺利进行。然而，该设备很容易受到攻击者的破坏。具体的，攻击者可以进行如下两种攻击：将合法的 USIM 卡插入非法的终端设备中，假冒合法终端设备与业务平台进行通信；将非法的 USIM 卡插入合法的终端设备，从而与业务平台进行通信。这就使得攻击者可以传递错误的或者虚假的信息，破坏业务的正常进行，对用户造成人身和经济财产的损失。

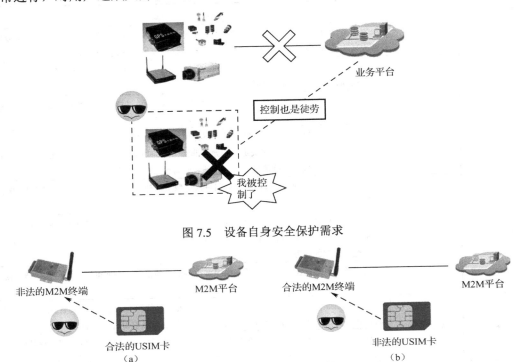

图 7.5　设备自身安全保护需求

图 7.6　机卡绑定安全威胁

（2）理论分析。在某些物联网设备中，终端需要插入合法的 USIM 卡才能进行通信，由于设备经常处于开放环境中，USIM 卡或者设备很容易遭受攻击者的窃取和破坏，从而泄露存储的机密信息。

（3）安全需求：机卡绑定。针对电力抄表等业务中所遭受的将合法的 USIM 卡插入非法的 M2M 终端设备或者将非法的 USIM 卡插入合法的 M2M 终端设备的攻击，当用户将 USIM 卡插入 M2M 终端设备时，USIM 卡要对终端设备的身份合法性进行认证，防止插入非法设备中，由非法设备盗取 USIM 卡中存储的通信密钥、用户隐私等机密信息，从而给整个业务的安全性带来威胁。与此同时，M2M 终端设备也要对 USIM 卡的合法性进行认证，防止攻击者使用非法的 USIM 卡插入 M2M 终端设备中，窃取设备中存储的用户隐私等机密信息，因此，当 USIM 卡插入 M2M 终端设备时，在卡与设备之间应当进行双向认证，从而确定双方身份的合法性，以保证业务的安全。

机卡绑定安全需求如图 7.7 所示，在 USIM 卡与 M2M 终端设备之间进行的双向认证方案应当满足 USIM 卡与 M2M 终端设备各自的特点，在保证安全性的基础上便于方案在实际中的应用。

在上述业务中，均需要由 M2M 终端及传感外设收集数据，具体的隐私内容如表 7.3 所示。

图 7.7　机卡绑定安全需求

表 7.3　隐私内容

业务类型	隐私类型		体现形式
爱贝通	身份隐私		SIM 卡中的国际移动用户识别号（IMSI）、手机号码（MSISDN）
			孩子的实名身份（暂不考虑）
	位置隐私		孩子所处的位置信息、位置区域识别码（LAI）
	数据隐私	静态数据	SIM 卡中的鉴权和加密密钥、个人识别码（PIN）等信息；PUK 码、密钥生成算法等保密算法
			用户自己存入的数据（通讯录、短信等）
		动态数据	开关机时间
太湖蓝藻	身份隐私		传感器 ID，即它的身份信息
	位置隐私		传感器所处位置信息
	数据隐私		管理平台要向太湖水利管理人员传递太湖的 pH 值、含氧量、传感器号码等水质监测信息
车务通	身份隐私		车内人员的身份信息、车辆的身份信息
	位置隐私		车辆和车内人的位置信息
	数据隐私		调度信息、远程配置信息
电梯卫士	身份隐私		传感器 ID
	位置隐私		传感器所处的位置信息，即传感器处于哪个小区、哪个电梯中
	数据隐私		传感器收集的电梯运行数据、电梯故障信息等，以及在电梯监控中传感器所监控到电梯中的人的信息

例如，太湖蓝藻治理中的传感节点可以收集太湖的 pH 值等信息，然后上传到业务平台，在传输过程中，攻击者可能对信息进行窃听，并且可能仿冒用户的身份信息等，造成传输过程中的机密信息的泄露，即上述业务中的数据隐私泄露。对于位置信息，一方面是由于位置信息可能需要直接在信道中进行传输，此时攻击者可以窃听到位置信息；另一方面，攻击者可以通过对通信过程中传递的信息进行流量分析，逆向推导出源位置信息。而对于身份信息，一是攻击者可以通过窃听传递的数据信息获取；二是在使用第三方提供的业务时，身份信息容易泄露给第三方，造成用户的身份隐私的泄露。业务隐私泄露场景如图 7.8 所示。

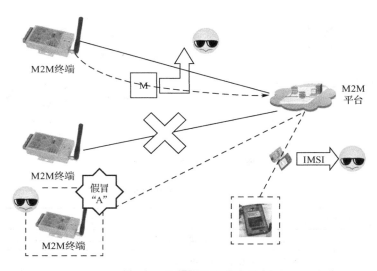

图 7.8 业务隐私泄露场景

（4）理论分析。攻击者可以通过窃听、流量分析获得源位置信息等手段轻易获得业务中的隐私信息，因此攻击较易实现。对业务造成的隐私信息泄露，用户损失较大。

（5）安全需求：隐私保护。针对"业务隐私泄露"描述的问题，为了防止由 M2M 终端及其传感外设收集到的信息在传输过程中被攻击者窃听，避免敏感数据、身份信息和位置信息的泄露，需要对传输过程中的数据进行加密，保证此类信息的安全。此外，针对攻击者可以通过分析传输过程中的信息的流量状况来反向追踪出信息源位置的问题，需要采用信源模拟等位置保护方法。业务隐私保护需求如图 7.9 所示。

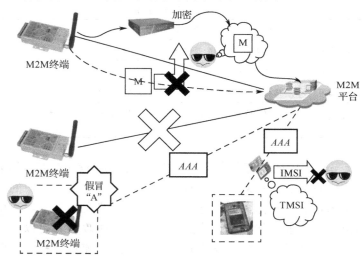

图 7.9 业务隐私保护需求

针对 IMSI 暴露给外部业务和假冒终端用户的问题，为了保护具体业务中的身份信息不被攻击者获得和仿冒，需要使用匿名认证机制等来防止身份信息的泄露，以保证用户身份隐私的安全。

4．窃听业务流程中的信息

（1）攻击场景。在车务通、电梯卫士、直放站监控系统、船舶 GPS 监控、停车系统等物联网业务中，信息均由 M2M 终端收集，经过 M2M 平台上传至应用服务器，再传递给用户。攻击者可以窃听和解读上传过程中的机密信息（通信方的 ID、通信密钥、监测数据等），一方面使得相关信息泄露，获取业务数据和各类隐私信息，另一方面可能给合法用户造成人身财产等危险。业务层窃听攻击如图 7.10 所示。

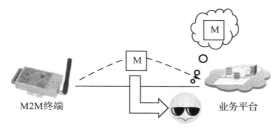

图 7.10　业务层窃听攻击

例如，在电梯卫士业务中，如果 M2M 终端采集的图像信息以明文形式传送，攻击者可以截获信息，造成业主的身份泄露；太湖蓝藻治理的水域信息一旦被窃听，攻击者可以分析出终端的位置等信息，或者进行流量分析，造成商业机密的泄露。具体业务的高等级安全数据如表 7.4 所述。

表 7.4　高等级安全数据

阶段业务	终端 ⇔ 业务平台	业务平台 ⇔ 应用平台	应用平台 ⇔ 远程手机端
车务通	终端产品序列号、位置数据，调度、激活口令	位置数据，远程升级，调度、激活口令	用户身份信息，终端位置数据
电梯卫士	终端产品序列号、运行数据，控制、激活口令	电梯运行状况、远程升级，控制、激活口令	无
直放站监控系统	终端产品序列号，直放站运行状况，激活口令	直放站运行状况，控制、激活口令	无
船舶 GPS 监控	终端产品序列号，位置、环境数据，调度口令，预警信息	船舶运行状况，位置数据，调度口令，预警信息	船舶位置数据
停车系统	终端产品序列号，空位数据	空位数据	用户停车收费账户数据

（2）理论分析。攻击者可以较为容易地通过窃听攻击获取终端上传的数据和信令，并获得终端的身份等隐私信息和商业机密，从而对整个业务的正常运行造成破坏，使得用户和供应商的正当利益无法得到保护。

（3）安全需求：加密。针对"窃听业务流程中信息"中描述的问题，为了保护用户私密信息和商业机密，避免攻击者获得用户通信信息，保证业务的顺利实施，需要对一些安全级别要求高的数据进行业务层机密性保护。由于设备终端运算及存储能力有限，因此在选择机密性保护方案时要考虑方案的运算速度快、存储空间小、通信开销小、安全性高等要求，使得业务达到效率、安全与能耗的平衡。业务层加密需求如图 7.11 所示。

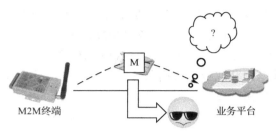

图 7.11 业务层加密需求

5．篡改业务流程中的信息

（1）攻击场景。在车务通、船舶 GPS 监控、停车系统、电梯卫士、直放站监控系统、太湖蓝藻治理、农业物联网和电力抄表等业务中，业务数据从 M2M 终端传送到 M2M 业务平台，再由业务平台传送到应用服务器。在这个过程中，为了能够减少会话通道本身的篡改攻击或其他问题导致两个通信实体之间的通信遭到第三方篡改，需要一种基于内容的信息完整性保护，即端到端的完整性保护。对于一些完整性要求高的数据，如果被篡改、插入、重放等，必然造成用户无法收发正确的业务信息，用户体验下降，导致用户投诉。业务层窃听攻击场景如图 7.12 所示。

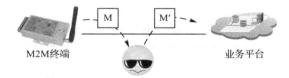

图 7.12 业务层窃听攻击场景

具体而言，在车务通业务中，通过对车辆加装具有 GPS 功能的监控终端，采集车辆运行数据并将数据传送至后台管理服务器，如果车主想干私活，则会篡改上传的位置数据，管理服务器无法实现对车辆的实时监控，对公司财产造成一定损失；又或者在太湖蓝藻治理中，环境破坏分子篡改上传的太湖水质 pH 值、含氧量，使得管理平台无法掌握蓝藻生长情况，也就无法采取有效的应对措施。需要进行完整性保护数据如表 7.5 所示。

表 7.5 完整性保护数据

业务数据	电梯卫士和直放站监控	车务通、船舶 GPS 和停车系统	太湖蓝藻	农业物联网	电力抄表
完整性保护数据	终端产品序列号，升级、激活口令，设备运行状况	终端产品序列号，车船位置信息，停车空位信息，调度、激活口令，车船运行状况	水位、水温、水量、风向、气温、底泥淤积、蓝藻发生分布、蓝藻打捞等信息	大棚的温度、农作物的长势、农作物的外表等数据	电力数据

（2）理论分析。由于数据是通过无线通信从业务服务器向用户传递的，因此攻击者可以通过对信道中的信息添加冗余等简单手段完成对信息的篡改，使用户终端设备无法接收正确的业务信息，从而无法对这些信息做出正确的处理。

（3）安全需求：完整性保护。针对"篡改业务流程中信息"中描述的问题，在 M2M 终端与 M2M 业务平台或业务平台与应用服务器通信时，为了使海量数据流能抵抗篡改、插入、重放等破坏完整性攻击，为用户提供正确的监控设备运行状况数据、位置信息、环境监测数据、作物长势等，对于一些业务数据和口令信息，需要对其进行业务层完整性保护。因设备终端运算、存储能力有限，在选择密钥算法时要考虑完整性算法的速度要快、占用存储空间要小、通信开销要小、算法安全性高，使得业务达到一个效率与安全的平衡。业务层完整性保护需求如图 7.13 所示。

图 7.13　业务层完整性保护需求

6．身份冒充威胁

（1）攻击场景。非法 M2M 应用服务器通过假冒合法 M2M 应用服务器的身份通过 WMMP-A 接口接入 M2M 平台，发布虚假/非法的业务请求指令。

（2）理论分析。在没有采取任何身份认证和业务请求授权机制的接口之上，非法 M2M 应用很容易地就可冒充其他合法 M2M 应用向 M2M 终端发布虚假的业务请求指令。而在采取一定身份认证和业务请求授权机制进行合法性验证之后，攻击者采取这类攻击就变得较为困难。然而，这并不意味着攻击者无法进行此类攻击。

（3）安全需求：采用身份验证方式防止身份冒充威胁。

7．否认抵赖威胁

（1）攻击场景。M2M 应用通过 WMMP-A 接口请求 M2M 平台为其提供某种业务服务后，否认自己曾经请求过这样的服务，从而形成对已有行为的否认和抵赖。

（2）理论分析。由于用户否认自己的业务请求，网络运营商将无法向用户核实账单，无法对用户使用过的业务服务进行计费，这将给运营商造成直接的经济损失。然而，对恶意用户而言，此类威胁实现起来较为简单，能够轻而易举地达到目的。

（3）安全需求：引入可信第三方和签名机制。

8．终端信息泄露

（1）攻击场景。在 WMMP-T 协议中，M2M 终端的接入密码和基础密钥是通过短信以明文方式下发的。攻击者利用此漏洞，可以截获 M2M 终端的接入密码和基础密钥，从而能够破解 M2M 终端与 M2M 平台间后续交互的各种数据信息。

（2）理论分析。攻击者通过分析 WMMP-T 协议，能够容易发现该协议中存在的上述问题。利用该协议漏洞，攻击者一旦发起攻击捕获到 M2M 终端的接入密码和基础密钥，就能够随意获取任何 M2M 终端和 M2M 平台间通过 WMMP-T 协议传输的数据信息，给网络造成极大的危害。

（3）安全需求：采用数据加密和完整性保护终端信息数据，防止终端信息泄露。

7.3　物联网开放平台安全方案

基于物联网开放平台安全威胁分析，及业界典型开放平台成功经验，制订物联网开放平台安全解决方案。本节针对物联网开放平台中的典型安全威胁和问题给出了建议解决方案，主要包括业务平台安全方案、终端安全方案，以及能力开放安全保障方案。

7.3.1　业务平台安全方案

1．隐私保护

（1）解决方案。针对隐私保护的不同类型，我们提出了不同的保护思路。对于数据隐私，主要采用加密的方式，保护数据机密性和完整性；对于位置隐私，根据获取位置手段的不同采用不同的保护方法；对于身份隐私，不同的场景分别采用加密和匿名认证的方式来保护身份隐私信息，详见表 7.6。

表 7.6　隐私保护思路

隐私分类	保护思路	解决方案
数据隐私	加密	流密码、轻量级分组密码，以及二者相结合的密码体制
位置隐私	直接上传位置信息的业务：加密	同数据隐私保护方法
	通过流量分析逆推位置隐私：按敌手能力采取不同方案	强敌手：信源模拟等。弱敌手：信息洪泛等
身份隐私	窃听身份信息 ID：加密	同数据隐私保护方法
	匿名认证	基于身份的匿名认证方案

① 数据隐私。数据隐私的泄露主要是由于敏感数据在上传过程中被敌手窃听，为了保证上传过程中数据隐私的安全性，可以加密敏感数据，在这里采用流密码、轻量级分组密

码或者二者相结合的密码体制。

② 位置隐私。在车务通等业务中，某些位置信息是以数据的形式直接进行上传的，因此直接上传的位置信息的泄露，也可以通过敌手窃听得到，此时位置隐私的保护也可以采用加密的方法，即与数据隐私的保护方法相同。而一些位置信息是以指令/报文的形式由 M2M 终端传递给 M2M 平台，再到客户端的，这一类信息即使对其加密，也无法阻止被敌手追踪，所以无法采用加密算法。

而像太湖蓝藻治理这一业务，敌手可以通过分析窃听到的传感器收集到的数据，通过流量分析等手段追溯到其位置源隐私，从而使得位置隐私泄露。针对这种安全威胁，我们把敌手分为强、弱两类攻击者。

强攻击者可以通过监听整个网络的通信，轻易获得信源的位置。弱攻击者具有如下的特点：不会干扰网络的正常功能；能够确定它所检测到分组的发送或者接收位置；具有无限的能量和耐心，并且能够从一个位置移动到另一个位置；探测半径等于传感器的发射半径。

强攻击者下的信源位置隐私保护方案包括信源模拟和周期性发送。

信源模拟（方案思想）：从网络中挑选部分传感器去模仿真实信源的行为，其中模拟信源的消息路径与真实路径相似，使得监听者很难通过分析确定真实的信源位置。信源模拟示意如图 7.14 所示。

图 7.14　信源模拟示意

周期性发送（方案思想）：无论有无消息发送，WSN 中的每个节点都周期性地发送数据包，使网络中的通信流量独立于消息的发送，即使对全局的监听者也很难通过通信流量分析获取信源的位置。但是这个方案的可行性不是很高，因为需要周期性发送消息，可能造成传感器能量的浪费，使得寿命降低。

弱攻击者下的信源位置隐私保护方案包括信息洪泛、贪婪随机游走、定向随机步和随机诱惑等。

信息洪泛：信息洪泛可以伪装实际数据通信流量，使敌手难以分析网络流量去追踪数据源。

贪婪随机游走（方案思想）：信源节点和接收节点都减少随机游走，而随机游走指的是基于过去的表现，无法预测将来的发展步骤和方向。接收节点首先初始化一个 N 跳随机游走，随后信源节点初始化一个 M 跳的随机游走。一旦源信息到达这两条路径的交点，就通过接收节点建立的路径转发。局部广播用于检测路径的交点，为了最小化沿随机游走反向追踪的机会，在节点中存储一个活力过滤器过滤步径。在每一个阶段，活力过滤器检查中间节点，确保最小化反向追踪。贪婪随机游走方案如图 7.15 所示。

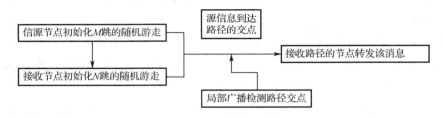

图 7.15　贪婪随机游走

定向随机步（方案思想）：包含两个阶段，从信源发出的消息首先开始一个随机步，随后以洪泛或单路径路由的方式一直发送到基站。而在基于定向随机步的幻影路由中，每个消息的发送也要经历两个阶段：首先与基于洪泛的幻影路由一样，是一个随机步或者一个定向步；随后是定向随机步，直到基站为止。在定向随机步阶段，中间转发节点把它所接收的每个消息以定向随机的方式等概率地单播给它的一个父节点，直到基站为止。

循环诱惑（方案思想）：太湖蓝藻治理中传感器网络布置后，在信源发送消息给基站之前，产生几个环路（即循环的路径），每个环路包含几个传感节点。当消息沿着从信源到基站的路径转发，并与预配置的环路相遇时，激活环路，开始沿环路循环欺骗消息。当攻击者到达这点时，不能区分消息，只能随机选择节点进行下一跳。通过增加消息所经路径上的环路，就能增加敌手查找信源节点所需的期望时间。

③　身份隐私（匿名认证机制）。通过对上述业务的分析，针对不同的物联网业务，身份信息泄露的方式不同。例如，在爱贝通业务中，身份信息 IMSI 可能直接暴露在敌手环境中；而在太湖蓝藻治理业务中，需要传感器节点或者传感网网关的身份信息的验证，在验证过程中，传感器 ID 信息可能会被泄露，造成身份隐私的泄露。

为了保护其身份信息，在这里我们采用两种方案：

一是采用加密的方法，保证传输过程中身份信息的安全性，具体的保护方法与数据隐私的保护方法相同。

二是采用匿名认证机制，在不安全信道上传输时，保证终端的身份信息不直接上传，而将对其隐藏，这是由于一些身份信息即使被加密，攻击者仍然可以通过报文分析等方式确定其身份。

基于身份的匿名认证机制（方案思想）：基于双线性对的一种基于身份的签名算法，利用双线性对的双线性和非退化性，可以使得算法中签名矢量的验证结果相对于用户身份是一个常量，然后在基于该算法的匿名认证中，M2M 终端生成临时身份，M2M 平台利用该临时身份计算其账号索引，获得 M2M 终端的真实身份并认证，从而实现对 M2M 终端的认证，并且可以实现 M2M 终端的匿名性，其中，注册阶段是在安全信道上完成的。基于身份的匿名认证方案如图 7.16 所示。

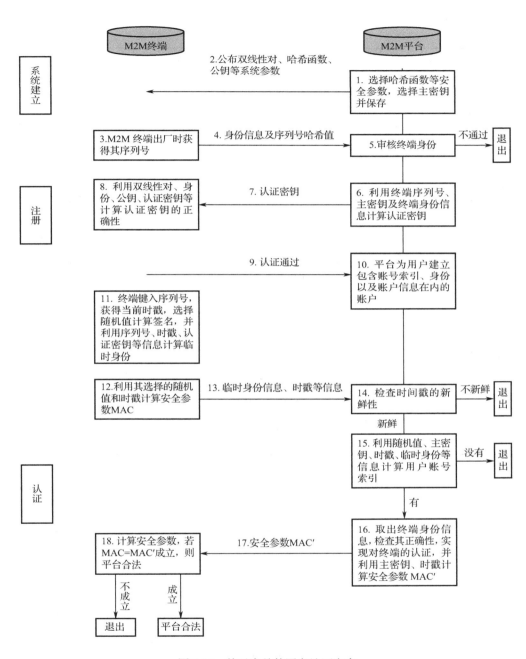

图 7.16　基于身份的匿名认证方案

（2）方案分析。数据隐私的方案主要是采用上述的流密码、轻量级分组密码或者二者相结合的密码体制，这三种方案的安全性取决于三种密码机制的安全性和效率等因素。

位置隐私主要分为强、弱攻击者这两种情况，表 7.7 分别从安全性、消息发送时间及能耗三个方面对这几个方案进行了比较。

第
7
章

表 7.7　隐私保护方案对比

	信源模拟	周期性发送	信息洪泛	贪婪随机游走	定向随机步	循环诱惑
安全性	由于模拟信源发送信息的路径与真实信源的消息传输路径相似，从而使攻击者很难通过通信分析确定真实信源的位置，安全性高	网络中的通信流量独立于消息的发送，攻击者很难通过流量分析信源位置，安全性高	最低（敌手可快速积累关于位置信息的资源）	较高	较高（在最短路径情形下）	较高（攻击者到达环路交点时，不能区分消息，只能选择消息进行下一跳，安全性高）
消息发送时间	较短	较长	较短（消息沿最短路径的转发时间）	较短	较短（消息沿最短路径的转发时间）	较长
能耗	较高	周期性地发送数据包，能耗较高	最高（每个节点都要转发一次同一消息）	存储的活力过滤器检查中间节点，确保最小化反向追踪，能耗较低	每个消息仅沿最短路径转发到基站，能耗低	较高

基于身份的匿名认证机制安全性分析如表 7.8 所示。

表 7.8　基于身份的匿名认证机制安全性分析

	基于身份的匿名认证机制
安全性	基于 ECDL 问题，不能冒充合法用户认证，因为临时身份信息的计算需要序列号的参与，但是敌手不能得到序列号信息
匿名性	主密钥保密，从而账户索引安全，用户身份安全。用户临时身份隐私隐藏用户真实身份，满足匿名性
设备代价和通信代价	轻量级运算（只需点乘、哈希等），临时身份列表无须维护，所需代价较小
对终端设备的影响	无影响

2．业务层认证

（1）解决方案：基于椭圆曲线的双向认证方案。椭圆曲线密码技术能够在更小的密钥量下提供更高的安全强度，减少对带宽的要求，降低移动终端的计算负担和存储要求。在本方案中，利用授权中心给 M2M 终端设备和 M2M 平台分发的证书，对两者的合法身份进行认证，并且在认证的过程中运用时戳，防止攻击者进行重放攻击。具体的认证步骤如下。

① 参数设置。

● M2M 平台向 M2M 终端设备发放证书 Cert A。

● 椭圆曲线由点 P 生成，其阶为 n，定义加密算法 E、解密算法 D，以及单向散列函数 h。

② 认证阶段。

● M2M 平台随机选取 $r_1 \in [2, n-2]$，计算 $Y_1 = r_1 P$，并发送 $M_1 = Y_1$ 给 M2M 终端设备。

● M2M 终端设备收到 M_1 后随机选取 $r_2 \in [2, n-2]$，计算 $Y_2 = r_2 P$、$Y_{12} = r_2 Y_1$，以 Y_{12} 为密钥生成密文 $CA = EY_{12}(\text{Cert A}, T_1)$，将 $M_2 = (Y_2, CA, h(Y_{12}, \text{Cert A}, T_1))$ 发送给 M2M 平台。

● M2M 平台收到 M_2 后，计算 $r_1 Y_2 = Y_{12}$，对 CA 进行解密后得到 M2M 终端设备的证书 Cert A 和时戳 T_1，验证证书、时戳，以及 $h(Y_{12}, \text{Cert A}, T_1)$ 的正确性，从而判断 M2M 终端设备的身份是否合法。

业务层对 M2M 终端设备的认证（基于椭圆曲线密码技术）具体流程如图 7.17 所示。

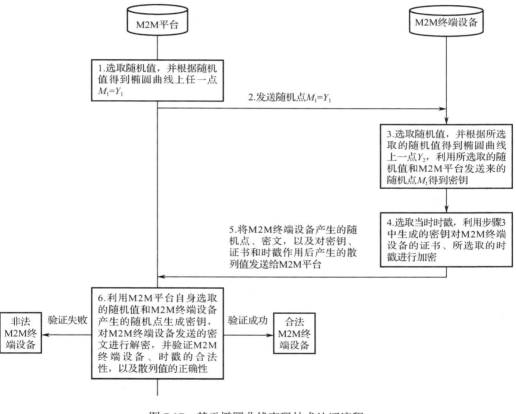

图 7.17　基于椭圆曲线密码技术认证流程

（2）方案分析。

① 安全性分析。本方案能够抵御已知密钥的攻击，假设攻击者已知一些旧的会话密钥信息，但这对攻击者获取新的会话密钥，或者假冒任何会话参与方都是没有帮助的。这是因为 r_1 是由 M2M 终端设备自己选取的，没有在网络中进行传输，攻击者只能得到 Y_1，从中无法获取密钥 r_1。

假设攻击者重放 M2M 终端设备的消息，由于它不知道 M2M 终端设备的私钥，所以无法构造消息 M_2，而且 M_2 带有时戳，从而保证 $3M_2$ 的时效性，防止攻击者利用旧的消息发起重放攻击，因此，本方案能够抵御重放攻击。

②效率分析。基于椭圆曲线的双向认证方案如表 7.9 所示。采用椭圆曲线密码技术使该方案在更小的密钥量下提供了更高的安全性，通信所需带宽明显减少，同时也降低了移动终端的计算负担和存储要求；而且，方案中使用的哈希函数也大大减少了信息的传输量；另外，该方案采用的公钥密码体制也解决了私钥密码体制中可信中心 CA 在 M2M 终端设备认证过程中需要实时在线，以及 M2M 终端设备密钥管理的问题。

表 7.9　基于椭圆曲线的双向认证方案

	基于椭圆曲线的双向认证方案
安全性	可以抵御已知密钥攻击和重放攻击
执行效率	可降低移动终端的计算负担和存储要求
密钥长度	160 bit
设备影响	无须对设备进行额外的调整，不会对设备产生影响

7.3.2　终端安全方案

为了抵抗业务层中的终端伪造、身份仿冒、认证信息伪造等安全威胁，保护业务和平台的安全，可以采用认证的方法保证参与通信的是合法的 M2M 终端。下面说明两种基于组保护的认证方案。

1. 传感终端结合移动终端功能的组认证方案

此场景中，如图 7.18 所示，A1、A2、A3、A4 组成一个组 A，其中 A1 是移动终端，具有 SIM 卡或者 USIM 卡，作为组代理，同时又与 A2～A4 支持私有协议的通信，A2～A4 是传感器终端，网络侧由一个归属节点 Home A 代替。

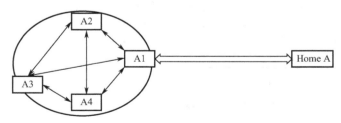

图 7.18　传感器终端和有 SIM 卡移动功能的物联网终端构成的组

- A1、A2、A3 与 A4 之间具有私有通信协议（如 ZigBee），A1 支持与大网间的标准通信协议。
- A1 用组身份和网络侧进行通信，通过和 Home A 进行 2G 或 3G 认证得出会话根密钥 CK 或 Kc。

具体认证流程如图 7.19 所示。

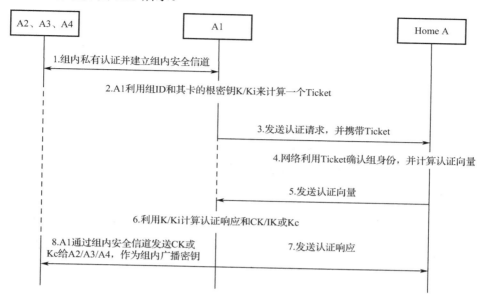

图 7.19　传感终端连接到移动终端组代理的组认证流程图

（1）A1、A2、A3、A4 等组内成员间通过组内私有认证方式，如 ZigBee 安全机制等进行认证，并建立组内的安全信道。

（2）A1 利用组 ID 和 SIM 卡的根密钥 K/Ki 来计算一个 Ticket，用于网络侧服务器 Home A 对组 ID 进行确认。

（3）A1 向 Home A 发送认证请求，并且在消息中携带计算得到的 Ticket。

（4）Home A 利用 Ticket 确认组身份，并计算认证向量。

（5）Home A 在确认后，向 A1 发送认证向量。

（6）A1 利用 K/Ki 计算认证响应，以及会话密钥 CK/IK 或 Kc。

（7）A1 向 Home A 发送认证响应。

（8）同时，A1 通过组内安全信道发送 CK 或 Kc，此密钥用于将来给 A2、A3、A4 做组内广播。

2．带移动模块的物联网终端的组认证方案

此机制大多数用于业务层对一组设备进行认证，如图 7.20 所示。

（1）组定义：A1、A2、A3、A4 等组成一个组 A，其身份信息存储在网络侧归属节点 M2M 平台。A4 是具备业务网关功能，能够和 A1～A3 等之间进行通信。A4 作为组代理，和物联网网络侧的业务 M2M 平台之间进行通信。

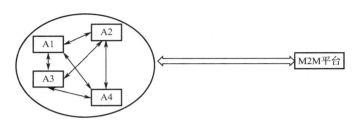

图 7.20　带移动模块的物联网终端构成的组

（2）组的预配置：所有节点都分别存储与 M2M 平台通信的子密钥 K1、K2、K3、K4 等，以及对应的衍生密钥 K1′、K2′、K3′、K4′，其中，Ki′=f(Ki)= g^{Ki}，用于产生组密钥并避免子密钥的泄露。

A4 预存组密钥 KG，M2M 平台预存组密钥 KG，以及各个终端节点对应的子密钥 Ki。

（3）组认证原理：根据 K1′、K2′、K3′、K4′，组代理 A4 可利用门限机制通过拉格朗日插值公式

$$f(x) = \sum_{j=1}^{t} g^{Ki} \prod_{1 \leqslant j \leqslant t, i \neq j} \frac{x-i}{j-i}$$

计算获得组密钥 KG=f(0)，此密钥用于和网络侧进行通信。

A4 利用自己预存的组密钥 KG，和计算产生的 KG 进行对比，如果一致，则确认组的合法性。组内终端节点，以及 M2M 平台利用组代理和网络侧协商出来的会话密钥，及各自的子密钥 K1、K2、K3、K4 计算分会话密钥。

具体组认证流程图如图 7.21 所示。

（1）A1、A2、A3 把自己的子密钥 K1′、K2′、K3′传递给组代理 A4。

（2）A4 根据拉格朗日插值公式，计算得出 KG，并与自身保留的 KG 进行对比，从而验证 A1、A2、A3 身份的正确性。

（3）组代理 A4 向 M2M 平台发起认证请求。

（4）M2M 平台收到来自组代理的认证请求后，根据组 ID，找到对应的 KG，计算会话密钥 CK 和认证向量。

（5）M2M 平台将认证向量发送给 A4。

（6）A4 根据认证向量计算对应的响应，并发送给 M2M 平台进行双向认证，同时计算业务层密钥 CK。

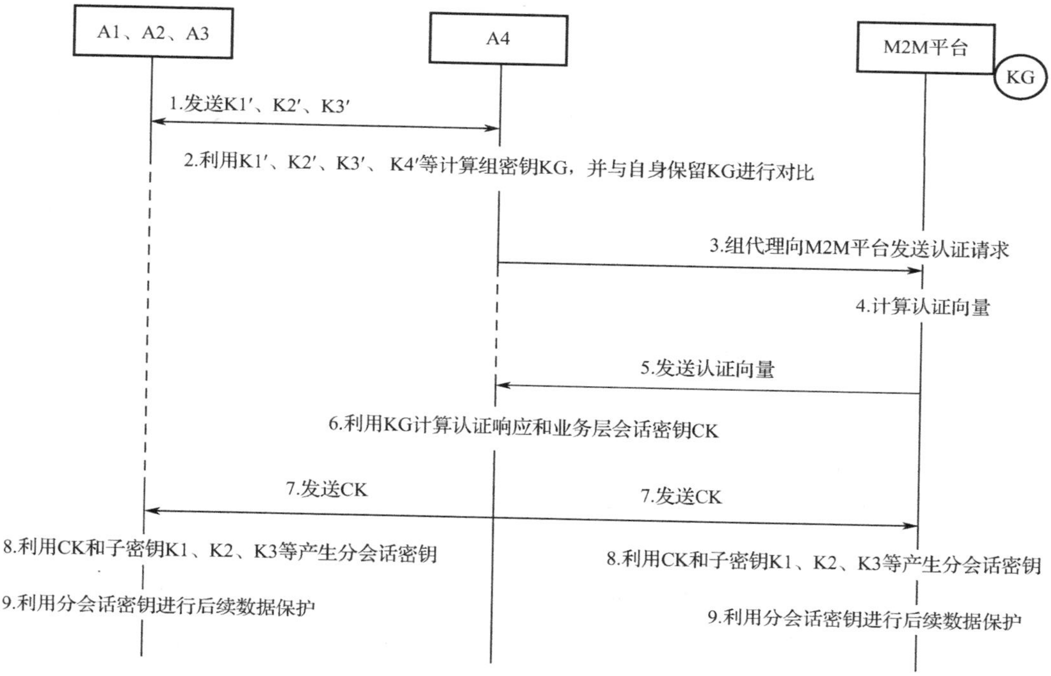

图 7.21　应用层的代移动模块的物联网终端认证流程

（7）A4 将会话密钥 CK 发送给其他组内终端 A1、A2、A3。

（8）组内终端 A1、A2、A3、A4 利用 CK 和各自的子密钥计算分会话密钥。

（9）组内终端 A1、A2、A3、A4 利用分会话密钥进行数据保护。

在上述两种方案中，前一种方案可节约网络层的信令和负载，主要用于网络层中一个移动终端连接一个传感器网络时的负载减负。同理，当应用于应用层时，移动终端也可以连接很多个传感器或者带卡的移动终端，都可以按照此方式进行，只是组内通信方式略微有所不同。后一种方案可节约安全网关和 M2M 平台之间的认证通信信令，但无法避免网络层的信令和负载。

7.3.3　能力开放安全保障方案

1. 保障开放平台能力接入安全

（1）为了避免攻击者伪造应用接入开放平台，造成运营商及能力提供商的资源滥用，以及对开发者的非法计费，需要在能力调用过程中对应用的身份进行认证。建议采用 Token 机制实现应用身份认证：在每次能力调用时，安全模块需要对能力调用过程中的 URL 与 APPKEY 进行检查，以防止 APPKEY 被滥用、重用。终端应用、Web 应用均采用开发阶段预置在应用中的 APPKEY 生成 TerToken 和 WebToken，开放平台通过同样的机制对接收的 TerToken 和 WebToken 进行验证、判断应用身份的合法性，每次请求的 Token 都不同。

（2）为了避免合法应用滥用未授权或未购买的能力，需要对应用调用能力的权限进行验证。

（3）为了实现对用户的计费及开发者的计费，需要对用户账户及开发者子账户进行验证。

（4）为了避免用户遭受未授权应用的骚扰，实现用户隐私保护，需要对用户与应用的订购关系进行验证。

（5）为了防止应用在运行中被攻击者恶意篡改，当用户执行非法操作或破坏计费时，需要对应用的完整性进行保护。应用可以在本地采用 MAC 指纹方式实现对运行程序完整性的验证，禁止经过篡改的应用执行任何操作。

MAC 指纹生成：在终端应用通过测试审核之后，安全模块中的完整性管理工具可自动计算出终端应用模块，以及终端能力 SDK 的 MAC 指纹。

MAC 指纹安全存储：完整性管理工具自动将 MAC 指纹安全存储（如加密存储、离散存储、代码混淆、安全算法转换）到新建的终端应用安全组件中，并对新建的安全组件进行安全加固（加固需求见下文中说明），MAC 指纹在任何情况下均不允许被非法窜改。

安全组件置换：完整性管理工具可自动将开发者在开发阶段所使用安全组件替换成安全存储了 MAC 指纹并进行了安全加固了的新建的终端应用安全组件，并将应用重新打包并输出。

2．保障平台与外部平台之间协议与接口安全

（1）制定并实施平台与外部平台接口之间的安全管控措施。

（2）技术实现需要符合协议操作规范（公有和私有协议，应注释协议实现功能及各接口传递参数的含义），核实是否对协议与接口进行过安全测试。

（3）对相关代码进行安全审计。

（4）现场测试时至少采用以下方式验证上述各点，是否还存在其他安全问题。

● 代码安全审计；
● 接口是否可对输入来源进行白/黑名单判断。

接口需要对设计范围以外的非正常参数进行过滤，并提供统一的、不泄露内部敏感信息的提示。

3．保障能力接口调用安全

（1）定期梳理业务流程，筛查存在接口调用的业务操作，如发送短信、彩信等。

（2）梳理平台全部能力调用接口，确保没有接口能够成功实施违规调用操作。

- 对于 GET 型提交的接口调用，可直接在浏览器输入中对相关参数进行修改和测试；
- 对于 POST 型提交的接口调用，可在页面上直接输入或借助特定工具抓包对相关参数进行修改和测试。

（3）梳理对能力开放接口进行调用的业务操作，确保针对这些业务操作具备一定安全防护措施，如动态短信确认、权限限制（即需登录后调用接口）等。

4．接口对提交数据进行合法性校验和有效性验证

（1）梳理业务流程，筛查存在接口调用的业务操作，如二维码自制提交、头像提交等。

（2）测试非法内容的提交处理。

- 进入提交页面，将提交的内容修改为非法或无效的，例如，在提交涉黄、涉政治等非法内容时可将提交内容修改为无效内容等；
- 将修改后的内容进行提交；
- 接口应能够对非法的内容进行过滤或提示，也可以对无效内容进行自动更新或提示。

（3）接口对非法或无效内容应具有一定的防护和过滤机制；同时，应当核实是否可以通过一定的技术手段绕过接口防护和过滤机制，如编码等，即核实安全防护机制的安全性。

5．本地 API 的安全保护

客户端应用需要保护本地 API 在调用过程中的完整性，以及一些安全相关 API 的机密性。本地 API 的安全保护可通过加密处理、输入/输出口转移、安全算法转换、敏感信息转换等机制，以保障不同组件之间的调用安全。

6．安全能力更新机制及其他安全加固需要

当平台监测到客户端应用安全模块被攻击后，可及时通过安全能力更新机制更新客户端应用中的安全组件相关算法或密钥，或通过平台安全策略禁止被攻击后的客户端访问开放平台能力，以确保业务平台能力仅被合法使用；同时还需要解决可能出现的针对其他攻击方法的安全加固需求。

7.4　物联网开放平台安全能力开放及安全服务前景展望

1．安全能力开放和安全服务前景展望

（1）信息安全能力开放成为一种全新的业务模式和安全趋势。物联网业务信息安全问题涉及两个领域，一个是内部业务平台的信息安全保障，即解决企业信息化的信息安全问题；另一个是把第三方用户纳入信息安全保障范围的信息安全服务，即在怎样为用户提供具有安全保障的业务服务之外，向用户或第三方信息服务提供商开放针对用户和业务的

安全服务。

两个领域的内涵和外延不同，对安全体系的建设的要求也不同。内部业务平台的信息安全保障从传统的信息安全角度出发，解决业务平台本身的安全问题；而信息安全服务，在考虑用户服务的业务平台本身安全的同时，还需要考虑用户信息业务服务所处环境的安全保障、不同服务提供商提供的信息业务服务的信息安全保障。

从信息安全服务的角度分析，信息安全服务把信息安全从一个内部成本模式转变为一种具有服务能力的业务模式，带来的变革不仅是技术领域的革命，还在于赢利模式建立过程中带来思维方式的突破，以及业务模式和服务模式的建立。

从运营商推动移动信息安全服务体系的优势来说，运营商作为信息业务基础设施提供商，用户对移动运营商的依赖天然形成，面对信息安全问题，首先想到的是移动运营商。因此，用户选择信息安全服务提供商时，运营商具有天然的优势和品牌认知价值，更能获得用户的认可。

（2）信息安全能力开放业务的价值和意义。建立信息安全能力开放体系对运营商而言具有双重意义，首先，可以为内部信息系统安全提供支撑服务，形成运营商对移动信息安全的核心管控能力，降低运营商内部信息系统信息安全风险，减少信息安全风险暴露带来的损失；其次，对外向用户和移动互联网服务提供商提供信息安全保障的能力，实现信息安全运营服务，具体如下。

- 信息安全能力库可以对外开放安全能力 API，可以为物联网业务提供商和用户提供业务安全服务；
- 信息安全基础能力运营服务，可以与物联网服务提供商、大中型企业合作，提供保障网络和业务运营的安全基础能力服务。

建立信息安全能力开放体系，开放运营商信息安全能力，为用户和物联网提供商提供基础的信息安全服务，具有深远的社会价值和经济价值。运营商通过信息安全问题的管控能力建设提供关键的核心能力，通过开放的信息安全能力体系建设带动整个产业链的价值提升，通过信息安全能力库的开放共享有利于快速提高整个行业的安全保障能力和水平，为物联网信息化建设提供基础的保障和支撑。

2. 物联网开放平台安全需求

物联网开放平台致力搭建开放、共赢的平台，为各种跨平台物联网应用提供简便的云端接入、存储和展现。在开放平台的业务运营和发展中，同样面临着安全能力开放和服务化的安全需求。

首先，物联网业务传感器大部分都是无人值守并且长期持续工作的，开放平台需要对传感器的安全性进行即时监测。

- 对传感器自身的健康程度进检测并及时告警；
- 保证传感器与业务系统间信息交互的安全性。

其次，在接入方面，开放平台需要统一的接入机制和协议，将多个行业和多个厂家的传感器终端统一接入运营商的网络及业务平台，实现传感终端的统一认证和管理。

同时，物联网业务提供者希望专注于业务应用的开发，关注业务数据和业务流程的处理，期望简单、快速的业务开发环境，不希望分散精力处理不同能力中心间的交互、安全保障等。因此，开放平台需要将安全功能进行能力化，以及将安全防护手段进行服务化。在此基础上，开放平台可实现：

● 构建安全能力开放平台，基于开放 API，降低开发门槛，提升业务安全；
● 建设安全服务平台，提供网络、应用环境安全防护，保障运营安全。

开放平台安全能力开放和安全防护服务如图 7.22 所示。

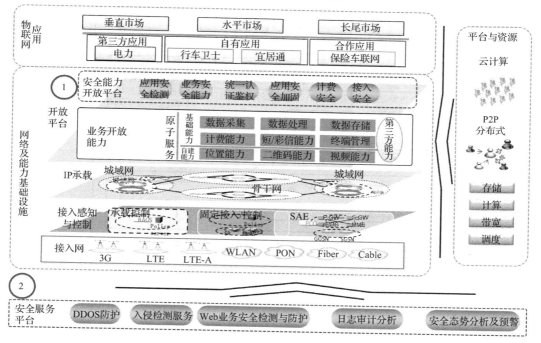

图 7.22　开放平台安全能力开放和安全防护服务

3．构建安全能力开放平台

安全能力开放平台作为物联网开放平台 PaaS 层的一部分，针对物联网开放平台所承载物联网业务提供安全能力 API 接口，并实现对接口调用的安全管控，方便物联网应用快速、便捷、安全地开发和部署，助力物联网应用的发展。

4．构建安全服务平台

物联网安全服务平台架构如图 7.23 所示。安全服务平台作为物联网开放云平台 IaaS 层的一部分，针对物联网开放平台网络及所承载物联网业务提供 Web 漏洞检测、抗 DDOS、Web 应用防护（WAF）、网络入侵检测、Web 服务器日志分析等安全服务，保证物联网开放平台及业务的安全运营。其中，对于物联网业务开发者：

- 进行 Web 漏洞检测、抗 DDOS、WAF 和 Web 服务器日志分析等安全服务订购；
- 配置安全防护的资产信息；
- 查看或订阅安全服务报告。

对于安全运维人员：

- 通过平台采集分析能力监控可发现安全告警；
- 对用户服务报告进行审核，并对服务计量；
- 用户订购服务可自动开通和退订，用户服务可请求帮助；
- 对安全资源的配置维护管理。

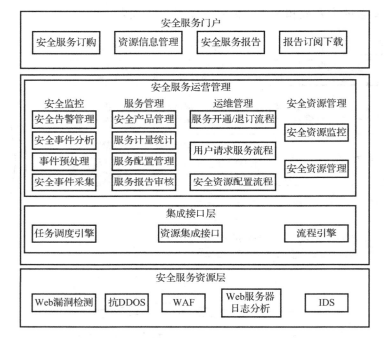

图 7.23　物联网安全服务平台架构

　　基于物联网开放平台中，安全组网部署设备作为安全服务能力层，实现对安全设备策略的统一管理，安全事件/告警信息的统一收集、分析、关联，实现安全能力服务化。

第**8**章
物联网典型应用

8.1 引言

物联网是一个全新的技术领域，给通信带来了广阔的新市场。物联网应用中被广泛应用的 M2M，驱使各行各业走向信息数字化和商业流程的自动化。经过几年的技术和市场培育，物联网即将进入高速发展期。从网络发展来看，物联网有望在 2020 年前后形成统一的网络。物联网的发展思路要以个人、行业、集团协同推进为主线，以应用和标准化产品的打包集成为实施手段，以项目化运作团队为组织建设基础，通过联动的一体化运作模式，逐步实现物联网业务的规范化、系统化管理，实现 M2M 业务从传统的通道型向平台运营型的转变。本书搜集了国内主流的物联网方面的典型应用，供大家在学习和工作中参考。

8.2 健康医疗

8.2.1 项目背景

近年来，随着国内人口老龄化成为趋势，老年慢性病患者越来越多，而现代社会生活节奏快、工作压力大、精神紧张，以及不健康的生活方式和肥胖同时导致在中青年中慢性病患者也在不断增加。我国目前约有 2 亿高血压患者，9000 万糖尿病人。另一方面，医疗资源的紧缺，看病难、看病贵已关系到国计民生。虽然政府开始进行医疗改革，但至今难以缓解医疗资源的紧缺和控制慢性疾病人群数量的增长。

8.2.2 技术方案

健康守护是一个基于网络化的健康解决方案，针对健康类的测量终端和业务平台展开研究。其中健康类的测量终端结合了传感技术和通信技术，可以检测血压、血糖、血氧、心电图、心率、体温、呼吸率等生理指标，然后将生理指标通过运营商网络传递给业务平台系统，平台系统将指标进行存储和呈现，同时对生理指标进行预分析。用户还可以通过订制，获得医院专业人员根据这些数据给出有针对性的健康保健或提醒就医等增值服务。

健康守护服务总体技术架构如图 8.1 所示，主要包括感知层、网络层和应用层。

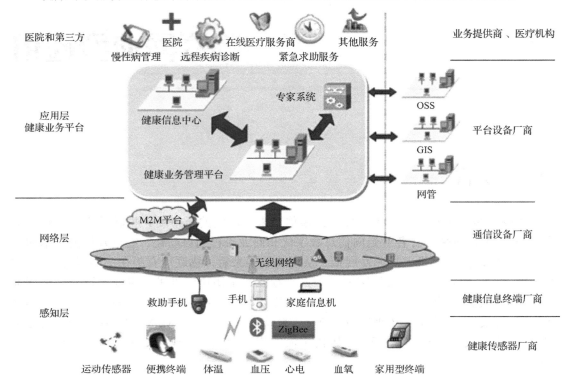

图 8.1　健康守护服务总体技术架构

物联网感知层包括多种健康传感器与健康信息终端，两者间以蓝牙或 ZigBee 等短距离无线通信的方式连接，用户的生理数据通过传感器进行测量处理，再传输至健康信息终端。而健康信息终端则可以通过无线网络将数据发送至业务平台。本例采用的健康传感器包括但不限于以下几类：耳挂式传感器、穿戴式心电传感器、无创血糖测量传感器、家用型测量传感器。健康信息终端可实现简单智能分析，最常见的形态为智能手机，也可以是家庭信息机的形式，在这里起到了通信终端网关的作用；同时健康信息终端可实现生理信息显示、分析、主动报警，以及与业务平台交互等功能。

网络层包括 2G/3G/4G 网络、核心网络、物联网运营支撑平台（M2M 管理平台），负责远程传输、远程管理和维护、安全认证、计费、用户管理等。由 TD 网络实现数据的远程传输，物联网运营支撑平台实现对健康信息终端的管理和维护。

应用层主要由健康业务管理平台、专家系统、健康信息中心组成。健康业务管理平台可以与健康信息终端进行交互，并支持与多个外部系统的交互，如医院的 HIS 系统、专家系统、健康信息中心，并可以提供用户查询、用户管理，支持医院或卫生局开展远程慢性病管理服务、紧急救助服务。专家系统则可以对原始数据进行预分析，将结果发送到医疗服务提供机构，由医疗人员根据这些数据给出针对性的健康保健或就医建议。由物联网信息中心实现感知信息的存储、安全控制及数据挖掘等，并支持其他增值业务的开展。

8.2.3 远程慢性病管理服务

用户可在家里或者健康小屋中通过医疗终端采集个人生理指标，或通过信息网关反馈个人的行为信息，这些指标和信息经通信网络传输到后台的健康平台系统，对于单次信息或者多次信息构成的趋势，计算机专家系统将进行初步的分析，并将分析结果提交给对应的健康顾问或专业医生，他们可结合用户的健康档案信息，给出有针对性的健康干预措施或就医建议，医生的建议将通过短信或彩信方式知会用户。另外，用户也可通过 Web 网站详细查看自己的历史健康记录和健康顾问的意见，充分了解个人慢性病发展的情况，及早采取措施，控制病情发展。远程慢性病管理服务如图 8.2 所示。

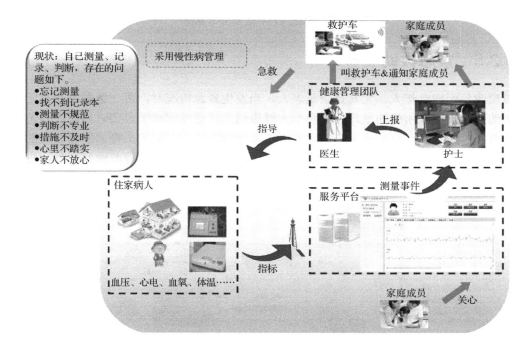

图 8.2 远程慢性病管理服务示意图

8.2.4 家庭远程管理服务

用户家庭的多名成员可共用放在家里的医疗终端采集个人的健康生理指标，如血压、血氧、心电图、体温等，这些信息在平台系统中汇聚、预分析，再通过专业医护人员检视，给出专业意见，意见将通过短信、彩信、Web 方式实时知会用户，让用户得以时刻关注个人和家人的身体健康状况，及早预防，提升生活质量。家庭远程管理服务流程如图 8.3 所示。

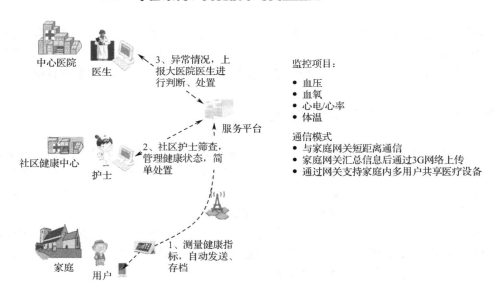

监控项目：
- 血压
- 血氧
- 心电/心率
- 体温

通信模式
- 与家庭网关短距离通信
- 家庭网关汇总信息后通过3G网络上传
- 通过网关支持家庭内多用户共享医疗设备

图 8.3 家庭远程管理服务示意图

8.2.5 紧急救助业务

该项业务面向老年人，尤其是空巢老人，当发生紧急情况时，可一键触发紧急呼叫。在呼叫的同时，老人所处的地理位置和个人健康档案将通过健康平台实时呈现在紧急救助医护人员的操作台上，经确认用户确实发生了紧急情况后，医护人员将调度最邻近的救助资源进行救助，并根据用户的健康档案状况，如疾病史、过敏史等提前做好准备，进行更有效的救助，同时通知用户的家人。紧急救助业务如图 8.4 所示。

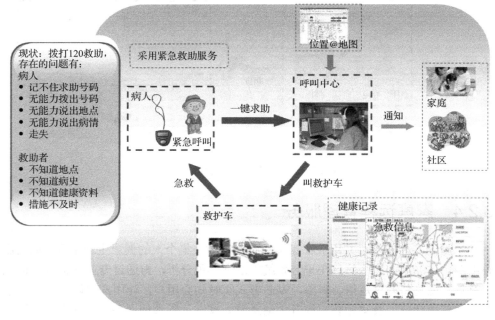

图 8.4 紧急救助业务示意图

8.3 平安家庭

8.3.1 项目背景

房地产业已经成为我国国民经济发展的又一重要支柱产业。推进住宅产业现代化，是使住宅成为跨世纪中国消费市场的热点，使住宅产业成为国民经济的新经济增长点的一个重要方面，也是研究和制定中国住宅产业政策的指导思想。2003 年，由工业和信息化部批准，联想、TCL、康佳、海信、长城五家国内电子信息骨干企业共同发起的"闪联"标准工作组，其核心任务便是实现信息设备、家电和通信设备的智能互联。2004 年 7 月海尔集团联合春兰、清华同方等其他六家致力中国家庭网络产业的企业发起组建了"e 家佳联盟"。2005 年，中国通信标准化协会组建了家庭网络特别工作组，研究基于电信网络的家庭网络技术标准。2010 年 6 月，物联网标准联合工作组在北京成立，并且由海尔集团牵头家庭网络标准组开展基于物联网的智能家居标准化的制定工作。

同时，随着国内房地产的高速发展，预计到 2020 年我国将竣工的建筑面积为 300 亿平方米，其中智能家居建筑的产值至少在 2 万亿元以上。在未来的建筑、装修行业中，智能家居项目会是增长最大的环节。精装住宅是未来房地产发展的必然趋势，虽然目前精装住宅比例只有 6.7%左右，但是在一些主要开发商中这个比例高达 30%，这个趋势随着房价上升在不但提升。房价提升也为智能家居进入精装住宅提供了市场空间，而且二次购房者对于精装住宅在安全性、舒适型方面有了更加切实的需求。物联网作为国家战略性新兴产业的重要部分，而智能家居又是物联网的重要应用领域，其带来了新的服务，重新定义了客户体验并刺激拓展了市场需求，其广阔的市场价值将使其能广泛应用到酒店、别墅、居民社区、工厂、办公大楼、商业中心、大型场馆等各个领域，并极大地改变我们现有的生活方式。另外，国家对于节能减排的要求，以及社会对低碳生活的倡导，也为智能家居的普及化提供了政策背景和社会背景的潜在要求。智能家居的发展无疑还将带动传统家电、家具、安防等产业结构升级，衍生出更为广阔的市场。

8.3.2 系统架构

平安家庭业务是传统通信技术与物联网技术相结合的智能信息化产品，通过手机客户端和门户网站，主要提供 Wi-Fi 路由、安防告警、视频监控、家电控制等功能，全方位优化生活方式和居住环境，满足用户对智能家居现代生活的需求。平安家庭系统架构如图 8.5 所示。

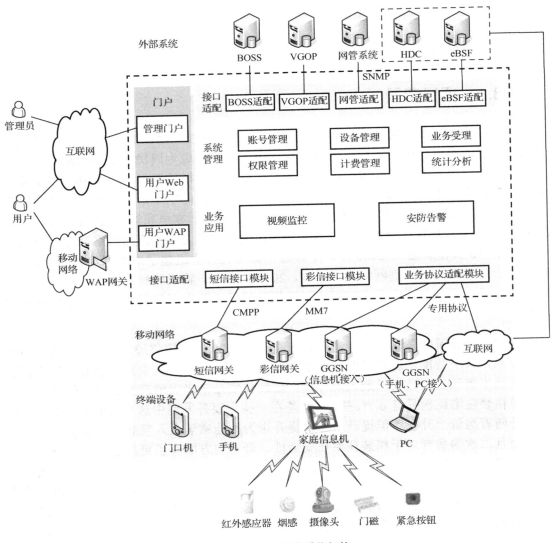

图 8.5　平安家庭系统架构

8.3.3　业务功能

家庭安防业务主要提供 Wi-Fi 路由、安防告警、视频监控、家电控制等功能，包含多种终端形态，如家庭网关、智能机顶盒、Wi-Fi 摄像头（或有线摄像头），以及门磁、窗磁等安防传感器/控制器，以满足不同用户的需求。各形态产品的业务功能侧重点不同，从而形成了完整的产品系列。平安家庭业务包括两大类：视频监控业务和家庭安防与告警业务，在此大类里面，目前主要在应用无线座机型安防、网关型安防、无线摄像头型安防、安防报警，以及家庭环境质量监测等具体服务模式。

1．无线座机型安防

产品以传统无线座机为载体，增加宜居通安防功能。

- 语音通信：基于运营商网络实现传统无线座机的语音通话、短信等功能。
- 安防告警：通过门磁等传感器侦测环境变化，向指定安防号码发送告警信息。
- 家电控制：实现通过手机控制空调开启、温度设定等功能。

2．网关型安防

产品在传统家庭路由器的基础上，融合安防功能，同时可以扩展 Wi-Fi 视频监控功能。

- Wi-Fi 路由：将宽带信号以 Wi-Fi 形式转发给附近的无线网络设备。
- 安防告警：通过门磁等传感器侦测环境变化，向指定安防号码发送告警信息。
- 家电控制：实现通过手机控制空调开启、温度设定等功能。
- Wi-Fi 视频监控：通过接入 Wi-Fi 摄像头，实现视频监控功能。

3．无线摄像头型安防

产品基于运营商 3G/4G 网络，提供远程无线视频画面，可在安防客户端或门户网站上查看视频及控制摄像头。

- 视频监控：通过手机客户端或门户网站查看摄像头监控画面、监听声音、视频截图或录像。
- 摄像头控制：通过手机客户端或门户网站控制摄像头云台位置。
- 安防告警：通过门磁等传感器侦测环境变化，向指定安防号码发送告警信息。
- 家电控制：实现通过手机控制空调开启、温度设定等功能。

4．安防报警

通过门磁、窗磁、烟感等设备对指定区域进行布防，当发生警情时，平台将通过语音、短信、手机客户端等方式通知用户，根据设定模式，家庭主机也会提示对应报警状态。

5．家庭环境质量监测

通过布置的空气质量监测终端，对房间中的环境质量进行实时感知，计算出空气的健康指标，并上报至平台。用户可以将空气质量监测设备摆放在不同的场所，从而实现对家庭整体环境质量的实时监测。

8.4 公车管理

8.4.1 项目背景

在全国政协十一届三次会议上，针对公车改革遭遇的难题，民革中央提交了"如何破解公车改革之困局"的提案。提案提出了"建立刚性财政预算约束的公车管理体系""电子监控公务用车""公务用车社会化和公车保养社会公开招标""强化政策执行和监督环节"四大措施，建议严格控制公车购置数量。2014 年 7 月 16 日，《关于全面推进公务用车制度改革的指导意见》和《中央和国家机关公务用车制度改革方案》下发。针对公车管理，公车信息化监管成为各级政府节约政府开支、降低公车消耗、提高政府工作效率的首选，如何强化公车管理，强化用车流程审批，逐步提高公车使用在社会中的影响力，提升政府车辆管理效率已成为公车辆管理的重点。采用信息采集终端采集车辆的行驶数据、位置、轨迹等，强化在车辆派车时的流程管理，为公车管理机关单位提供可靠的监管手段。

8.4.2　项目需求

（1）车辆监管需求。公车的行驶数据都可以通过 OBD 终端实时上传，管理部门人员可随时随地掌握每一辆车的状态（停车、行驶、速度、时间）等基本信息。

管理部门可随时随地了解车辆的派单状态、完成情况，以及用车人的用车情况，以便管理人员对车队车辆进行灵活配置、管理、调度。

及时调用最近距离、最合适的公车到指派地点执行工作任务，提高对车辆的使用效率和对应急突发状况的处置效率。

（2）车辆管理需求。管理部门可全部掌握司机对车辆的派单情况、使用情况、路线、工作状态，对司机的驾驶行为习惯、交通违规情况、有无违规用车等情况进行多维度统计，结合机关车辆管理制度对司机、用车人进行考核。

由于采用自动监控汇报的工作模式，可以杜绝司机公车私用，找借口搪塞单位拒绝执行或拖延工作等情况，杜绝司机偷燃油，杜绝司机无中生有或多报、乱报销路桥费、添加燃油费、各种形式的修理费等各类费用，杜绝司机作假欺骗单位的行为。

（3）调动管理需求。用车人或申请人根据用车需求通过系统发起用车申请，管理人员可根据系统内的公车实际执行情况快速调度合适的车辆，实现车辆、驾乘人员、用车时间的自动匹配，可大大提升公车的调度效率。

（4）计费结算需求。司机每完成一次派单任务，系统根据用车时间、租车费、司机工资、加班费、油费、停车费、路桥费等计算本次用车费用，便于部门公车费用的结算。

（5）成本管理需求。实时地跟踪调度每一辆车，并督促、指导司机工作，避免司机误时、公车私用等情况的发生，了解所产生的车辆损耗、燃油的浪费、时间的消耗，以及各种有可能发生的违章罚款行为、交通事故后被交警部门拖车扣留等情况，避免耽误车辆使用，同时也避免因麻烦事情处理对单位造成的直接经济损失，还可以延长车辆的使用寿命。

8.4.3　方案架构

公车管理系统的整体架构如图 8.6 所示。

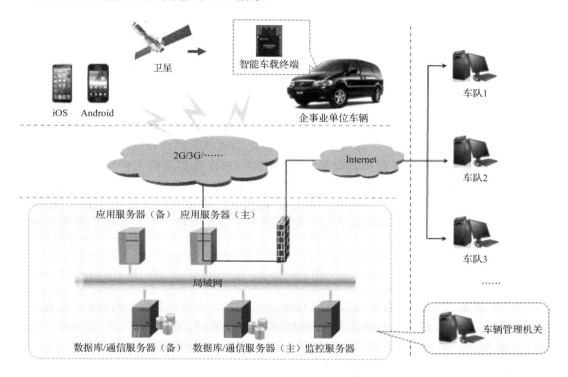

图 8.6　公车管理系统的整体架构

1．终端部署

终端符合 OBD-II 国际标准、国标 809 规范，可自动适配主要车型，提供精准里程油耗统计、车辆远程体检、不良驾驶习惯统计等功能。车载终端与汽车相连示意图如图 8.7 所示。

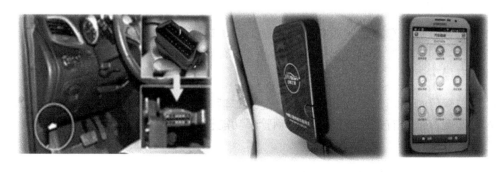

图 8.7　车载终端与汽车相连示意图

终端利用轨迹智能算法，对 GPS/北斗定位数据进行自适应处理，使用户能够看到更加精确和逼真的行车轨迹。同时通过轨迹智能算法，可以有效地消除位置漂移，并描绘出真实的、可信赖的轨迹。

终端通过 OBD 连接到 CAN 上，可智慧感知接口中的数据流并进行实时分析处理，收集并提取车辆最常用的 24 项数据作为基本车况健康报表。这些数据可以通过云平台长期保存，从而构成了车辆完整生命周期的健康状况报表（VHR）。这些实时感知的数据和"公车管家"终端传感器数据，也可以作为车辆状态的晴雨表。

2. 数据传输

OBD 终端采集数据并通过运营商移动网络 GPRS 传输至云平台进行处理、分析。OBD 终端支持中国移动和联通 GSM 网络，建议采用中国移动物联网专网卡，一是中国移动网络覆盖更广，盲区较少，可最大限度保证 OBD 数据及时上传至平台；二是中国移动物联网专网优势，专为车联网类物联网应用的智能管道解决方案，提供传输端信息共享，及时发现产品问题，提高客户体验；提供基于全国智能管道的 APN，保障数据流量的安全性，防止流量卡用作他用；专网独立于现网平台，专网专用，在稳定性上表现更好。

3. 平台功能

"公车管家"通过 OBD 终端设备或 GPS 定位设备，检测并上传车辆状态、位置、里程等数据，结合手机 APP 及 Web，为政企用户提供车辆管理、位置服务、行驶记录、调度管理、油耗分析、电子栅栏、违规用车告警、计费结算、统计分析等功能。

"公车管家"平台是整个业务功能实现的核心，配合终端实现各业务功能，为用户 Web 界面及手机客户端软件提供服务。

用户可以通过 Web 页面或者手机客户端方式，接收车辆告警信息、查询车辆位置、查询历史轨迹等；还可以通过派车管理模块实现派车申请、审批、派车、司机应答、流程跟踪、评价管理等功能。

4. 典型功能描述

（1）位置服务：车辆位置服务包括车辆追踪、车辆定位、轨迹查询、历史停靠点，以及电子围栏功能，通过车辆位置服务功能，可以有效杜绝公车私用，对于违规用车的情况可以做到有据可查。

（2）车辆管理：通过车队管理功能，建立车辆管理档案，分级管理、多级联动，同时支持人车匹配，追查有据；通过建立车辆管理功能模块，可以实现车辆精细化管理，提升车队的管理水平。

（3）驾驶员管理：车辆与责任司机实现人车绑定，驾驶员档案信息管理（包含驾驶员基本信息、照片、驾驶证正副本照片、驾驶证/准驾证/特种证管理、工作状态管理等）。

用户通过司机用车统计报表可以统计一定时间段内某机构司机用车的情况，数据包含司机出车次数、加班次数、拒单次数、里程、急刹车、急加速、急转弯、急减速等数据，可用于对司机驾驶技能等级评估，以及日常工作记录统计。

（4）调度管理：实现用车人用车申请，当一次派单任务执行完毕后，系统会根据用车实际情况按规定计费，并提供相应的费用明细记录，用于各方财务核对；平台在车辆调度过程流程中可实现任务转派，并实现智能调度；用车结束后，用车人可进行评价。

（5）事件提醒：对于日常用车发生的异常情况，可实时推送消息到手机 APP 提醒司机，同时在平台进行记录，便于日后有据可查。

（6）计费管理：每个机构或者车辆都存在不同的计费规则，平台可通过计费规则配置来实现不同部门或车辆的计费，以满足客户的需求。

（7）统计分析：平台可根据时间、车队，以及具体的车辆查看日常用车的里程、油耗及用车时间数据，通过里程油耗及用车时间的精确化统计和管理，有效降低企业运营成本。

8.5　智慧交通

8.5.1　项目背景

"十二五"期间，国民经济保持持续快速增长的趋势，人民生活水平进一步提高，机动车保有量持续增加。目前我国机动车保有量已达 1.99 亿辆，其中汽车 8500 多万辆（包括约 1500 万辆农用车、约 7000 万辆民用汽车），每年新增机动车 2000 多万辆；机动车驾驶人达 2.05 亿人，其中汽车驾驶人 1.44 亿人，每年新增驾驶人 2200 多万人。预计民用汽车保有量在 2020 年将达到 2.19 亿辆。

伴随着经济发展、生活水平的提高，人员、物资流动更加活跃，公众出行进入高速增长期，公众对各类出行信息数量、种类的需求（如路况、购物、就餐、就医、援救、停车、休闲、探亲、访友、商务、租车等）越来越多，对信息质量要求越来越高，势必对交通信息服务提出更新、更及时的需求。公众出行交通信息服务一直是智能交通领域的研究热点问题，信息服务业作为信息产业与服务产业相结合的新兴第三产业必将迎来高速发展，市场前景广阔。

（1）交通拥堵治理离不开公众信息服务。城市人口和机动车保有量逐年大幅增长，城市交通状况日益恶化，面对如此巨大的城市交通压力，缓解拥堵离不开城市交通信息服务的完善和发展。人们需要了解交通系统的运行状态，规避拥堵路段出行，提高出行效率。交通信息化的优势在于其环保和高效，特别是对国内大城市的交通及经济发展有着特殊的意义。

（2）公众出行信息服务需求的大幅增长。人民生活水平的提高使得私家车快速普及，自驾出行已经成为越来越多人的选择。将公众出行服务信息按照需求推送至出行个体，通过这些设施或交通系统状态信息来影响和引导人们的出行。通过对交通信息进行挖掘、分析和预测，将交通信息转化为出行者的知识，通过这种方法可以实现交通系统的有效利用和个人出行的高效便捷舒适，甚至改变出行方式，引导更多的驾车者乘坐公共交通出行。

面向自驾车主、公共交通出行者、交通管理者提供综合服务，用户基础广泛，并可为出行者提供车载、手持终端提供移动应用支持，具有广泛的适应性，只要满足出行者的出行信息需求，达到为出行者节约时间、节约费用的效果，使用者就会成几何级数增加，市场巨大。

8.5.2 技术架构

智能交通云服务系统设计的核心思想是实现智能交通统一门户建设，整合公众出行各种相关资源（如地图、公交、出租、车主、长途客运、飞机、火车、轮船、高速公路、实时路况、道路视频、各种车票、实时位置信息等），提供一站式智能交通云服务，并经过智能运算分析，通过手机和专用终端等向公众提供便捷、易用、准确的出行服务。

智能交通云服务系统主要包括统一接口服务平台（数据层、能力整合封装、门户展现）及业务应用（终端层），系统架构如图 8.8 所示。

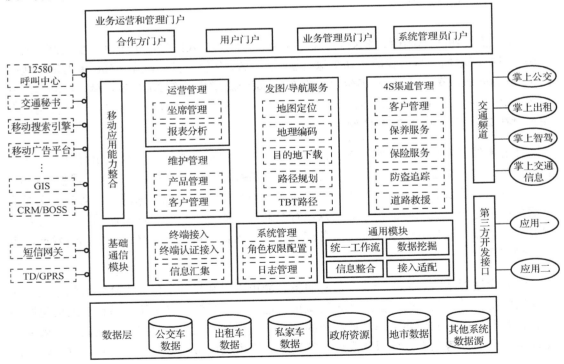

图 8.8　智能交通云服务系统框架

技术特点如下。

（1）统一规划、统一管理、力促融合：实现统一门户整体框架搭建，实现交通数据的规范接入及统一管理，整合移动应用平台资源，提供一站式智能交通信息服务。

（2）典型能力封装，搭建开放业务平台：围绕使用频率较高的关键技术进行研究，围绕典型场景的应用需求进行抽象建模，基于开放原则，形成典型场景的完整解决方案，并可在不同项目中以能力输出形式进行复用。

（3）交通数据深度挖掘与多源融合：以实时路况预报为例，云服务后台将私家车作为基础的客户源，通过平台分析将客户源转化为海量的浮动车数据源，结合公交、出租车和其他行业数据，提高交通实时路况及掌上交通诱导信息的准确性，示例如图 8.9 所示。

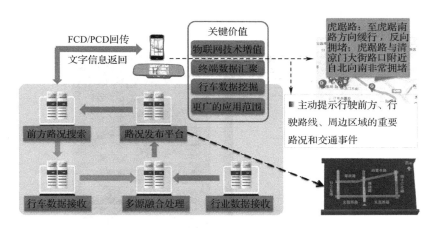

图 8.9　挖掘平台数据资源提高路况准确率的示例

8.5.3　典型业务

智能交通云服务平台完成了公众出行各种交通资源的关联整合，同时也完成了交通类产品通用能力及流程标准化模块的封装。基于以上条件，针对不同需求群体的交通服务增值产品可以快速地打包生成。

1.　公交 4G LTEFi

针对城市公交承担了 50%以上的运力，通过在公交部署 LTEFi 终端，在该终端中进行内容存储和后向运营服务，用户通过 Wi-Fi 接入即可享受高速上网、信息阅览，以及视频、游戏等服务；并且，在此 LTEFi 终端基础上进行视频业务创新，可扩展公交视频监控，以及更多其他视频行业监控应用，如图 8.10 所示。

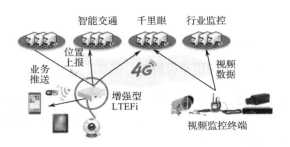

图 8.10　公交融合视频方案

2．基于公交终端数据的实时公交

掌上公交产品具备地域属性强、大众需求迫切的特点，所以交通整体规划中将掌上公交产品作为公众出行的一个明星产品进行重点打造。实时公交类似手机移动电子站牌，方便市民公交出行效率，同时提供步行实景导航功能，用户可以"身临其境"地快速找到目标地点，如图 8.11 所示。

图 8.11　实时公交示例

3．智驾服务

业务分为基础版和增强版两个产品包，增强版加装 OBD 终端后，可在基础版功能基础上，使用增强版特有的车辆定位、车况监测、故障诊断等服务，具体如下。

（1）车况诊断服务：获取车辆实时车况，车辆故障提前预警；记录超速、急加速、急刹车等驾驶行为并推送报告。

（2）爱车保镖服务：实时确定车辆位置、轨迹回放；碰撞报警、非法点火报警、撤防/布防等功能。

（3）引入车主线下服务资源，提供道路救援、维修保养、理赔处理等服务。

8.6　国外物联网业务发展

8.6.1　物联网的应用分类

物联网产业是新世纪的朝阳产业，物联网技术被广泛地应用在众多的行业中，包括车辆、电力、金融、环保、石油、个人与企业安防、水文、军事、消防、气象、煤炭、农业与林业、电梯等，尤其是智能电网、公交运输、面向个人和企业的安防、金融这几个行业的 M2M 应用。物联网应用分类如表 8.1 所示。

表 8.1　物联网应用分类

应 用 领 域	案　　例
提高工作效率	水电、煤气等自动抄表
	通过支付终端，快速处理保险理赔
	通过电子货币，快速支付
物流	监控车辆与货物的行驶位置
	监控自动售货机内的商品
自然灾害应对	通过传感器感知火灾发生，进行自动监控与报警
	监控地震与河流水量
安全防范	防止非法入室
	看护儿童
	车辆与设备的防盗
农业	温室栽培
	农作物防鸟兽危害
医疗保健	在家中进行健康检查，可以将信息发送到指定的医疗机构，确认健康状态
	基于传感器发送的位置或行动信息，看护老人
交通	交通流量的监控、车间共享道路拥挤与交通事故信息、防止事故发生
	监控公共汽车等公共交通工具的行驶位置，进行管理
	监控混合动力车与电动汽车的电池剩余量等信息
	提升物流效率
设备控制	在办公室或共行，监控用电量及设备运行情况
	管理仓库的温度与湿度
广告与市场营销	电子商标
	店内导购
	基于软件传感器，为互联网用户提供信息
旅游观光	提供导游及景点信息

8.6.2　信息家电的建设及分类

信息家电是物联网的一个重要应用。所谓信息家电网络化，是指主人不在家时，通过手机、互联网或者其他通信手段，对连接在家庭网络中的空调、电饭煲、微波炉、冰箱、电视、音响和照明设备等家用电器实行远程遥控。主人在家时，则可以在家中的任何一个角落，可以通过遥控器控制家中所有的电气设备。

信息家电网络市场可以分为数字家电、网络平台及服务内容。

根据上面提到的几种信息家电的实现技术，信息家电可以分为以下几大类，如表 8.2 所示。

表 8.2　信息家电业务类型

应 用 领 域	业 务 类 型
安全防范	智能安防可以实时监控非法闯入、火灾、煤气泄漏、紧急呼救的发生。一旦出现警情，系统会自动向中心发出报警信息，同时启动相关电器进入应急联动状态，从而实现主动防范
消费电子产品的智能控制	可以自动控制微波炉的加热时间、加热温度，可以自动调节智能空调的温度、湿度，可以根据控制电视机/录像机等自动搜索电视节目并摄录
交互式智能控制	可以通过语音识别技术实现智能家电的声控功能；通过各种主动式传感器（如温度、声音、动作等）实现智能信息家电的主动性动作响应；还可以自己定义不同场景智能信息家电的响应。例如，在电话里告诉智能家居控制器："晚上 5 点把后门的灯打开，并把空调设定到 25℃"
家庭信息服务	智能冰箱可以根据冰箱里储藏食物的情况自动生成一个购物清单供购物时参考，甚至可以通过网络来自动订购食物；智能家庭服务器可以提供最新的股市情报、新闻、天气预报、电视节目预报，甚至当前公路上的交通流量状况；还可以自动管理用户的水电账单、银行和信用卡账户等财务信息
自动维护	可以通过服务器直接从制造商的服务网站上自动下载、更新驱动程序和诊断程序，实现智能化的故障自诊断、新功能自动扩展
家庭医疗保健	通过网络化的智能传感器，医院可以通过网络对用户进行体检

8.6.3　信息家电产品

1. NTT 和 Docomo：M2M 瞄准家庭应用：

Docomo 面向住宅建筑商、高级公寓开发商推销其开发的"手机家庭系统"，该系统由住宅内控制装置和家电控制适配器组成。将该系统与住宅内的家电连接后，可以通过手机传送控制信号，控制家电电源的开关，也可以在室外通过手机查看住宅内网络摄像头拍摄的图像，通过远程操作锁闭玄关的门锁。

住宅内家电与家电控制适配器的使用遵循日本电机工业会统一标准的"JEM-A"端口连接，各个适配器与住宅内控制装置采用了耗电量低、能够实现多次反射连接的无线方式 ZigBee 方式连接。手机家庭系统在初期虽然会产生安装费用，但每月免除使用费，使用时需要另外支付数据通信费。

2．NTT 推出的远程家电控制服务"u-concet"

日本 NTT 的子公司 NTT-Neomeit 在 2007 年 9 月推出一项称为 u-concet 的应用服务，能让用户远程操控家中的家电。用户订购此服务后，能在远程使用计算机或手机登录网页，选择想要操控的设备，再通过家中的无线路由将信号传到红外线控制器和家电开关控制器，从而对家电进行控制。

此服务中的红外线控制器类似万用遥控器，可控制家中不同的家电设备。除了可以远程操控家电设备以外，用户还能监测家中每一项设备的使用状况。

远程控制家电的概念存在已久，按传统的远程控制家电做法，必须使用同一种智能家电规格所开发的产品，通过电线或网络连接到数字家电平台，再通过平台连接到外部网络才能达到远程控制的目的。目前，NTT 通过可联网的红外线控制器和家电开关控制器来控制家电，绕开了数字家电标准问题，更无须将家电升级，进入的门槛相对降低了许多。NTT-Neomeit 以每月 500 日元的价格推广此项服务。

3．SKT 的 Digital Home

Digital Home 是 SKT 与 SK 建设公司联合推出的信息家电品牌。作为 SK 集团的子公司，SK 建设和 SKT 分别在 Digital Home 业务的展开上承担不同的职责，SK 建设主要负责系统的搭建和维护，SKT 提供具体业务。

Digital Home 所采用的电子商务模式是 B2C，以住宅用户对象，提供订购和入网等形式的服务。SKT 在 Digital Home 的业务合作模式中，把集合各种各样的解决方案和传统的移动通信服务作为契机，以服务提供商（SP）的身份向用户提供 Digital Home 服务。

Digital Home 把自己所提供的服务划分为三大类，各有其宣传的口号，分别为安全的生活、幸福的生活和便利的生活。

- 安全的生活：当家里发生安全紧急情况时，Digital Home 会实时向用户发送警报信息，保障用户的家中安全的服务。
- 幸福的生活：向用户提供丰富的信息，让他们轻松享受文化生活，为他们营造幸福人生，包括通过 PC 或遥控器确认已登录的家人的所在位置、数码相框服务、Pet Care 等服务等。
- 便利的生活：能够让用户对家里的家电设备进行远程监控，使他们的生活变得更加便利。

Digital Home 的服务基本月租为 9000 韩元，其中 Pet Care 和数码相框服务需另外收取月租，每月分别为 5000 韩元和 3000 韩元。用户必须先购买支持 Digital Home 服务的家电产品才能享受相应的服务。例如，要使用照明控制服务就必须先购买 Digital Home 的照明控制开关；要使用电源控制服务就必须要先购买 Digital Home 的电源控制设备，等等。这些家电产品既可以共同协作也可以单独运作，以无线连接的形式与室外的手机等移动设备形成物联网，为用户提供安全、便利的服务。

8.6.4 公共设施的物联网建设

车载信息服务系统虽然功能全面，但其信息化、自动化程度并不是非常高，一些方面还需要依靠人工后台予以支持，如人工语音导航，需要语音连通后台工作人员，由其利用后台技术平台实现操作和支持。

物联网则不同，在汽车上，其以汽车作为信息传输枢纽，通过射频识别和红外感应器等技术读取内置于各种物体内部的电子元器件和芯片，使物体间的信息能够进行连接和交流，从而搭建一个物物相连的网络。例如，通过物联网，车主可以将家里的电视机、空调等设备，以及办公室中的计算机、摄像头、打印机等内置感应设备的终端连在一起，从而组成一个网络。这样，车主即使在车上，也可以对各项设备发出指令，进行远程操控，还可以在车上进行办公，如处理文件、召开视频会议等，真正实现远程办公。

与此同时，物联网在 GPS 智能导航及实时路况上也有着巨大的潜力，如通过物联网，汽车可以与其他车辆保持联系，通过射频识别技术自动识别前方道路上车辆行驶情况，自动设计最优行车路线。

1. 提供内置 KDDI 无线通信模块的 G-BOOK

G-BOOK 是丰田公司研发的公共建设信息服务系统，该系统通过内置 KDDI 无线通信模块来提供互助信息服务，具备卫星导航、电池剩余电量监控、实时交通信息等功能。另外通过手机可以查看车辆的位置及操作状态，在车上可以控制家电用品及保安系统等。

2. NTT Docomo：关注汽车领域

NTT Docomo 研发出适用于公共行驶管理、建筑工程车辆的定位管理、工厂车间设备管理等新的解决方案。

公共汽车行驶管理系统能够将公共汽车所处位置信息发送给指挥中心，工作人员能够答复乘客所需等待的时间，乘客能够通过手机确认公共汽车的具体位置。该系统已经在日本最大的公交集团开始应用。

另外，日本小松制作所为了防止建筑工程车辆被盗，在建筑工程车辆中安装了 Docomo 无线通信模块，能够有效地对车辆进行监控。在不应行驶的时间段内启动引擎时就会自动向管理人员发送邮件通知，发生事故时，还能够远程加锁，并确定车辆所处的地理位置。

3. KT 的计程车召唤服务 K-taxi

K-taxi 是 KT 在发挥其固有的 WCDMA 网络服务优势的基础上，同时利用 GPS 技术，可向出租车司机提供附近乘客的电话号码及位置信息的服务。

K-taxi 服务的关键在于实现 K-taxi 控制中心与出租车上的导航设备（或出租车司机的

手机）之间的无线连接。K-taxi 控制中心主要负责为乘客指派距离其最近的出租车，而出租车上的导航设备（或出租车司机的手机）则作为接收指派信息的载体，帮助司机快速到达乘客所在地。值得注意的是，出租车上的 K-taxi 导航设备启动时，有两种状态供司机选择，即"与手机连接"和"断开与手机的连接"，如果选择的是"与手机连接"，司机将无法通过导航设备接收指派信息。

K-taxi 在进行出租车指派时，乘客拨打 K-taxi 控制中心，提出出租车搭乘请求，控制中心就会根据乘客提供的信息，以及所在的地理位置，为其搜寻距离乘客最近的出租车。随后，出租车上的 K-taxi 导航设备会自动发出语音信息，确认能够到达乘客所在地点的司机需要按一下设备上的"确认"键，并把确认信息传送到控制中心。

控制中心会向最早进行确认的出租车司机提供乘客的电话号码及其所在位置的详细信息，获得指派的司机可以通过导航设备直接与乘客进行电话连线，确认乘客的准确位置。司机准备出发时按"移动按钮"键，导航设备还会自动为其显示从出租车当前所在地至乘客所在地的行车路线。

K-taxi 的出租车呼叫系统具有利用移动通信网络与 GPS 相结合的技术收集 GPS 的实时位置信息，出租车上的导航设备具有测量出租车在道路上行驶时的准确位置信息的功能，并可以确认车辆的移动轨迹等优点。

4. KT 的公交管理系统 BMS

由于追踪公交车的位置信息需要持续稳定的网络连接作支持，因此 KT 决定利用 Wibro 网络，打造基于 Wibro 的 BMS（公交车管理系统），实现公交车与 BMS 中心、公交车与车站电子显示板之间的无线连接。

打造这一系统的关键是要研发出同时兼备交通卡和 BMS 两种功能的终端，这种终端内置有 Wibro CPE（Computer Engineering）平台，能够通过 Wibro 网络把乘客搭乘公交车时用的交通卡结算的信息，以及通过 GPS 卫星追踪所收集到的公交车位置信息传送到 BMS 中心。BMS 中心对所接收到的信息进行处理，最后把公交车实时信息及公交车行驶记录分别转发至公交车公司和互联网。

根据 Wibro 的公交车管理系统原理，Wibro 除了向 BMS 中心传送公交车的位置信息外，还有一个传送途径——公交车站的电子显示板。电子显示板在接收到信息后，会把当前不同路线上公交车的所在位置，以及停靠的站点等各种信息显示出来，大大提高了人们搭乘公交车的便利性。

8.6.5 娱乐类物联网应用

在现代信息技术日新月异的推动下，互联网将让家庭网络以更快和更方便的速度同外面的世界进行信息交换。信息家电将家庭娱乐网络推向新的高峰，消费者将自己的计算机硬盘作为一个影音存储介质，可以在电视机或音响上播放电影和音乐。物联网可实现家用电器间的重新整合，接收所有进入家中的信息流，如电话、电视、互联网等，随后将这些信息流发送到你所希望显示的设备上进行播放或分享。

各国市场数码相框发展情况如下。

1. 韩国的 SHOW photobox

KT 在 2010 年 10 月 29 号推出了韩国最先利用 3G 网络实现把手机、计算机上的照片传送到数码相框上的服务——SHOW photobox。

SHOW photobox 的数码相框显示器像手机一样搭载了 3G 模块，只要把运营商提供的 USIM 卡插入其中，该显示器就拥有了自己的电话号码和邮箱地址，可以接收用户通过手机彩信或电子邮件等方式发送过来的照片。

用户使用数码相框显示器接收照片的前提除了要购买显示器以外，还必须加入 KT 专为数码相框增设的数据套餐 SHOW data Mini。加入套餐以后用户就会得到一张包含有电话号码的 USIM 卡，把卡插入显示器即可开始使用服务。

普通手机用户可以利用彩信发送照片到数码相框，智能手机用户则可以通过彩信和电子邮件两种方式，或通过 PC 发送邮件。另外，用户还可以将购买数码相框显示器时配有的记忆卡直接插进显示器中，把记忆卡上的照片内容直接复制到数码相框。

除此以外，KT 还为用户提供 SHOW photobox 的 PC 接入方式，用户可以登录到 photobox.show.co.kr 进行照片存储（相册容量最大为 500 MB），通过网页对数码相框进行操作，包括打开相片、删除相片、幻灯片浏览、自动关机和时间标识等。

KT 是和其日本的战略伙伴 NTT Docomo 进行合作后推出这一服务的，两家运营商对 photobox 的具体服务标准进行了统一，2011 年开始促进日韩两国服务的连通。

2. 日本的数码相框

目前日本三大运营商都提供数码相框服务，分别是 NTT Docomo 的相片传送服务、SoftBank 的 Photo Vision、KDDI 的 PHOTO-U SP01。运营商定制的数码相框终端都是将 3G 无线通信模块内置于相框中，通过专用的邮箱地址接收相片文件的。

据统计，2007 数码相框在日本的销量仅约为 2.9 万，而在 2009 年 6 月，SoftBank 率先推出数码相框服务，其他通信运营商纷纷介入后，2009 年数码相框的销售突破了 100 万台，与 2008 年同比增长 4.2 倍，数码相框市场进入井喷阶段。

3. 歌词匹配

索尼公司研发出了可与乐曲同步在便携式音乐播放器画面上显示歌词的歌词匹配功能，用户可边看着歌词边听音乐，或将播放器上的画面输出到电视机上，借此享受卡拉 OK 的氛围。

索尼公司通过与 SyncPower 进行合作，用户可将想要的乐曲歌词数据从互联网下载到

PC，与乐曲一同传输给随身听。索尼公司称，SyncPower 目前以 J-POP 为中心，存储有 75000
首曲目的歌词数据。

值得关注的一点是，借助互联网之力歌词匹配可为家电产品带来附加值的功能。

在此之前许多预装了 Web 浏览器及 GUI（Graphical User Interface，图形用户界面）运
行平台、可访问门户网站，以及 YouTube 等影像共享网站的数字家电已经面世。然而，拥
有足以刺激用户购买欲的附加值的产品却几乎没有，这是因为大多数产品都只是将 PC 上
的互联网体验复制到了家电上，而面向 PC 设计的 Web 网站，到了家电上其使用的方便性
会变差。增加了歌词匹配这一新功能的随身听，则与这种信息家电划清了界限。

歌词匹配是提高数字家电附加值的服务设计的极佳例证。信息家电只有实现了在市场
上取得成功所必需的三要素，即"价格适中的设备""独特的服务及内容""高速无线通信"，
才能取得成功。

满足了上述三个要素的信息家电的先例是美国亚马逊销售的电子书终端 Kindle 系列产
品，Kindle 内置远程通信功能，无须 PC，无论身处何处都能购买书籍。特别值得一提的是，
该产品的无线通信相关"机制"：购买 Kindle 系列产品的用户既不需要与通信运营商签约，
也无须支付月租，而其背后，亚马逊必须每月向通信运营商——美国 Sprint Nextel 支付通
信费。

用户在未意识到通信的情况下，就能使用互联网上的服务。可以说，这才是信息家电
的理想前景。

第
8
章

参考文献

[1] 孙其博，刘杰，黎羴，等．物联网：概念、架构与关键技术研究综述．北京邮电大学学报，2010，33（3）

[2] 张绍钧，叶志申，黄仁泰．物联网关键技术及其应用．信息化研究，2011，37（4）.

[3] 董新平．物联网产业成长研究．华中师范大学博士论文，2012.

[4] 白炳波．物联网是互联网的继承和发展．物联网技术，2011（5）.

[5] 刘志杰．物联网技术的研究综述．软件，2013，34（5）.

[6] 百度文库．中国移动物联网白皮书．互联网文档资源（http://wenku.baidu.c），2012.

[7] 钟书华．物联网演义（四）——欧洲物联网行动计划．物联网技术，2012（8）.

[8] 李向文．欧、美、日韩及我国的物联网发展战略——物联网的全球发展行动．射频世界，2010（3）.

[9] 李柏锋．泛在网多层协议框架研究及应用．华南理工大学硕士论文，2011.

[10] 丁飞，张西良，张世庆，等．ZigBee 技术的硬件实现模式分析．单片机与嵌入式系统应用，2006（9）.

[11] 吴欢欢，周建平，许燕，等．RFID 发展及其应用综述．计算机应用与软件，2013（12）.

[12] 辛伯宇．物联网中的数据处理模型．电脑开发与应用，2013（2）.

[13] 通信世界网．物联网平台最详尽分析：从产业生态看物联网平台价值．http://zhuanti.cww.net.cn/UC/html/2016/7/19/20167191058208489.htm.

[14] 百度文库．视频监控技术简介与发展趋势．互联网文档资源（http://wenku.baidu.c），2012.

[15] 卢秋波．视频监控技术简介与发展趋势．电信网技术，2007（1）.

[16] 刘琛，邵震，夏莹莹．低功耗广域 LoRa 技术分析与应用建议．电信技术，2016，1（5）.

[17] 刘春玉．嵌入式技术与分布式计算应用研究．长江大学学报（自然科学版）理工卷，2009（2）.

[18] 王淑华. MEMS 传感器现状及应用. 微纳电子技术，2011，48（8）.

[19] 王海波，汤东阳，赵德明. 嵌入式技术发展综述. 数字技术与应用，2014（6）.

[20] 陈仲华. IPv6 技术在物联网中的应用. 电信科学，-2010，26（4）.

[21] 童恩. LTE 移动通信系统能效优化关键技术研究. 东南大学博士论文，-2015.

[22] 江煜，于继明，许飞云. 物联网工程中 M2M 技术研究. 金陵科技学院学报，2016，32（4）.

[23] 戴国华，余骏华. NB-IoT 的产生背景、标准发展以及特性和业务研究. 移动通信，2016，40（7）.

[24] 钱小聪，穆明鑫. NB-IoT 的标准化、技术特点和产业发展，信息化研究 2016（5）.

[25] 龚恩源. 物联网业务应用协议的研究与实现. 南京邮电大学硕士论文，2012.

[26] 陈玲姿. 基于 SOA 的物联网中间件研究. 湖南大学硕士论文，2012.

[27] 王艺. 云计算在物联网中的应用模式浅析. 电信科学，2011，27（12）.

[28] 何清. 物联网与数据挖掘云服务. 智能系统学报，2012，07（3）.

[29] 王媛媛. 基于概念格模型的关联规则挖掘算法研究及实现. 合肥工业大学硕士论文，2005.

[30] 豆丁网. 2010 年国外运营商物联网战略研究报告. 互联网文档资源（http://www.docin.com），2016.

[31] 沈杰，陈书义，吴明娟，等. 物联网参考体系结构标准及应用. 信息技术与标准化，2016（5）.

[32] 孙会军. 广电应用商店系统设计与实现. 黑龙江科技信息，2015（15）.

[33] 顾云锋. 基于 SOA 和 WEB 服务的高校信息系统集成研究. 南京师范大学硕士论文，2008.

[34] 几种 ESB（企业服务总线）介绍. 互联网文档资源（http://www.360doc.co），2015.

[35] 张蓉蓉. MuleESB 中服务注册和消息路由机制的研究. 武汉理工大学硕士论文，2013.

[36] 李秀林. 基于动态消息路由的 ESB 应用集成框架的研究与应用. 中南大学硕士论文，2009.

[37] 戴声，肖建明，王波. 大规模数据中心监控数据并发处理. 计算机与数字工程，2014（12）.

[38] Storm 调研及部署文档. 网络（http://blog.sina.com），2014.

[39] 戴声，肖建明，王波. 大规模数据中心监控数据并发处理. 计算机与数字工程，2014（12）.

[40] 黄莺. 基于 REST 的 Activiti 流程子系统研究与实现. 通讯世界，2015（24）.

[41] 蔡林锋. 基于消息队列的分布式 SP 端短信网关. 暨南大学硕士论文，2006.

[42] 康光磊. 多媒体消息业务中心 MMSC 系统的设计与实现. 北京邮电大学硕士论文，2009.

[43] 朱晓亮. 中间件在电信业务支撑系统中的应用. 上海交通大学硕士论文，2007.

[44] CSDN 博客. RabbitMQ 基础概念详细介绍. 网络（http://blog.csdn.net），2016.

[45] CSDN 博客. IBMMQ 介绍. 流星絮语 Java 学习笔记. 网络（http://blog.csdn.net），2011.

[46] 深入了解 jBPM5 与 Activiti 之间的差异对比. 网络（http://blog.sina.com），2015.

[47] Apachekafka 工作原理介绍. 网络（http://51tools.info/），2016.

[48] 消息中间件 IBMWebSphereMQ 入门说明（下）. 网络（http://www.searchsoa）.

[49] Metaq 原理. 互联网文档资源（http://www.360doc.co），2015.

[50] CSDN 博客. ZeroMQ，史上最快的消息队列——ZMQ 的学习和研究. 网络（http://blog.csdn.net），2013.

[51] 豆丁网. 史上最快消息内核——ZeroMQ-豆丁网. 互联网文档资源（http://www.docin.com），2016.

[52] 杨芮. Web 用户行为数据收集统计系统的设计与实现. 北京交通大学硕士论文，2015.

[53] MQTTV3.1 协议规范（中文版）. 互联网文档资源（http://wenku.baidu.c），2016.

[54] 任亨. 基于 MQTT 协议的消息推送集群系统的设计与实现. 中国科学院研究生院（沈阳计算技术研究所）硕士论文，2014.

[55] 钟良骥，桂学勤，廖海斌，等. 基于 MQTT 的物联网平台设计与分析. 郧阳师范高等专科学校学报，2014，34（6）.

[56] 百度文库. 中国移动 Web 类应用系统安全防护技术要求. 互联网文档资源（http://wenku.baidu.c），2012.

[57] 基于物联网的网络信息安全体系. 网络（http://www.e-gov.org），2011.

[58] 刘宴兵，胡文平，杜江．基于物联网的网络信息安全体系．中兴通讯技术，2011，17（1）．

[59] 毛炳文．物联网安全管理探析．2011 年全国通信安全学术会议论文集，2011．

[60] 张凤雷，霍旺．Web 系统入侵与防御架构的研究．中国新通信，2014（10）．

[61] 范红，邵华，李程远．物联网安全技术体系研究．第 26 次全国计算机安全学术交流会论文集，2011．

[62] 姚剑波．WSN 源位置隐私技术研究．微计算机信息，2011，27（2）．

[63] 陈曦，姚剑波．WSNs 中的位置隐私评述．传感器与微系统，2009，28（8）．

[64] 姚剑波，文光俊．无线传感器网络中的隐私保护研究．计算机科学，2008，35（11）．

[65] 梁龙．能力开放平台鉴权子系统安全模块的设计与实现．北京邮电大学硕士论文，2012．

[66] 洪利，杜耀宗．基于 ECC 的密钥协商及双向认证方案．计算机工程与设计，2007，28（13）．

[67] 胡昌玮，周光涛，唐雄燕．物联网业务运营支撑平台的方案研究．信息通信技术，2010，4（2）．

[68] 顾宏明．基于云平台的移动医疗健康服务系统的设计与实现．北京邮电大学硕士论文，2012．

[69] 邱文静．基于 GSM 短信息的家居设施遥控监测系统设计．南京理工大学硕士论文，2005．

[70] 刘华中．信息家电协作模型的研究及其实现．湖南师范大学硕士论文，2009．

[71] 中国移动物联网运营管理平台设备规范．发布号：QB-D-097-2013，2014．

[72] 中国移动物联网业务支撑系统总体技术要求．发布号：QB-Y-002-2012，2012．

[73] 中国电子技术标准化研究院，国家物联网基础标准工作组．物联网标准化白皮书．2016 年 1 月．

[74] 朱洪波，杨龙祥，于全．物联网的技术思想与应用策略研究．通信学报，2010，31（11）．

[75] 工业和信息化部电信研究院．中欧物联网架构共同声明（2014）．2014 年 11 月．